suhrkamp taschenbuch
wissenschaft 1072

Sie verdammen das Programmieren und sitzen fasziniert vor dem Bildschirm; sie leben auf beim Jonglieren mit Zahlen und Algorithmen und fühlen sich hinterher elend, wie ausgebrannt, zu nichts mehr fähig. Die Rede ist von Menschen in der Softwarewelt, von Menschen, die Computerprogramme machen. Sie leben im Widerspruch. Um diesen Widerspruch arrangiert sich dieses Buch.
Ausgehend von der Bestimmung dessen, was die Neuartigkeit der Computertechnik ausmacht, wird dargestellt, welchen Wünschen, bewußten und unbewußten, sie entgegenkommt. Das Programmieren ist eine Tätigkeit, die sich zusammensetzt aus mathematisch-logischen Operationen und einem weiten Feld von Gesten, Gefühlen, Träumen, Hoffnungen, die das intentionale Handeln umlagern.
Aber die Arbeit am Computer verlangt auch das Absehen von subjektiven Wünschen, das Absehen von sich selbst. Das letzte Wort hat die Maschinenlogik. Subjektivität, die sich nicht fügt, wird zurechtgestutzt, übergangen, ausgeschaltet. Das bedroht existentiell. Das fragmentierte Subjekt ist in Gefahr, sich selbst und den anderen verlorenzugehen. Es fühlt sich kaputt, am Boden zerstört.
Christel Schachtner stellt neue Fragen zum Mensch-Maschine-Verhältnis und kommt zu Antworten, die querliegen zu alten Gewißheiten. Sie fragt, wie sich die neue Technik einfügt in subjektive Erlebnisweisen, was sie ermöglicht und was sie behindert, was sie aus Menschen macht und was der Mensch mit ihr machen kann, was er von ihr erhoffen kann und was er von ihr befürchten muß. Das Buch stützt sich auf Interviews mit Softwareentwicklerinnen und -entwicklern und KI-Forschern sowie auf Körperbilder, die am Ende der Interviews gezeichnet wurden.
Christel Schachtner, Dr. phil. habil., arbeitet am Institut für Psychologie der Universität München. Arbeitsschwerpunkte: neue Technologien, Frauen, Alter, Fragen menschlichen Denkens und Wahrnehmens.

Christel Schachtner
Geistmaschine

Faszination und Provokation am Computer

Suhrkamp

Die Deutsche Bibliothek – CIP-Einheitsaufnahme
Schachtner, Christel:
Geistmaschine : Faszination und Provokation am Computer /
Christel Schachtner. –
2. Aufl. – Frankfurt am Main : Suhrkamp, 1993
(Suhrkamp-Taschenbuch Wissenschaft ; 1072)
ISBN 3-518-28672-2
NE: GT

suhrkamp taschenbuch wissenschaft 1072
Erste Auflage 1993

Satz und Druck: Wagner GmbH, Nördlingen
Printed in Germany
Umschlag nach Entwürfen von
Willy Fleckhaus und Rolf Staudt

2 3 4 5 6 – 98 97 96 95 94 93

Inhalt

Ich danke allen, die bereit waren, mir in einem Interview über ihre Tätigkeit am Computer und über ihr Leben darüber hinaus zu erzählen.
Dank auch denen, die Anteil nahmen an meinem Vorhaben, sich mit meinen Gedanken auseinandersetzten, meine Texte lasen, die mir Mut machten, den Mitgliedern des Beirats der Hans-Böckler-Stiftung, Lothar Pinkall, Norbert Kluge, Elisabeth Becker-Töpfer, Gerd Hurrle sowie Reinhard Kuhlmann, Thomas Ködelpeter, Heiner Keupp, Joseph Weizenbaum, Emmy Schachtner-Heid, Christine Grösch, Samuel Rachl, Hans Grauber, Brigitte Mittelsten-Scheid und den Kolleginnen und Kollegen an der Münchner Uni. Als besonders anregend erlebte ich den interdisziplinären Diskurs, den ich über die Zeit der Untersuchungsarbeit hinweg mit der Mathematikerin Ursel Linder-Kostka führte.
Die Untersuchung wurde finanziell gefördert von der Hans-Böckler-Stiftung.

Einleitung

Anmerkungen zum Thema

Unerschöpflich waren die Vorschläge in der Antike zur Konstruktion von Vögeln, die mit den Flügeln schlagen und zwitschern konnten, wenn Wasserdruck die Luft durch verborgene Pfeifen trieb. Maschinell bewegte Figuren agierten in mehraktigen religiösen Stücken, Zauberapparate wurden konstruiert, aus denen einmal Wasser, einmal Wein floß. Die Antike stellte die technische Erfindungsgabe laut Sigfried Giedion in den »Dienst des Wunderbaren« (Giedion 1987, 52). Der alltagspraktische Nutzen physikalisch-mathematischer Kenntnisse interessierte nur zweitrangig. Die Liebe zum Wunderbaren lebte fort im Islam, im Automatenmotiv islamischer Miniaturen, und noch im 18. Jahrhundert existierte sie auch in Europa unübersehbar: »Nicht die neuen Spinnmaschinen bildeten die Sensation des späten achtzehnten Jahrhunderts, sondern die Androiden, Automaten in menschlicher Gestalt, die sich bewegten, Instrumente spielten, mit menschlicher Stimme redeten oder schrieben oder zeichneten« (Giedion 1987, 54).

Die Bedeutung des Nützlichkeitsaspekts technischer Erfindung nahm jedoch im Zuge einer wachsenden rationalistischen Einstellung zur Welt zu. Sie erreichte einen ihrer Höhepunkte im Taylorismus, der sich in der ersten Hälfte des 20. Jahrhunderts in den westlichen Industrieländern zu etablieren begann. Frederick Winslow Taylor (1856-1915) entwickelte »die Grundsätze wissenschaftlicher Betriebsführung«, in denen das Prinzip der Zweckrationalität triumphierte, das nicht nur dem technischen Fortschritt seine Richtung wies, sondern auch den Menschen zum Verhaltensimperativ wurde. Arbeitstätigkeit wurde zerteilt und standardisiert. Das Fließband hielt Einzug. Nicht mehr das Phantastische, sondern allein Effizienzgesichtspunkte, der ›one best way‹, sollten Mensch und Maschine aneinanderkoppeln (vgl. Volpert 1984, 29 ff.).

Unter dem Einfluß sich ausbreitender rationalistischer Ordnungsideen konstituierte sich das Mensch-Maschine-Verhältnis neu. Die Bezüge des Menschen zur Maschine wurden eingekreist von Vorschriften im Sinne des einen optimalen Weges. Maschinelle Funktionsweise und menschliche Tätigkeit verzahnten sich nach vorgegebenem Muster. Der Mensch arbeitete mit der Maschine, an ihr oder unter ihrem Diktat (vgl. Popitz u. a. 1957, 113 ff.). Das warf die Frage nach der Bedeutung der Maschine für das menschliche Subjekt auf. Schon die klassische Maschine hatte sie aufgeworfen, sie stellte sich verschärft seit Einführung der Computertechnik[1] in den 70er Jahren, mischte sich diese Technik doch noch viel weitgehender in menschliches Dasein ein. Die Computertechnik berührt verstärkt die Innenwelt des menschlichen Subjekts, sie kontaktiert dessen geistige Existenz, greift nach dessen Gedanken, dessen Weltsicht, verlangt »Kommunikation« auf einer geistigen Ebene. Welche Rolle spielt die Geistmaschine im Leben der Menschen?

Das Buch basiert auf Gesprächen[2] mit Softwareentwicklerinnen und -entwicklern.[3] Sie entwickeln die Maschine in ihren immateriellen Teilen, entwerfen Computerprogramme; einige meiner Gesprächspartnerinnen und -partner – sie werden auch KI-Forscher[4] genannt – stellen medizinische Expertensysteme her. Auch Expertensysteme, die das Handeln von Experten simulieren, sind Computerprogramme und keine völlig neue Technologie (vgl. Feigenbaum/McCorduck 1984; Lutterbeck 1987; Schubert u. a. 1987). Allerdings weisen Expertensysteme Spezifisches auf, zum Beispiel sind die Schnittstellen zum Nutzer hin hochinteraktiv gestaltet, die Entscheidungsvorschläge sind nicht eindeutig, sondern relativ. Außerdem stellt sich für den Konstrukteur medizinischer Expertensysteme verschärft das Problem der Wirklichkeitstransformation, hat er es doch mit einer Wirklichkeit zu tun, die im Vergleich zu Arbeitsabläufen in einer Fabrik einer Formalisierung schwer zugänglich ist.

1 Zeitweilig spreche ich auch von Computertechnologie, da jeder einzelne Computer zumindest potentiell Teil einer technischen Gesamtapparatur ist (s. Mumford 1974, 15).
2 Es wurden 36 Interviews in den Monaten Mai, Juni, Juli, August 1989 im Großraum München, das als High-Tech-Zentrum gilt, durchgeführt.
3 Meine Schreibweise differenziert zwischen Männern und Frauen. Ich verzichte auf eine Differenzierung, wenn diese zu viele sprachliche Verrenkungen nötig machen würde oder wenn ich mich auf anonyme Personengruppen beziehe.
4 KI = Künstliche Intelligenz.

Wie setzen sich Softwareentwicklerinnen und -entwickler[5] ins Verhältnis zur Computerlogik? Wie wird Technik hervorgebracht? Es soll sichtbar gemacht werden, wie Menschen in einer technisch geformten Welt, der Softwarewelt, agieren, inwiefern sie technische Strukturen gestalten oder von ihnen geprägt werden, inwiefern sie sich als Produzenten oder als Produkte zeigen. Die Aufmerksamkeit richtet sich zum einen auf die Denk- und Wahrnehmungsweisen der Softwareentwicklerinnen und -entwickler, auf ihre Tätigkeitsmotive, ihre Selbstverwirklichungswünsche, ihre Lebensgeschichten und zum anderen auf die Ansprüche, die von außen an sie herangetragen werden, sei es von seiten der Maschine oder von Benutzerseite. Das Programmieren ist aus zwei Perspektiven zu denken und zu analysieren, subjektive und objektive Realität greifen ineinander. Der Computer ist materieller Ausdruck zusammenfließender Realitäten. Ich nenne ihn Grenzobjekt.

Der erkenntnistheoretische Anspruch der vorliegenden Untersuchung verwickelt in grundsätzliche Fragen von Menschsein, von Menschsein an einer Maschine. Es gilt am Beispiel herauszufinden, wie Menschen in Auseinandersetzung mit äußerer Welt ihr Ich fassen, entwickeln, verändern, stärken. Um der Grundsätzlichkeit Rechnung zu tragen, wählte ich den Begriff Autopoiese (autos = selbst; poiein = machen) als zentrale Analyse- und Erklärungskategorie. Mit diesem Begriff bezeichnen die chilenischen Erkenntnistheoretiker und Biologen Humberto Maturana und Francisco Varela den Vorgang der Selbsterneuerung von Lebewesen, den sie als lebenslangen und ununterbrochenen Prozeß betrachten.

Die Attraktivität des autopoietischen Ansatzes besteht für mich darin, daß er sich auf das Wesen des Menschen bezieht, ohne dieses normativ festzulegen. Es werden keine Ideale postuliert, im Gegenteil: Offenheit und Beweglichkeit sind Kennzeichen der Selbsterneuerung. Formuliert werden lediglich die Bedingungen, unter denen sich Subjektivität herstellt. Es wird ein theoretisches Instrumentarium geliefert, das zu erkennen hilft, ob äußere Strukturen die Entfaltung des Subjekts behindern oder fördern.

5 Den Begriff Softwareentwicklerin und Softwareentwickler verwende ich als übergreifende Bezeichnung. Diejenigen, die Expertensysteme entwickeln, nenne ich KI-Forscher, wenn ich ihr spezifisches Tun hervorheben will.

Wenn ich die subjektive Bedeutung der Computertechnik am Beispiel derer untersuche, die Computerprogramme machen, so deswegen, weil sie den Kernstücken der Technik, den Implikationen formaler Logik, am innigsten verbunden sind. An ihnen dürfte sich am deutlichsten zeigen, wie sich diese Technik einmischen kann in menschliches Denken und Fühlen, was sie produziert, ermöglicht, verhindert, fordert, duldet, wie sie sich gestalten läßt.[6] Im fertigen Softwareprodukt übermitteln sich die Ansprüche formaler Logik, wie kausales Denken, planvolles hierarchisches Handeln, an die Programmbenutzer. Die Erkenntnisse über Softwareentwicklerinnen und -entwickler liefern folglich auch Anhaltspunkte für die Wirkungen der neuen Technik im Bereich der Programmnutzung.

Die in diesem Buch vorgelegte Analyse entwickelt sich entlang der protokollierten Empirie, in der Deutung von Fakten und in der Auseinandersetzung mit den von den Softwareentwicklerinnen und -entwicklern angebotenen Interpretationen sowie durch Rückgriff auf den vorhandenen Fundus wissenschaftlicher Erkenntnis. Die Interpretationen der Befragten haben nicht den Status bloßer Illustration, sie sind vielmehr Teil der Argumentation, ergänzen meine Gedanken, führen sie fort, präzisieren sie, vermitteln manche Details plastischer, als es eine wissenschaftliche Sprache zu tun vermöchte.

Das Anliegen, die Empirie mit vorhandenem theoretischen Wissen zu verknüpfen, drängte zur Zusammenführung von Theoriesträngen aus unterschiedlichen Theorietraditionen. Es entstanden interdisziplinär gefärbte Argumentationsfiguren, die immer wieder philosophische Überlegungen einbeziehen – dies nicht zufällig, hat doch die empirische Forschung mit der Philosophie das Ziel gemeinsam, nachzudenken über die Welt, wie wir sie vorfinden.

Durchgängig Beachtung findet die Frage, ob Geschlecht und Alter[7] den Umgang mit der Computertechnik beeinflussen. Zu ›Frau

6 Die Zahl der Datenverarbeitungsfachleute (hierzu zählen in der amtlichen Statistik auch Personen, die verwaltende oder zuarbeitende Funktionen wahrnehmen) hat sich in der Bundesrepublik in den letzten zehn Jahren fast verdoppelt; sie ist von 109 141 (1980) auf 211 138 (1990) gestiegen. Ihr Anteil an den Beschäftigten insgesamt betrug 1990 ca. 10% (Quelle: Landesarbeitsamt Südbayern).

7 Frauen und Männer bzw. Mädchen und Jungen sind unter den Inter-

und Technik‹, einem inzwischen vieldiskutierten Thema, gibt es verschiedene Stimmen; mal heißt es verächtlich ›Frauen und Technik? Ja, ja!‹, mal fast kämpferisch ›Naturwissenschaft und Technik – auch Frauensache!?‹ (Fuchs 1987), mal fragend ›Frauen, ran an die Computer?‹ (Kahle 1987). In der feministischen Forschung dominieren zwei theoretische Zugänge: ein subjektiver Erklärungsansatz, der nach frauenspezifischen Aneignungsformen sucht, und eine radikalisierte objektive Sicht, die von einem patriarchal-kapitalistischen Technikgehäuse ausgeht, das die Natur und die Frau ausbeutet (vgl. Knapp 1989, 230). Beide Ansätze tendieren dazu, im Verhältnis von Frau und Mann zur Technik Dualismen zu behaupten. Das mir vorliegende empirische Material bestätigt die Existenz solcher Dualismen nicht. Aber es offenbart geschlechtstypische Eigenheiten, so in den Motiven, die den Weg in die EDV begründen, oder in der Gestaltung der Kontakte zu den Programmnutzern. Andererseits ergaben sich Ähnlichkeiten zwischen Männern und Frauen, etwa in der Freude am Spiel, die das Programmieren so lustvoll macht, und schließlich zeigten sich – beispielsweise in den Karrierewünschen und -hoffnungen – Unterschiede zwischen den Frauen.

Auch das Alter ist ein Faktor, der das Verhältnis zur Computertechnik beeinflußt, am auffälligsten bei Jugendlichen. In einer Lebensphase angekommen, in der es darum geht, den Übergang in die Erwachsenenwelt zu vollziehen, eine neue Identität zu finden, ist männlichen Jugendlichen das Programmieren hierfür ein willkommenes Mittel. Es macht vertraut mit den Normen der Arbeitswelt, erlaubt, sich an ihnen zu bewähren, gewinnt den Charakter eines Initiationsritus (vgl. Erdheim 1984, 327). Das gilt nicht so sehr für Mädchen, deren Interessenspektrum ungleich weiter gespannt ist als das der gleichaltrigen Jungen. Programmieren genießt in diesem Spektrum keine Priorität. Nicht am Computer, sondern vor allem im Kreis ihrer Freundinnen, so scheint es, versichern sich die Mädchen auf dem Weg zur Frau ihrer weiblichen Identität.

Softwareentwicklerinnen und -entwickler befinden sich in einer Welt, die in der Skala gesellschaftlicher Wertschätzung ganz oben

viewpartnerinnen und -partnern zu gleichen Teilen vertreten. Außerdem wurden drei Altersgruppen unterschieden: 14-19jährige, 20-35jährige, über 35jährige.

rangiert. Sie sind angesehen, hochbezahlt, Arbeitslosigkeit ist kein Thema für sie. Gleichwohl: Diese so makellos scheinende Welt weist Risse auf, die vor den Subjekten nicht haltmachen. Das Ergebnis der Untersuchung bestätigt nicht die, die den technischen Fortschritt euphorisch bejubeln. Es gibt auch nicht denen recht, für die er zwangsläufig und ausschließlich individuelles Leben reduziert auf maschinenhaftes Funktionieren. Das hieße, den Zauber des Wunderbaren zu übersehen, der die neue Maschine – gegen alle Intention, in ihr nur ein zweckmäßiges Instrument zu sehen – umgibt.
Es knüpft vielmehr an den sichtbar werdenden Rissen an, nimmt den Widerspruch auf, der die untersuchte Wirklichkeit durchzieht. Nicht das Entweder-Oder, in dem sich öffentliche und private Debatten um Computertechnik häufig bewegen, ist der gewählte Modus der Beschreibung, sondern das Sowohl-als-Auch. Die Leserin oder der Leser darf keine linearen Botschaften, keine handlichen Parolen erwarten. Statt dessen wird sie bzw. er mithineingenommen in eine Welt mit vielen Gesichtern. Das, was wir von ihr jeweils wahrnehmen, läßt immer schon ahnen, daß sie auch noch ganz anders ist.

Skizzierung der Forschungsmethode

Ich hatte nach dem Thema dieser Studie nicht gesucht, es war da, ich *mußte* es bearbeiten, kaum etwas hätte mich davon abhalten können. Die Herkunft meines Interesses war mir anfangs nicht klar, sie erhellte sich im Verlauf des Forschungsprozesses. Die Wahl des Themas hatte etwas damit zu tun, daß mir die naturwissenschaftlichen Fächer als Kind in der Schule zunehmend fremd geworden waren, vielleicht hatte man mir sie auch entfremdet, ich will mich nicht festlegen. Aus dieser Erfahrung wuchsen Scheu und Ängstlichkeit, aber es entstand auch Neugier. Das mir Entfernte ließ mich nicht gleichgültig, es reizte.
Nun gab ich mir die Möglichkeit, das mir verschlossen gebliebene und doch reizvolle Territorium mathematischer Logik erneut zu betreten. Ich konnte versuchen, einen einst abgebrochenen Weg wieder aufzunehmen, aufs neue zu verstehen, besser zu verstehen, jetzt allerdings unter einem veränderten Blickwinkel. Nicht die maschinenlogischen Zusammenhänge als solche interessierten

mich vorrangig, verstehen wollte ich vielmehr, wie Menschen mit dieser Logik hantieren, was sie dabei denken, empfinden und was ihnen ihr Tun bedeutet.

Diesem am Verstehen interessierten Forschungsansatz kommt eine Methodologie entgegen, wie sie Alfred Schütz in seiner Theorie des Fremdverstehens formuliert hat. Fremdverstehen korreliert zu Sinn; es richtet sich auf den Sinnzusammenhang, in den das Individuum seine Erlebnisse stellt (vgl. Schütz 1981, 149). In Zeichen und Symbolen bringt der Handelnde seine Bewußtseinserlebnisse zum Ausdruck, er vollzieht eine »Ausdruckshandlung« oder eine »Ausdrucksbewegung« (Schütz 1981, 158). Zeichen sind also Zeichen für etwas, sie sind zu nehmen als Anzeichen. Die Interviewaussagen der Softwareentwicklerinnen und -entwickler sowie ihre Körperbilder sind Zeichen für etwas. Meine Annahme, das hinter den Zeichen Liegende identifizieren zu können, stützt sich auf die Schützsche These, daß es zwischen dem Sinnsetzenden und dem Sinnverstehenden einen Vertrag gibt, der folgendes zu denken erlaubt. Der Sinnsetzende darf annehmen: »Wenn derjenige, zu dem ich spreche, das Ausgesprochene ebenso auffaßt, wie ich es auffasse, dann werde ich, um meinen Gedanken klar und eindeutig zum Ausdruck zu bringen, diese und jene Worte zu wählen haben« (Schütz 1981, 179). Der Sinnverstehende kann sich sagen: »Wenn der Sinnsetzende mit seinen Worten eben jenen Sinn verbindet, welchen ich mit ihnen zu verbinden pflege, dann muß er, da er diese Worte gebraucht hat, dies und jenes habe sagen wollen« (ebd.). Der Vertrag setzt ein gemeinsames Zeichensystem voraus, das den Zeichen seine Bedeutung verleiht. Dennoch bedarf es der Auslegung, denn Bedeutungen sind – wenn nicht mathematisch definiert – nie eindeutig.

Wer verstehen will, muß sich von den Zeichen etwas sagen lassen. Die »hermeneutische Erfahrung« (Gadamer 1960) bestimmt sich von der Sache her; die Strukturierung des Forschungsgegenstandes erfolgt durch die Forschungssubjekte. Hypothesen sollen eine Chance haben, von sich aus in Erscheinung zu treten. Gleichwohl nähert sich die Forscherin oder der Forscher dem zu Verstehenden mit Erwartungen, Vorverständnissen; sie geben den nötigen Hintergrund für die Interpretation ab. Nur weil ich ein Verständnis von Spiel hatte, konnte ich in den Mitteilungen der von mir interviewten Softwareentwicklerinnen und -entwicklern spielerische Bezüge zur Maschine erkennen.

Vorverständnisse dürfen aber den von Gadamer entworfenen Grundzügen einer philosophischen Hermeneutik zufolge den Blick auf den Gegenstand nicht unreflektiert beeinflussen (vgl. Gadamer 1960, 252). Sie sollen dem Sinndeutenden als etwas zu Überprüfendes bewußt sein. Untrügliches Signal für die Erforderlichkeit einer Überprüfung ist der Anstoß, den wir als Forscherinnen und Forscher an einem Text nehmen, sei es, weil er keinen Sinn ergibt oder weil er unseren Erwartungen widerspricht.

Der Gegenstand dieser Untersuchung, die Arbeits- und Erlebnissituation von Menschen, die Computerprogramme machen, gab sich zu erkennen als Produkt subjektiver und objektiver Strukturen, als Wechselspiel zwischen der Innenwelt meiner Interviewpartnerinnen und -partner und den Ansprüchen der Maschine, der Benutzer, des Betriebes. Wirklichkeit ließ sich begreifen als interaktiv hergestelltes Gebilde. Die Softwareentwicklerinnen und -entwickler schilderten sich als Subjekte und Objekte; sie sprachen davon, daß sie erleiden, befolgen, hinnehmen, aber auch, daß sie gestalten, eingreifen, zurückweisen, eigene Akzente setzen. Es kam mir darauf an, eine Feinanalyse ihrer interaktiven Bezüge vorzunehmen, den feinen Verästelungen ihrer Gedanken und Gefühle nachzuspüren, wie diese eindringen in die Welt, wie sie sich mit Welt verschränken oder sich von ihr abkehren.

Zentrale Erkenntniskompetenz im Prozeß des Verstehens und Auslegens ist die Intuition. Ruth Cohn definiert Intuition als »einzigartige und komplizierte Fähigkeit zur spontanen Erkenntnis«, die basiert auf:

- »Klarheit der Wahrnehmungen,
- ausreichender Speicherung entsprechender Fakten,
- geschultem Denken,
- unblockierten, wachen Gefühlen« (Cohn 1980, 136).

Intuitiv zu erkennen setzt Empathie voraus. Empathie ist die Fähigkeit, sich in die Gedanken-, Empfindungs- und Sinnenwelt eines anderen zu versetzen, ohne die eigene Identität zu opfern, so daß ich *in mir* fühlen, erleben, denken kann, was er fühlt, erlebt, denkt (vgl. Cohn 1980, 142). Nicht nur Gleichgültigkeit, auch Übereifer kann Empathie blockieren. Wer es zu eilig hat, übergeht leicht sich selbst oder den anderen.

Intuition ist eine wandernde Kompetenz. Sie bewegt sich von der äußeren Anschauung zu den im Inneren angesammelten Erfahrungen und Einsichten; sie vergleicht, spielt mit Möglichkeiten, bis eine Antwort entsteht (vgl. Cohn 1980, 144). Intuitive Erkenntnis ist nicht zu erzwingen, aber sie kann angeregt werden. Dem dienen in der sinnverstehenden Sozialforschung sinnerschließende Fragen sowie das sukzessive Ordnen und Systematisieren des zu deutenden Dokuments. Dabei entstehende Vermutungen schicken die Phantasie auf die Reise, sie wecken schlummerndes Wissen, um es mit den Eindrücken von außen in Beziehung zu setzen. Intuition gedeiht, wo Grenzen überschritten werden dürfen, sie verlangt nach emotionaler und gedanklicher Freiheit und nach Sinn für Überraschung.

Zugänge und Anfänge

Wie ich mir ein Forschungsfeld erschließe, stellt Weichen für den weiteren Forschungsverlauf. Der erste Kontakt mit einer Interviewpartnerin oder einem Interviewpartner kann Möglichkeiten eröffnen oder verbauen. Als Forscherin bin ich angewiesen auf die Bereitschaft, sich mitzuteilen, sich zu öffnen, sich einzulassen auf eine Fremde, sich dem fremden Blick auszusetzen, auf unbequeme Fragen zu reagieren, Zeit zu opfern.

Vertrauen stützt sich auf Transparenz und Klarheit. Die Forschungssubjekte müssen schon beim ersten Kontakt einerseits über die Forschungsinteressen und Forschungsfragen aufgeklärt werden und andererseits über die Art des empirischen Vorgehens, damit sie sich entscheiden können. Den von mir praktizierten, der alltäglichen Kommunikation angepaßten Interviewstil mußte ich meist mehrmals erklären, weil man bzw. frau sich in der Regel unter einem Interview nur eine standardisierte Kommunikation vorstellen konnte, die kein freies Erzählen und Assoziieren erlaubt, woran mir aber gerade lag.

Daneben gilt es, äußere Bedingungen der Begegnung zu regeln, wie Zeit und Ort. Sich über den zeitlichen Rahmen eines Interviews geeinigt zu haben, wirkte auf mich als Interviewerin entspannend, weil ich nun damit rechnen konnte, daß sich mein Gegenüber für die Zeit des Interviews von anderen Aufgaben freigemacht hatte, daß er oder sie darauf eingestellt war, über sich zu reden und nachzudenken, daß mein Nachfragen nicht als zeitraubend empfunden wurde und daß der vereinbarte Zeitrahmen mir zeitstrukturierende Interventionen gestattete, wenn ein Gespräch auszuufern drohte.

Für die Durchführung der Interviews bevorzugte ich als Ort den Arbeitsplatz oder die Wohnung der Interviewpartnerinnen und -partner, aber auch das war eine Sache der Vereinbarung. Einige wenige Interviews fanden in meiner Wohnung bzw. an meinem Arbeitsplatz statt. Meine Ortspräferenzen begründen sich in der Erfahrung, daß erstens ein vertrauter Ort die Gesprächsbereitschaft erhöht und zweitens der mit dem Forschungssubjekt verwobene räumliche Kontext zusätzliche Informationen liefert. Zu sehen beispielsweise, welchen Platz Jugendliche dem Computer in ihrem Zimmer geben, erweiterte meine Verstehensmöglichkeiten. Die dabei sich zeigenden geschlechtsspezifischen Unterschiede bekräftigten das, was Mädchen und Jungen über ihr Verhältnis zu dieser Technik erzählten.

Vertrauen verträgt sich nicht damit, sich als Forscherin oder Forscher eine Tarnkappe überzuziehen, vielmehr gilt es zu demonstrieren, wer man bzw. frau ist oder nicht ist, was man bzw. frau will oder nicht will. Unwohl war mir trotzdem, als mich eines Tages Mitarbeiter einer Firma bei einem Vorgespräch unter die Lupe nahmen. Wir saßen um einen Tisch, und sie fragten, was ich herausfinden will, wie ich es anstelle, welche Sicherheit ich bei der Auswertung habe und ob schon einmal nichts herausgekommen sei. Nicht ich leitete meine Vorstellung, nicht ich führte Regie wie sonst, sondern sie. Das war es wohl, was mich verunsicherte, zusammen mit der Befürchtung, mein nicht an naturwissenschaftlichen Kriterien orientierter Forschungsansatz könnte von meinen Befragern aus dem naturwissenschaftlichen Lager als nicht akzeptabel abgetan werden. Doch sie zogen nichts in Zweifel. Es war die bevorstehende unvertraute Situation, die für sie vorstellbar werden sollte. Die große irritierende Unbekannte war, wie ich von diesen Softwareentwicklerinnen und -entwicklern und auch von anderen erfuhr, meine professionelle Herkunft, die Psychologie. Wie gewichtig dieser Faktor war, merkte ich daran, daß er immer wieder zur Sprache kam in Form von tastenden Fragen, Witzen, Neckereien. Die Reaktionen bewegten sich zwischen Argwohn, Skepsis und Sympathie.

Der Erstkontakt leitet den Aufbau einer Beziehung ein. Zu Beginn des Interviews stellt sich die Beziehungsfrage erneut. Noch einmal ist es nötig, die inhaltlichen und formalen Bedingungen des

Interviews zu benennen. Orientierungswünsche stehen in Anfangssituationen im Vordergrund. Für die Forscherin oder den Forscher gilt es, hellhörig zu sein für noch Ungeklärtes, für ungestellte Fragen, für etwaige Mißverständnisse. Der Anfang braucht Zeit, damit Raum ist für Sensibilität. Bei einem meiner Interviews merkte ich zu Beginn, daß ich eine Kassette zuwenig eingepackt hatte. Was sollte ich machen, wenn das Interview über eine Kassettenlänge hinausging? Diese Frage beschäftigte mich so sehr, daß ich meinen Interviewpartner nur noch am Rande wahrnahm. Das Interview verlief schwierig, wiederholt wurden meine Fragen zurückgewiesen. Ich bringe das mit dem mißglückten Anfang in Verbindung. Mein Interviewpartner erklärte am Schluß, er habe in das Interview eingewilligt, weil er auf die Forscherin und ihre Fragen gespannt gewesen sei. Daß sie ihm zunächst jedenfalls nur peripher Beachtung schenkte, dürfte ihn veranlaßt haben, auch seinerseits auf Abstand zu gehen.

Mehrmals hat es sich bereits angedeutet: Auch die Forschungssubjekte haben Motive dafür, sich an einer Untersuchung zu beteiligen. Gut geplante Zugangsmodalitäten allein genügen nicht, um jemanden für ein Interview zu gewinnen. Nur wenige waren es in der vorliegenden Untersuchung, die ihre Beteiligung damit erklärten, sie hätten gerade Zeit gehabt oder es hätte nichts gegen eine Beteiligung gesprochen. Meist sprach etwas dafür, so zum Beispiel der Wunsch zu helfen, mir persönlich zu helfen oder der Wissenschaft einen Dienst zu erweisen. Das am häufigsten genannte und, wie mir scheint, stärkste Motiv war die Neugier auf das Neue. Es kam mir zugute, was für Softwareentwicklerinnen und -entwickler auch in ihrer Arbeit ein antreibendes Motiv ist. Die Neugier auf das Neue war teils die Neugier auf die Themen und Fragen, die auf sie zukommen würden, teils die Neugier auf die Frau, die Psychologin, die ihnen gegenübersitzen würde, teils die Neugier auf sich selbst, die Neugier zu erleben, wie sie sich in einer für sie ungewöhnlichen Situation verhalten würden.

Die Gestaltung der Interviewsituation orientierte sich am Konzept der themenzentrierten Interaktion, ein von Ruth Cohn entwickeltes Konzept für Gruppen zur Bearbeitung bestimmter Themen. Die themenzentrierte Interaktion (TZI) hat ihre Wurzeln in der humanistischen Psychologie, insbesondere in der Forderung, Bezugspunkt aller Werte müsse der Mensch sein, sowie in der existentialistischen Auffassung von der Selbstverantwortlichkeit des Menschen (vgl. Olszowi 1987, 25 ff.). Meine eigene mehrjährige Schulung in themenzentrierter Interaktion ließ mich zu der Überzeugung kommen, daß TZI-Prinzipien auch in der sinnverstehend-interpretativen Sozialforschung erkenntnisfördernd angewandt werden können, sei es in der Gruppendiskussion oder im Zweiergespräch. Es waren mir als Interviewerin folgende Leitgedanken der TZI handlungsleitend:

1. Jede soziale Interaktion hat drei Eckpunkte, das Thema, das Ich und das Wir; das Dreieck ist in eine dynamische Ausgeglichenheit zu bringen.
2. Jeder ist sein eigener Chairman; er ist selbstverantwortlich. Es wird respektiert, was er tut und nicht tut, was er sagt und nicht sagt.
3. Störungen haben Vorrang. Unausgesprochen wirken Störungen wie Angst, Zerstreutheit, Müdigkeit destruktiv.
4. Das Verhalten des Leiters einer Gruppe hat akzeptierend, nicht verurteilend zu sein. Nachfragen dürfen nicht in die Enge treiben; sie haben den Sinn, zu verstehen und Prozesse weiterzuführen (vgl. Cohn 1980, 113 ff.).
5. Das Thema ist nicht so knapp zu fassen, daß es wenig Raum für Assoziationen läßt, und nicht so weit, daß es ins Grenzenlose führt. Es muß Freiheit und Bindung anbieten:
   - Es soll konkret genug sein, um Bilder und Gedanken zu stimulieren, doch nicht so scharf umgrenzt, daß es neue Perspektiven ausschließt;
   - es soll kurz und klar formuliert sein, daß es leicht im Gedächtnis haften bleibt;
   - es soll dazu anregen, Interessen und Erfahrungen in einen Zusammenhang zu bringen;
   - es soll als Richtungsstütze dienen, die Abschweifungen begrenzt (vgl. Cohn 1980, 168).

In Anlehnung an diese Leitgedanken konzipierte ich einen Interviewtypus, der als thematisch strukturiertes Interview bezeichnet werden kann. Ich nannte den Softwareentwicklerinnen und -entwicklern eingangs die mich interessierenden Themen – Tätigkeit und Erleben am Computer, Freizeitgestaltung, Lebensgeschichte –, um ihnen dann zu überlassen, wie und in welcher Reihenfolge sie die Themen behandeln wollten. Narrative, reflexive und biographische Bezüge waren denkbar. Mittels »schwebender« Aufmerksamkeit versuchte ich, die Dreieckspunkte der Interviewsituation, das Thema, das Ich (mein eigenes und das des anderen) sowie das Wir im Auge und in Balance zu (be-)halten. Wie geschah das? Welche Schwierigkeiten deuteten sich an oder stellten sich ein?

Den anderen zur Geltung kommen zu lassen bedeutet, ihm Spielraum für die Entfaltung seiner Meinung zuzugestehen, Fragen so zu stellen, daß sie sich wie ein Trichter zu ihm hin öffnen, ihn nicht in ein Entweder-Oder drängen. Es erfordert weiter, sich dem Erzählrhythmus des Interviewpartners oder der -partnerin anzupassen, in der eigenen Reaktion dem Wortlaut des anderen nahezubleiben, keine Gedankensprünge zu verlangen, emotionale und Körpersignale wahrzunehmen und lesen zu lernen, zum Beispiel zu erkennen, ob jemand schweigt, weil er nachdenkt oder weil er auf eine neue Frage wartet. Verstehen wollen beinhaltet, nicht zu schnell zu verstehen, sich Wortbedeutungen erklären zu lassen, auf Konkretisierungen zu insistieren, wenn Mitteilungen zu allgemein oder zu abstrakt sind, Beispiele zu erbitten, aber auch anzuerkennen, wenn jemand Grenzen setzt. Die Besonderheit des anderen gilt es zu tolerieren, auch dort, wo er sich widersprüchlich zeigt, sei es im Verhältnis zum Interviewer oder im Verhältnis zu sich selbst.

Das Laufenlassen des Interviews im Interesse einer dubezogenen Perspektive kann in Konflikt geraten mit dem Interesse des Forschers an der Behandlung bestimmter inhaltlicher Aspekte. Für die Lösung des Konflikts bietet sich an, das Thema in Erinnerung zu rufen, um dem Du Gelegenheit zu geben, seine Ausführungen an das Thema anzubinden oder zu erkennen, daß ihm das Thema entglitten ist.

Ich als Forscherin bin ein Teil des Forschungsprozesses, der diesen beeinflußt. Das ist kein Spezifikum einer verstehenden Forschungsmethode, sondern genauso Faktum in einem experimentierend-messenden Forschungssetting, wie der Physiker Werner Heisenberg in seinen Bemerkungen zum Kausalgesetz ausführt (vgl. Heisenberg 1984, 26f.). Die Subjektivität des Forschers kann sich im Forschungsprozeß erkenntnisverengend oder -erweiternd bemerkbar machen. Aus den Motiven des Forschers, den bewußten und unbewußten, speist sich der Erkenntnisdrang, das Engagement für die Sache, die Bereitschaft zur Empathie, die Wachheit gegenüber leisen Tönen. Die wissenschaftliche Tätigkeit kann aber auch an die Stelle ungelöster psychischer Probleme treten, was die Gefahr birgt, daß Projektionen, Verdrängungen, Übertragungen und Gegenübertragungen die Erkenntnis blockieren (vgl. Leithäuser/Volmerg 1988, 133).

Ich habe erwähnt, daß meine lebensgeschichtlichen Erfahrungen mit naturwissenschaftlichen Fächern für mein Erkenntnisbedürfnis in dieser Untersuchung ein entscheidendes Motiv abgaben. Sie hatten zugleich eine problematische Seite. Wenn mir die Softwareentwicklerinnen und -entwickler technische Details schilderten, stellte sich immer wieder sehr schnell ein Gefühl von Panik bei mir ein. Die Angst, nicht zu verstehen, machte mein Denken starr, ich wagte nicht nachzufragen. Erst die Bearbeitung dieses Erlebnisses in der Supervision ließ mich eine altbekannte Angst erkennen, die Angst zu versagen, die sich als Sperre vor meine kognitiven Kompetenzen schieben konnte. Dieser Mechanismus verlor, bewußt gemacht, an Einfluß. Ihn zu kennen gab mir die Chance, zu überlegen und zu üben, wie ich den Automatismus unterbrechen konnte.

Sich des Wirkens und der Wirkung der eigenen Subjektivität im Forschungsfeld gewahr zu werden, setzt nach Maya Nadig, Psychoanalytikerin und Ethnologin, eine »selbstbeobachtende Begleitung im Forschungsprozeß« (Nadig 1985, 107) voraus oder, wie es Leithäuser/Volmerg nennen, »reflexive Distanz« (Leithäuser/Volmerg 1988, 136). Mittel, die Selbstreflexion anzuregen und zu schulen, waren für mich zum einen ein Forschungstagebuch, in das ich eintrug, was mir während der Interviews an mir aufgefallen war, wie ich glaubte, Prozesse zu beeinflussen, und zum anderen eine Forschungssupervision, in der ich mit professioneller Unterstützung meine Verhaltens- und Verstehensbarrieren aufzudecken suchte. Eine Garantie gegen Fehlschlüsse gibt es nicht. Aber ich kann Schlußfolgerungen durch eine transparente, ungeschützte Darstellung nachvollzieh-

bar machen, um den Leserinnen und Lesern Gelegenheit zur Überprüfung zu geben.
Neben den Ich-Wirklichkeiten im Interview existiert eine Wir-Wirklichkeit, der, wie schon vor Beginn des Interviews, Beachtung zu schenken ist. Das wird spätestens dann erkennbar, wenn das Wir gestört ist. Ein Beispiel soll es verdeutlichen: Ich hatte mit zwei 15jährigen Schülerinnen telefonisch Kontakt aufgenommen, um mit ihnen ein Interview zu vereinbaren. Sie sagten zwar zu, aber sie wirkten verschlossen und verhalten aggressiv. Bei dem Gedanken an die bevorstehenden Interviews wurde mir unbehaglich zumute. Mit Hilfe meiner Supervisorin kam ich zu dem Entschluß, mein Unbehagen anzusprechen und erfuhr, daß die Mädchen tatsächlich abwehrend reagiert hatten, weil ich ihre Erwartung, gemeinsam interviewt zu werden, enttäuscht hatte. Meine Begründung für Einzelinterviews leuchtete ihnen ein. Die Störung war gebannt.
Solche Erfahrungen lehrten mich die Notwendigkeit, als Forscherin authentisch zu sein, nicht neutral und unnahbar zu bleiben, sondern Gefühle zuzulassen und zu zeigen, selbst um den Preis, daß ein Interview scheitert. Wahrscheinlicher ist es, daß Offenheit Störungen behebt und den Weg freigibt für eine sympathisierende Begegnung, die dem Sich-Mitteilen, dem Zuhören und Verstehen nur förderlich sein kann.
Das erwähnte thematisch strukturierte Interview bildete das hauptsächliche Forschungsinstrument, ein weiteres war die graphische Darstellung. Ich bat meine Interviewpartnerinnen und -partner am Ende unseres Gesprächs, ein Körperbild anzufertigen, das Auskunft darüber geben sollte, welche Teile ihrer Person beim Programmieren beteiligt sind. Ich betrachte die Körperbilder als zusätzliche Erkenntnisquelle, weil sie

a) die Möglichkeit bieten, schwer oder nicht Faßbares mitzuteilen, das angesichts des Bildes im anschließenden Kommentar vielleicht doch sagbar wird;
b) weil sie es erleichtern, dem leiblichen und emotionalen Erleben Ausdruck zu verleihen, was ich durch eine entsprechende Nachfrage zu unterstützen suchte (weiteres s. u. ›Die fragmentierte eigene Subjektivität‹).

Versuche zu deuten setzten bereits in der Erhebungsphase ein. Ich achtete auf etwaige zentrale Begriffe in den Mitteilungen eines Interviewpartners, um im Verlauf dieses einen oder weiterer Interviews die Relevanz, die Variation des Begriffs zu verfolgen. Meine spontanen Deutungseinfälle hielt ich jedoch in der Schwebe, ich experimentierte mit Interpretationsmöglichkeiten, ohne mich festzulegen. Das Gedankenspiel war begleitet von Memos, Merkzetteln, auf denen ich meine Ideen, dazu passende Theorien und vorhandene Zweifel notierte, die sich verdichten oder wieder verflüchtigen konnten.

Der Akt *systematischen* Deutens begann, als die Interviewtranskriptionen mit einem Umfang von ca. 4000 Seiten vor mir lagen. Wie schon vorher orientierten sich meine Deutungsversuche an einem Stil, den Anselm Strauss als »Grounded Theory« vorgestellt hat (vgl. Strauss 1991). Er wurde von Glaser und Strauss in den frühen 60er Jahren entwickelt mit dem Anliegen eines verstehenden Zugangs zu komplexen Daten, und zwar im Zusammenhang mit einer Feldstudie zum Umgang von Klinikpersonal mit sterbenden Patienten.

Die Analyse des empirischen Materials im Stil der Grounded Theory ist nicht an bestimmte theoretische Interessen gebunden. Theorie soll in enger Verbindung mit Daten entstehen (vgl. Strauss 1991, 31). Die Interpretation entfaltet sich sukzessiv. Die Forscherin bzw. der Forscher sucht das Material nach Schlüsselkategorien ab, die ein Hauptanliegen, eine Haupterfahrung, ein Hauptproblem darstellen. Eine Schlüsselkategorie ist dadurch charakterisiert, daß sie im Datenmaterial häufig vorkommt und zentral ist; sie muß Ausgangspunkt für verschiedene Submuster des von ihr bezeichneten Phänomens sein (vgl. Strauss 1991, 67).

Die Suche nach Schlüsselkategorien ist ein intuitiver Prozeß, der deshalb nicht regellos ist, sondern von sinnaufschließenden Fragen gesteuert wird (vgl. Leithäuser/Volmerg 1988, 259). Es ist zu fragen:

Worüber wird gesprochen?
Wie wird gesprochen?
Warum wird über etwas gesprochen?

Zu den Schlüsselkategorien zählen in der vorliegenden Untersuchung Begriffe wie Grenzobjekt Computer, Spiel, Ordnung, fragmentierte Subjektivität, Widerspruch und Ambivalenz. Ich benutzte die Begriffe als Gliederungskategorien für das einzelne Interview; ordnete ihnen durch Zerschneiden des Gesamtinterviews die einschlägigen Textpassagen zu, die ich danach einer Feinanalyse aus der Perspektive der Schlüsselkategorie unterzog. Bedeutsam für die Feinanalyse sind das Detail, das Wort, die Pause, der Abbruch der Rede, der Sprachrhythmus. Gleichwohl darf, da der Sinngehalt des Details vom Rahmen mitbestimmt wird, das Ganze, der Satz, der Kontext, in dem ein Satz, eine Passage eingebettet ist, nicht aus dem Blick geraten. Die Bewegung des Verstehens und Deutens verläuft vom Ganzen zum Detail und zurück zum Ganzen, in einem »hermeneutischen Zirkel« (Gadamer 1960, 275).

Schritte der systematischen Interpretation

1. Lektüre der Interviewprotokolle und Suche nach Schlüsselkategorien.
2. Einzelfallbezogene Zuordnung von Interviewpassagen zu den gefundenen Schlüsselkategorien.
3. Erster Quervergleich.
4. Entwicklung einer Gesamtidee und deren Operationalisierung → Entwurf einer Gliederung.
5. Zuordnung der Schlüsselkategorien und der ihnen verbundenen Textpassagen zu den einzelnen Gliederungspunkten.
6. Einzelfallbezogene Sequenzanalyse und systematischer Quervergleich.
7. Ausgehend von den Gliederungspunkten Entwurf von Argumentationsfiguren für die Darstellung der Ergebnisse.

Hans-Georg Soeffner fordert von einer wissenschaftlichen Hermeneutik, die nicht der Oberfläche, nicht dem Schein aufsitzen darf, die Suche nach der ungewöhnlichsten Lesart (vgl. Soeffner 1984, 24). Im Geiste dieser Forderung agiert dialektische Logik, wie sie Adorno versteht. Dialektische Logik »respektiert, als Denken, das zu Denkende, den Gegenstand auch dort, wo er den

Denkregeln nicht willfahrt« (Adorno 1966, 142). Sie vermag das Denken im hermeneutischen Zirkel, das – zwischen Teil und Ganzem sich bewegend – auf Diskrepanzen stößt, kooperativ zu ergänzen. Dialektik als Verfahren ist darauf aus, »um des einmal an der Sache erfahrenen Widerspruchs willen und gegen ihn in Widersprüchen zu denken« (Adorno 1966, 146). Sie strebt nicht der Synthese zu. So bewahrt sie davor, »daß die Form des Denkens seine Gegenstände zu unveränderlichen, sich selber gleichbleibenden macht; daß sie das seien, widerlegt Erfahrung« (Adorno 1966, 153).

Widersprüche gelten zu lassen, in der Sache, in einem selbst, im Verhältnis zur Sache, und sie aufeinander zu beziehen ist ein Wagnis. Das Unvorhergesehene, das bisherige Interpretationen wieder in Frage stellen kann, ist eingeladen, in Erscheinung zu treten. Dialektische Logik muß sich behaupten gegen die Sehnsucht des Forschers bzw. der Forscherin nach Gewißheit. Praktisch gehandhabt, zwang mich das dialektische Verfahren fortwährend dazu, Differenzierungen vorzunehmen, Interpretationsfacetten zu verrücken, Zusammenhänge präziser zu benennen.

Je dichter, je tiefenschärfer die Beschreibung, desto deutlicher hebt sich Individuelles ab von dem, was das Individuum mit anderen verbindet. Erst im gedanklichen Drehen und Wenden eines Phänomens schält sich heraus, ob sich hinter disparater Erscheinung Allgemeines verbirgt, das nur nach außen hin individuell gefärbt ist – eine Erfahrung, die schon Goethe propagierte, als er 1787 schrieb: »(...) Man erhebt sich ja eher zum Allgemeinen, wenn man die Gegenstände genauer und schärfer betrachtet« (Goethe 1974, 173). Das sich in der Einzelbetrachtung andeutende Allgemeine ist im systematischen Quervergleich zu überprüfen und theoretisch zu fassen. So gewonnene allgemeine Aussagen sind nicht repräsentativ, es lassen sich aus ihnen lediglich Typen konstruieren. Ein Typus zeichnet sich dadurch aus, daß seine Merkmale in einem theoretischen Zusammenhang stehen. Seine Struktur ist so abstrakt formuliert, daß sich mehrere konkrete Erscheinungsformen auf ihn beziehen lassen. Über seine Verbreitung kann anhand einer qualitativen Studie nichts gesagt werden. So behaupte ich beispielsweise Ordnungsbedürfnisse als typische Tätigkeitsmotive von Softwareentwicklerinnen und -entwicklern; in welchem Ausmaß sie in der Gesamtpopulation auftreten, ist dem Datenmaterial nicht zu entnehmen.

Die Interviews waren nicht darauf angelegt, Unbewußtes zu ermitteln, und so richtete sich mein hermeneutisches Interesse zunächst nur auf manifeste und latente Sinngehalte. Ich erweiterte meine Perspektive zu einer psychoanalytischen dort, wo Unbewußtes ganz offensichtlich eine Rolle spielte und mir dessen Berücksichtigung im Rahmen der Gesamtargumentation unverzichtbar erschien.

Der interpretative Akt endet nicht, wo Schlüsselkategorien gefunden und ihnen zugeordnete Texte einer Feinanalyse unterzogen wurden. Er setzt sich fort in der Darstellung der Ergebnisse, in der Sprache, die dafür gewählt wird. Es gibt für das, was man bzw. frau aus dem Material herausgefunden hat, einen richtigen Satz. Ihn gilt es zu suchen. In Anlehnung an die Germanistin Herta Müller begreife ich die Sätze, die die Forscherin bzw. der Forscher über die untersuchte Wirklichkeit schreibt, wie Kleidungsstücke, die man hinterher anziehen kann, und man spürt jede Stelle, am besten die, die nicht paßt (vgl. Müller 1991, 34). Der Autor spürt sie, und der Leser spürt sie. Es ist eine Lüge, wenn nicht der richtige Satz dasteht, sondern ein anderer. »Sie bleibt nicht leise. Es ist eine Lüge, die schreit« (Müller 1991, 35).

Von besonderer Bedeutung ist der erste Satz. Der erste Satz ist der Einstieg in die Thematik, er wirkt bis zum letzten Satz. Der falsche Einstieg kann bewirken, daß ich der zu beschreibenden Wirklichkeit nicht näherkomme und in der Folge »der ganze Text ein falscher Text, also kein Text wird« (Müller 1991, 38).

Sprache, Wörter, Sätze sind nicht nur Form, die dem Inhalt äußerlich bleibt, ein mehr oder weniger schönes Gefäß. Mit der Wahl der Worte fallen Entscheidungen über Inhalte. Wer »von der Reinheit des Ausdrucks abläßt, verrät damit immer auch die Sache« (Adorno 1951, 151).

Der Erkenntniswert einer verstehenden empirischen Methode

Welchen Erkenntniswert haben empirische Befunde, die durch Einzelfallanalyse gewonnen werden? Die sinnverstehend-interpretative Forschungsmethode wird oft mit dem Problem der Generalisierung als einem unüberwindbaren Handicap konfrontiert. Dem Einzelfall Allgemeines zu entnehmen, dieser Anspruch

stützt sich auf die Annahme, daß Wirklichkeit ein Produkt sozialer Interaktion ist.
Die Erkenntnistheoretiker und Biologen Humberto Maturana und Francisco Varela liefern für diese Annahme mit ihrem autopoietischen Ansatz eine theoretische Begründung. Menschliche Lebewesen befinden sich diesem zufolge in einem ständigen Prozeß der Autopoiese, das heißt, sie müssen sich andauernd selbst hervorbringen. Dabei sind sie angewiesen auf strukturelle Koppelung an andere menschliche Individuen. Diese findet statt, wenn sich Menschen als denkende, fühlende und körperlich empfindende Wesen begegnen und füreinander zum Stimulus autopoietischer Verwirklichung werden. Ohne strukturelle Koppelung gibt es nach Maturana und Varela keine Autopoiese. Aus dieser Abhängigkeit erwächst die »Suche nach einer umfassenden Perspektive, nach einem Existenzbereich, in dem beide Parteien in der Hervorbringung einer gemeinsamen Welt zusammenfinden« (Maturana/Varela 1987, 264). Der nötige Konsens ruht auf geteilten Prinzipien, Denkweisen, Verhaltensmustern, die in die Individualität hineingenommen werden, ohne diese zu tilgen. Diese Auffassung von Wirklichkeitskonstruktion zählt zu den nicht restlos beweisbaren Grundlagen, wie sie jedes Wissenssystem kennt. Wenn sie stimmt, enthält der Einzelfall notwendig Allgemeines.
Außerdem gilt es, die Konsequenzen der Retrospektion zu bedenken, die die Forschungssubjekte vornehmen, wenn sie eine außerhalb der Interviewsituation liegende Realität beschreiben. Retrospektive Betrachtung unterliegt Beschränkungen. Sie ist abhängig von der Erinnerungsbereitschaft und vom Erinnerungsvermögen der Forschungssubjekte. Andererseits kann die Distanz vorteilhaft sein. Sie schmälert das Risiko, daß die Mitteilungen vorrangig im Zeichen aktueller Erlebnisse stehen; sie fördert das Abwägen, das Differenzieren, das Zusammenhangsdenken.
Die subjektiven Beschränkungen retrospektiver Betrachtung mögen sich eindämmen lassen. Aber wozu soll man Kenntnis erlangen über eine Wirklichkeit, die schon zum Zeitpunkt des Interviews vergangen ist und erst recht zum Zeitpunkt der Veröffentlichung? »Die Welt ereignet sich in jedem Augenblick neu« (Dürr 1988, 36), schreibt der Physiker Hans-Peter Dürr. Jedoch ist das Neue nie völlig abgekoppelt vom Bisherigen. Wirklichkeit als gewordene und werdende enthält Kontinuität. Das Neue besteht darin, daß sich Tendenzen verschärfen oder vermindern,

Entwicklungen sich verfeinern. Ich will es vorsichtig formulieren: Wenn ich über Vergangenes etwas weiß, besteht die Chance, auch über Gegenwärtiges und Zukünftiges etwas zu wissen. Nichts Endgültiges kann ich wissen, nur Möglichkeiten kann ich kennen, denn Zukunft ist nicht determiniert, sie ist nur nicht beliebig.
Die Ergebnisse einer sinnverstehend-interpretativen Forschungsmethode sind als Annäherungen an gegenwärtige und zukünftige Realität zu verstehen. Sie haben den Charakter von Wissensangeboten, deren Sinn auch darin besteht, selbstverständlich gewordenes Wissen einer neuerlichen Prüfung zu unterziehen und Diskussionen zu initiieren, in deren Verlauf neue Fragen auftauchen und die Suche nach Antworten abermals beginnt.

Softwareherstellung als intermediärer Erfahrungsraum

Die Computertechnik weist Ähnlichkeiten auf mit den frühesten Objekten im Leben eines Kindes, über die es sich in Beziehung zur Außenwelt setzt und dabei zu einem Ich wird. Die neue Maschine konstituiert einen intermediären Erfahrungsraum. Wie ist dieser Raum beschaffen? Wie vermitteln sich in ihm Innen- und Außenwelt?

Zwischen den Welten: Die Aufgabe

»Wann immer eine Person ein Programm schreibt, ist es ein Programm *über* irgendeine Gegebenheit, *über* einen Sachverhalt oder Gegenstandsbereich. Ob es sich dabei um Satellitenbahnen, um Rechnungen und Lohnlisten einer Firma oder um die auf einem Bildschirm sichtbar gemachten Bewegungen eines Raumschiffs handelt, immer existiert ein bestimmter Gegenstandsbereich, für den der Programmierer sein Programm schreibt.« (Terry Winograd/Fernando Flores)

Mit diesem Versuch, die Tätigkeit von Softwareentwicklerinnen und -entwicklern zu charakterisieren, wollen Terry Winograd, Computerwissenschaftler, und Fernando Flores, Industriemanager[1], betonen, daß es nicht ausreicht, das Ziel der computergestützten Bearbeitung eines Gegenstandsbereichs lediglich zu benennen, etwa nur den Befehl zu erteilen: Krankheiten diagnostizieren! Vielmehr ist der Bearbeitungsvorgang in allen Einzelheiten genau festzulegen. Die Repräsentation erfolgt in formalen widerspruchsfreien Symbolen. Zwischen den Symbolen werden Verknüpfungsregeln festgelegt, die Operationen zur Manipulation der Symbole ermöglichen. Die Ansammlung solcher Operationen ergibt einen Algorithmus, anders ausgedrückt: ein Programm.
Die Computertechnik ist eine Universaltechnik. Jeder Sachverhalt, der sich als Algorithmus formulieren läßt, ist einer compu-

1 In ihrem gemeinsamen Buch ›Erkenntnis-Maschinen-Verstehen‹ setzen sich Winograd/Flores kritisch mit den Implikationen von Computersystemen auseinander.

tergestützten Bearbeitung zugänglich. Dem universalen Charakter der Computertechnik entspricht es, wenn dieses Buch auf unterschiedliche Gegenstandsbereiche Bezug nimmt. Die folgende Tabelle listet auf, aus welchen Erfahrungsfeldern die interviewten Softwareentwicklerinnen und -entwickler berichten:

Gegenstandsbereiche	*Funktionen*
1. Handel und Dienstleistung	Wertpapierverwaltung
– Bank	Darlehensverwaltung
	Zahlungsverkehr und Vereinsspenden
– Handel	Lagerhaltung
– Post	Auskunftssystem
2. Industrie	Steuerung von Fertigungsstraßen
	Betriebsdatenerfassung
	Gebäudeleittechnik
	Zutrittskontrollen
	Entwicklung neuer Algorithmen zur Entwurfsautomatisierung mikroelektronischer Bausteine (Chips)
3. branchenunabhängig	Lohn-/Gehaltsabrechnung
	Kassenbuchführung
	Werkzeuge zur Automatisierung der Programmierung
4. Forschung	Kartierung von Satellitenbildern
	Entwicklung eines neuen Algorithmus zur Auswertung von Satellitenbildern
5. Private und schulische Nutzung	Lebenssimulationen
	Computerspiele
	»Fun-Programmiererei«
	Graphikprogramme
	Sortierprogramme
	Textverarbeitungsprogramme

6. Medizinische Expertensysteme	Diagnose von: Komplikationen bei Nierentransplantationen Sprach- und Hörschädigungen genetischen Abweichungen Risikofaktoren vor Operationen Diabeteserkrankungen Therapievorschläge zur Behandlung von Diabetes

So breit gestreut die konkreten Probleme auch sind, die Aufgabe von Softwareentwicklerinnen und -entwicklern ist immer die: Sie müssen das zu lösende Problem, das Teil einer äußeren, von je spezifischen Eigenschaften, Merkmalen, Logiken durchwobenen Realität ist, beziehen auf die eigenen, der Computerlogik folgenden Denk- und Wahrnehmungsmuster mit dem Ziel, diese Realität maschinenbearbeitbar zu machen. Wer medizinische Expertensysteme entwirft, ist konfrontiert mit Ärzten und Patienten, wer Betriebsdatenerfassungssysteme konzipiert, mit Arbeitsabläufen und den dazugehörigen Arbeitern in einem Industriebetrieb, aber immer ist gefordert, Außenwelt und Innenwelt zueinander ins Verhältnis zu setzen. Dieses Erfordernis verlangt nach einem Raum, in dem innen und außen ineinander übergehen können.

Der Computer als Grenzobjekt

Das Medium, mit dem Softwareentwicklerinnen und -entwickler innere und äußere Realität vermitteln, ist der Computer, der mit seinen »harten« und »weichen« Teilen, als materielle und immaterielle Maschine an diesem Prozeß beteiligt ist. Worin begründet sich die Eignung des Computers als Mittler? Welche Eigenschaften besitzt er, die die Verschränkung von Realitäten erlauben? Meine These: Der Computer, den ich Grenzobjekt nenne, gestattet es, einen intermediären Raum zu schaffen, in den Realität von zwei Seiten her einfließen kann. Er ähnelt in seinem Wesen und in seinen Verwendungsmöglichkeiten dem von dem englischen Psychoanalytiker D. W. Winnicott beschriebenen »Übergangsobjekt« (Winnicott 1958), mit dem Kinder ihre erste Annäherung an die Außenwelt unternehmen. Der Computer kann quasi als ein der Erwachsenenwelt gemäßes Nachfolgeobjekt betrachtet werden.[2]

Teddy, Liebe und Erkenntnis

Erste Übergangsobjekte im Leben eines Menschen entstehen, wenn der Säugling nach seinem Daumen greift, nach dem Zipfel der Decke, nach einem Stück Stoff und daran lutscht, saugt, zupft, begleitet von Mum-mum-Lauten, von Lallen oder analen Geräuschen. All dies sind nach D. W. Winnicott Übergangsphänomene, und aus ihnen entstehen Übergangsobjekte: der Bettzipfel, der Teddy, eine Lautfolge, ein Gebaren, eine Melodie (vgl. Winnicott 1973, 13). Sie werden wichtig beim Einschlafen, dienen da der Abwehr von Angst. Sie werden überallhin mitgenommen, dürfen – so es Gegenstände sind – schmutzig und unansehnlich werden; das Kind hält ihnen die Treue. Übergangsobjekte haben keinen eindeutigen Ort. Sie liegen an der Grenze zwischen innen und außen. Sie gehören zum Ich und auch wieder nicht; sie sind subjektiv und objektiv zugleich. Erste Übergangsphänomene und -objekte tauchen zwischen dem 4. und 12. Lebensmonat auf. Das ist jene Lebensphase, in der das Kind trotz symbiotischer Verschmelzung mit der Mutter oder mit einer anderen Versorgungsperson zu schwanken anfängt in der Wahrnehmung der primären Person als ein separates oder nicht-separates Wesen. Alice und Michael Balint erklären dieses Schwanken damit, daß das Kind aus seiner vorgeburtlichen Zeit eine starke Besetzung seiner Umwelt mitbringt, die es auf die primäre Person richtet (vgl. Balint 1970, 79 ff.). Sie behaupten damit ein primäres Bedürfnis nach Kontakt zur Welt.

Übergangsphänomene und -objekte unterstützen die ersten zarten Differenzierungsversuche in der symbiotischen Phase. Das Übergangsobjekt steht nach Winnicott für das Objekt der ersten Beziehung z. B. für die Mutter oder deren Brust; daß es nicht die Brust der Mutter ist, ist aber genauso wichtig wie die Tatsache, daß es die Brust bedeutet.

2 Die Idee hierzu entstand in einem Gespräch mit der Mathematikerin Ursula Linder-Kostka.

Das kindliche Balancieren zwischen Ich und Nicht-Ich bei der Benutzung eines Übergangsobjektes erleichtert den Übergang von der magischen Vereinigung mit der Mutter zur Autonomie (vgl. Fox Keller 1986, 89). Freilich muß zunächst – soll sich das Kind von etwas lösen können – eine solche Vereinigung bestanden haben, in der das kindliche Ich grenzenlos und allmächtig war, was eine intensive kontinuierliche Verbindung zwischen der Mutter (oder einem anderen Versorger) und dem Kind voraussetzt. Das Kind braucht das Du, um ein Ich werden zu können.

Das Übergangsobjekt ist aus der Perspektive außenstehender Beobachter ein Symbol; aus der Sicht des Kindes ist der Bettzipfel die Brust der Mutter, aber mit der Zeit wird der Status uneindeutig. Allmählich beginnt es zwischen Fiktion und Wirklichkeit zu unterscheiden. Das Übergangsobjekt ist das, was wir von der Symbolbildung mitbekommen. Seine Wirkung auf das Kind entspricht immer der eines präsentativen Symbols. Die amerikanische Philosophin Susanne K. Langer unterscheidet präsentative Symbole von diskursiven. Zur diskursiven Symbolik schreibt sie:

»Nun ist aber die Form aller Sprachen so, daß wir unsere Ideen nacheinander aufreihen müssen, obgleich Gegenstände ineinanderliegen; so wie Kleidungsstücke, die übereinander getragen werden, auf der Wäscheleine nebeneinander hängen. Diese Eigenschaft des verbalen Symbolismus heißt Diskursivität; ihretwegen können überhaupt nur solche Gedanken zur Sprache gebracht werden, die sich dieser besonderen Ordnung fügen; jede Idee, die sich zu dieser ›Projektion‹ nicht eignet, ist unaussprechbar, mit Hilfe von Worten nicht mitteilbar. Dies ist der Grund, warum die Gesetze des logischen Folgerns, unsere klarste Formulierung exakten Ausdrucks, auch als ›Gesetze des diskursiven Denkens‹ bekannt sind« (Langer 1965, 88).

In Absetzung von der Diskursivität erläutert sie die Spezifik präsentativer Symbole:

»Betrachten wir nun die uns vertrauteste Art eines nicht diskursiven Symbols, ein Bild. Es setzt sich zwar wie die Sprache aus Elementen zusammen, die jeweils verschiedene Bestandteile des Gegenstandes darstellen; aber diese Elemente sind nicht Einheiten mit unabhängigen Bedeutungen. Die Licht- und Schattenflächen, aus denen ein Portrait, z. B. eine Fotografie, besteht, haben an sich keine Bedeutsamkeit. Einer isolierenden Betrachtung würden sie lediglich als Kleckse erscheinen. Und doch sind sie getreue Darstellungen visueller Elemente, die den visuellen Gegenstand bilden. Sie stellen aber nicht Stück für Stück die Elemente dar, die einen Namen haben. Es gibt nicht einen Klecks für die Nase, einen für den Mund usw.; ihre Formen vermitteln in gar nicht zu beschreibenden Kombinationen ein totales Bild, in dem sich benennbare Züge aufweisen lassen. Die Abstufungen von Licht und Schatten lassen sich nicht aufzählen. Sie lassen sich nicht, jede für sich, in Beziehung setzen zu einzelnen Teilen oder charakteristischen Zügen, mittels derer es möglich wäre, die porträtierte Person zu beschreiben. Die ›Elemente‹, die die Kamera darstellt, sind nicht die ›Elemente‹, die die Sprache darstellt. Sie sind tausendmal zahlreicher. Aus diesem Grunde kann die Übereinstimmung zwischen einem Wortbild und einem sichtbaren Gegenstand niemals so eng sein wie die zwischen einem Gegenstand und seiner Fotografie. Auf einmal und als Ganzes vor das intelligente Auge gebracht, vermittelt das Portrait einen unglaublichen Reichtum an detaillierter Information, wobei wir uns nicht mit der Auslegung verbaler Bedeutungen aufzuhalten brauchen. Deshalb ist die Fotografie für den Paß oder die Verbrecherkartei so viel geeigneter als die Beschreibungen« (Langer 1965, 100 f.).[3]

In der präsentativen Symbolik ist die Realität nicht aufgespalten in Fakten, sie erscheint und wirkt als ein Gemisch von Idee, Farbe, Form, Geruch, Klang, Gefühl, Rhythmus. Sie artikuliert Wirklichkeitsfacetten, die der diskursiven Sprache oft unzugänglich sind, sie rückt dem Subjekt näher auf den Leib. In derselben Weise zeigen sich dem Kind seine ersten Besitztümer. Sie bestehen für das Kind nicht aus Einzelheiten, auf die es sich im einzelnen beziehen könnte; sie wirken als ein diffuses Ganzes, das vielfältig berührt. Das Kind ist ihnen mit allem, was es hat und kann, verbunden: mit seinen sich bildenden kognitiven Fähigkeiten, mit seinen Sinnen, seinem Körper, seinen Gefühlen.

Winnicott beschreibt das Verhältnis des Kindes zu seinem Übergangsobjekt so:

»1. Das Kind beansprucht dem Objekt gegenüber Rechte, denen wir als Erwachsene zustimmen. Doch ein gewisser Verzicht auf die eigene Omnipotenz ist von Anfang an ein Merkmal dieser Beziehung.

3 Nicht immer vermitteln Bilder diese Ganzheit, sie dienen zuweilen – man denke an die ästhetisierenden Darstellungen des Krieges – als Schutzschild gegen die Wirklichkeit, wie umgekehrt Sprache, z. B. die poetische, Bedeutungen nicht nur hintereinander, sondern simultan vermitteln kann, ja, manchmal in der Lage ist, gerade durch Abstraktion das Unsichtbare sichtbar werden zu lassen. Christina von Braun hat dies in ihrem Aufsatz ›Die schamlose Schönheit des Vergangenen‹ (1989) dargelegt. Sprache kann demnach auch präsentative Symbolik ausdrükken, und Bilder können diskursive Darstellungen sein.

2. Das Objekt wird zärtlich behandelt, aber auch leidenschaftlich geliebt und mißhandelt.
3. Es darf nicht verändert werden, außer wenn das Kind selbst es verändert.
4. Es muß triebhafte Liebe ebenso ›überleben‹ wie Haß und gegebenenfalls reine Aggression.
5. Dennoch muß es dem Kind das Gefühl der Wärme vermitteln, und durch Bewegung, Oberflächenbeschaffenheit und scheinbare Aktion den Eindruck erwecken, lebendig zu sein und eigene Realität zu besitzen.
6. Für uns Erwachsene gehört es der Außenwelt an, nicht aber für das Kind; andererseits gehört es auch nicht zur inneren Welt, es ist keine Halluzination.
7. Sein Schicksal ist es, daß ihm allmählich die Besetzungen entzogen werden, so daß es im Laufe der Jahre zwar nicht in Vergessenheit gerät, jedoch in die Rumpelkammer verbannt wird. Es verliert im Laufe der Zeit Bedeutung, weil die Übergangsphänomene unschärfer werden und sich über den gesamten intermediären Bereich zwischen ›innerer psychischer Realität‹ und ›äußerer Welt‹ (...) ausbreiten« (Winnicott 1973, 14f.).

Zusammen mit seinem Übergangsobjekt befindet sich das Kind in einem intermediären Erfahrungs- und Erlebnisfeld, in dem innere und äußere Welt sich berühren, ineinander übergehen, sich trennen und wieder verschränken. Die Grenzen sind manchmal schwächer, manchmal stärker. Dieser Zwischenbereich des Erlebens knüpft sich an ein Paradoxon: »Das Kleinkind erschafft das Objekt, aber das Objekt war bereits vorher da, um geschaffen und besetzt zu werden« (Winnicott 1973, 104). Der Teddy ist tot, solange das Kind ihn nicht mit seinen Wünschen, Ängsten, Ideen belebt.

Es sind verschiedene Situationen der Außenwelt, die das Kind im Laufe der Zeit mittels Übergangsobjekt zu arrangieren beginnt. Jungen neigen nach Winnicott dazu, gegenständliche Umwelten zu schaffen, während Mädchen eher zwischenmenschliche Arrangements (z. B. eine Familie) anlegen (vgl. Winnicott 1973, 14), ein Ergebnis von Umwelteinflüssen, wie die geschlechtsspezifische Sozialisationsforschung zu belegen vermochte (vgl. Nötzel 1987, 66ff.). Das vom Kind geschaffene Szenario bildet einen Raum, in dem es spielerisch experimentieren kann mit Identifikation und Abgrenzung, mit seiner Phantasie und seinen Fähigkeiten zu schöpferischer Kreativität, in dem es genußvoll und schmerzhaft Vertrautheit und Getrenntheit zu spüren kriegt. Es übt sich dabei

in der Aufgabe, »innere und äußere Realität voneinander getrennt und doch in wechselseitiger Verbindung zu halten« (Winnicott 1973, 11), eine Aufgabe, die sich dem Individuum lebenslänglich stellt.
Die amerikanische Biologin und Physikerin Evelyn Fox Keller betrachtet das Hin und Her im intermediären Raum, bei dem sich Nähe und Distanz zum Gegenüber abwechseln und mischen, als erste Schritte in Richtung einer »dynamische(n) Autonomie« (Fox Keller 1986, 89), die im Verlauf kindlicher Entwicklung gefördert, aber auch behindert werden kann. In der dynamischen Autonomie spiegelt sich ein Ich-Gefühl wider, »das sich vom anderen abgrenzt und sich auf andere bezieht, und ein Gefühl für andere als Subjekte, mit denen man genug gemeinsam hat, um die Anerkennung ihrer unabhängigen Interessen und Gefühle zuzulassen« (Fox Keller 1986, 105). Dieses Ich-Gefühl hält die Angst vor Verschmelzung und die Angst vor Einsamkeit in einem Gleichgewicht. Das der dynamischen Autonomie eigene Bestreben, auf die Gemeinsamkeit von Empfindungen abzuheben, um sich darüber die Andersartigkeit des Du zu erschließen, d. h. sich Distanz und Nähe zu gestatten, nennt Fox Keller »dynamische Objektivität« (Fox Keller 1986, 122); ihr entspringt eine »im höchsten Maße authentische und daher im höchsten Maße zuverlässige Einsicht in die Welt, die uns umgibt« (ebd.).
Evelyn Fox Keller begrenzt die Anwendung ihrer Begriffe auf die zwischenmenschliche Sphäre. Ich möchte deren Reichweite ausdehnen auf Bezüge zur gegenständlichen Umwelt, so wie sie das selbst indirekt tut, wenn sie auf Ernest G. Schachtel verweist, der in seinem Buch ›Metamorphosis‹ (1963) von den Wahrnehmungswerkzeugen schreibt, die sich die Menschen geschaffen haben, um jenes Interesse an der Welt, das bei Fox Keller der dynamischen Autonomie zuarbeitet, zu befriedigen. Diese Werkzeuge, wie Malerei oder Sprache, haben neben dem menschlichen Subjekt auch die Natur, die Landschaft zum Gegenstand. Deren Erkenntnis verlangt nach Ernest G. Schachtel eine Form von Aufmerksamkeit, die Empathie einschließt: »(...) The artist at the moment of painting must feel the very nature of his subject. If it is a tree, he is urged when painting it to feel the strength which shoots through the branches and sustains the limbs« (Schachtel 1963, 181). Dieses Einssein ist ein Element der von Ernest G. Schachtel so genannten »allozentrischen (fremdzentrierten) Wahrnehmung«; nicht Selbst-

Verlust sei durch sie zu befürchten, sie verhelfe vielmehr zu einem gesteigerten Gefühl von Lebendigkeit.

Wichtig an der bisherigen Diskussion für die von mir angestrebte Auseinandersetzung mit der Computertechnik ist – das sei hier betont – das interaktive, gestaltende Moment im Verhältnis zwischen dem Subjekt und seiner Umwelt. Es führt zeitweilig zu einer Aufhebung der Grenzen zwischen Ich und Nicht-Ich, was nach Ernest G. Schachtel einem ursprünglichen, auf die Welt gerichteten Bedürfnis entgegenkommt und was zweierlei ermöglicht: Liebe von der Art, »which wants to affirm others in their total unique being« (Schachtel 1963, 226), und gerade durch sie objektive Erkenntnis.

Diese Position ist keine allgemein geteilte. Sigmund Freud verweist das »ozeanische Gefühl«, das »Gefühl der unauflösbaren Verbundenheit, der Zusammengehörigkeit mit dem Ganzen der Außenwelt« (Freud 1972, 65 f.) vorrangig in die Phase frühester Kindheit. Er räumt zwar im Hinblick auf dieses Gefühl ein, daß das Primitive neben dem Späteren überleben kann, vermag sich aber außer Situationen der Verliebtheit nur noch krankhafte Zustände vorzustellen, in denen sich Ichgrenzen verflüssigen. Das dem Erwachsenenalter angemessene Ich ist für Freud jenes, das klare und scharfe Grenzlinien nach außen zu behaupten weiß.

Die Annahme eines Dualismus zwischen dem Subjekt und der Welt der Objekte, dessen Aufrechterhaltung sowohl die unabhängige Erfahrung wie das Überleben des Subjekts sichert, steht in der geistesgeschichtlichen Tradition des Abendlandes, die ihre Anleihen nimmt bei Platon und die über Galileo Galilei, René Descartes und die Aufklärung Eingang gefunden hat in die Moderne (vgl. Berman 1985; Horkheimer/Adorno 1969).

Das Subjekt handelt dem dualistischen Ansatz zufolge angemessen, wenn seine Handlungen sich auf ein Wissen stützen, in dem die Außenwelt möglichst kartographisch abgebildet ist, was möglich erscheint, wenn zwei separate, nur äußerlich aufeinander einwirkende Realitätsbereiche angenommen werden. Die Grenzen bleiben in dieser Vorstellung gewahrt; ihre Vermischung, so wird angenommen, würde den Erkenntnisgewinn schmälern. ›Liebe macht blind‹, lautet ein in unserer westlichen Kultur gebräuchliches Sprichwort, dem der Dichter Robert Musil entgegenhält: »Sie wissen, man begreift überhaupt nichts mit dem Verstand, nicht einmal das Daliegen eines Steines, sondern alles nur durch

Liebe. In einem namenlosen Annäherungszustand und Verwandtschaftsgrad« (Musil 1978, 334). Beide Behauptungen könnten stimmen; die Behauptung des Dichters, wenn er anspielt auf die Sorte von Liebe, die dem anderen seine Einzigartigkeit bestätigen möchte, und die des Sprichworts, wenn man es auf jene Liebe bezieht, die vereinnahmend und besitzergreifend ist, die das Du unsichtbar macht, indem sie es im Ich ertränkt. Ob das Sprichwort auf diese Weise recht bekommen will? Jedenfalls gestattet ein Weltverhältnis, das allein auf Distanz aufbaut, auch und vor allem Herrschaft.
Gegen die Behauptung eines Dualismus von Subjekt und Objekt haben sich neben den schon genannten noch andere Gegenpositionen etabliert. Weltberühmt geworden sind die Arbeiten Humberto R. Maturanas über die Neurophysiologie des Sehvermögens. Maturana gelangte durch seine Untersuchungen über das Farbensehen zu der Überzeugung, daß Organismus und Umwelt nicht als zwei voneinander unabhängige Dinge aufgefaßt werden können. Organismus und Umwelt entwickelten bei ihrem Zusammentreffen vielmehr einen »konsensuellen Bereich« (Maturana 1985, 255), in dem eine wechselseitige Interaktion und Beeinflussung stattfinde. In diesem Interaktionsgeschehen, das es dem Organismus erlaube, kontinuierlich seine eigenen Bestandteile zu produzieren, stabilisierten sich dessen Grenzen nach außen.
Der Gedanke, daß es kein vom Subjekt unabhängiges Objekt gibt, findet sich auch in der Quantenphysik. Jeder Erkenntnisvorgang greift nach Werner Heisenberg, einem der Begründer der Quantenphysik, in das ›objektive‹ Geschehen ein und läßt sich von diesem Geschehen nicht vollständig abtrennen. Im Vergleich zur klassischen Physik rückt die Quantenphysik ab »von jener etwas zu schroffen Zweiteilung der Welt in der Descartesschen Philosophie« (Heisenberg 1959, 170) zugunsten eines interaktiven Subjekt-Objekt-Verhältnisses. »Man muß sich immer wieder klarmachen«, schreibt Werner Heisenberg in seinem Philosophiemanuskript, »daß die Wirklichkeit, von der wir sprechen, nie die Wirklichkeit ›an sich‹ ist, sondern eine gewußte Wirklichkeit oder sogar in vielen Fällen eine von uns gestaltete Wirklichkeit« (zit. nach Dürr 1988, 141 f.).
Mein Ausgangspunkt waren die Übergangsobjekte, als deren Nachfolger ich die Computer ansehe. Wenn sie Anlaß gaben zu weitreichenden Überlegungen, so deswegen, weil sich im kind-

lichen Umgang mit ihnen Grundmuster menschlichen Wahrnehmens, Denkens und Handelns anbahnen, die dem Menschen in jeder Lebensphase dienen können, seinen Dialog mit der Welt zu gestalten – eine Feststellung, die für die Fortführung der Diskussion von Bedeutung ist. Was aber heißt es, wenn ich behaupte, daß der Computer als Nachfolger des Übergangsobjekts, dessen Gebrauch Winnicott in der Kindheit ansiedelt, Teil dieses Dialogs sein kann? Behaupte ich damit ein regressives Tun?[4]

Bei Winnicott finden sich Ansätze einer Antwort, aber sie sind unklar. Winnicott verweist auf die Existenz von Übergangsobjekten in Form von Religion, Kunst oder schöpferischer Wissenschaft in der Erwachsenenwelt, aber er läßt offen, ob diese wie das kindliche Übergangsobjekt für das Objekt der primären Liebe stehen. Wäre dem so, dann müßte deren Verwendung als regressiv angesehen werden. Die Unklarheit löst sich auf, wenn wir davon ausgehen, daß die genannten »Weltvermittler« verschiedenen Bedürfnissen entgegenkommen können. Es kann sein, daß sie dem Ausleben kindlicher, vom Mangel getragener Wünsche dienen. Für diesen Fall müßte mit einem suchthaften Gebrauch gerechnet werden. Denkbar ist aber auch, daß Erwachsene beispielsweise die Kunst als Mittler zur Welt nicht deswegen wählen, weil diese ihnen das erste Liebesobjekt ersetzt, von dem es sich endlich abzulösen gilt, sondern deshalb, weil ein Kunstwerk wie das Übergangsobjekt des Kindes einen intermediären Raum mit komplexen Erfahrungsmöglichkeiten eröffnen hilft. Im ersten Fall bleibt das Interesse auf das früheste Objekt fixiert, das seine magische Macht behält; im zweiten ist es davon gelöst und damit frei, den Objekten der Außenwelt eine Aufmerksamkeit zu schenken, die im Dienste »dynamischer Autonomie« steht. Das Subjekt greift auf eine Art von Medium zurück, das ihm schon in seiner Kindheit zu erfolgreichen Weltbezügen verholfen hat. Das schließt nicht aus, daß sich in den gereiften Gebrauch zeitweilig regressive Momente mischen.

4 Regression bedeutet in der Psychoanalyse ein Zurückgehen auf eine frühere Lebensstufe, die nicht erfolgreich bewältigt werden konnte, weil die Umwelt versagt hat, indem sie z. B. dem Kind in seiner frühesten Phase zuwenig emotionale Zuwendung schenkte und ihm so jenes Paradies verweigerte, in dem es sich grenzenlos fühlen darf. Solches Versagen hinterläßt eine lebenslange Sehnsucht nach Rückkehr an den vorenthaltenen Ort, nach Zuflucht zu einer Heimat.

Die »Weltvermittler« der Heranwachsenden und Erwachsenen sind den kindlichen Übergangsobjekten ähnlich, weil sie ebenfalls an der Grenze zwischen innen und außen stehen, weil im Umgang mit ihnen Ich und Nicht-Ich ineinander übergehen können, und sie sind von diesen unterschieden, weil das erwachsene Ich im Kontrast zum kindlichen, in der Regel ein abgegrenztes, ein aus der magischen Vereinigung mit der Mutter befreites Ich ist. Das Ich, das sich dem Nicht-Ich öffnet, ist das eigene. Ein Unterschied existiert auch insofern, als Heranwachsende und Erwachsene zwischen Symbol und Wirklichkeit zu unterscheiden gelernt haben. Auch wenn ihnen im aktuellen Gebrauch die Grenzen verschwimmen sollten, ist es ihnen prinzipiell möglich, Symbole als Symbole zu erkennen. Auf Ähnlichkeit und Verschiedenheit anspielend, bezeichne ich den Computer als Grenzobjekt. Diese Bezeichnung ist kein Name, sondern nur ein Begriff, der einen Zwischenstatus markiert.

Ein Teil von mir/dir und doch ein Ding

Eine 31jährige KI-Forscherin erwähnt im Interview, daß sie dem von ihr entwickelten medizinischen Expertensystem ihren Namen gegeben hat, und mit einem Mal wundert sie sich:

»Na ja, ich dachte gerade, das ist doch irgendwie seltsam, daß du da – ja, das ist dein Name! Mit dem eigenen Namen geht man also vorsichtig um (...) und dann gibst du irgendwie so einem blöden Rechner deinen Namen, ja, also diesem System gibst du dann deinen Namen. Und ich habe mir jetzt gerade echt zum ersten Mal die Frage gestellt, warum habe ich das eigentlich gemacht« (Fr. Licht).[5] Sie sieht darin »so eine Verlagerung nach außen (...), so ein, wie nennt man denn das, so ein Arm, so ein Greif-, Schlag-, Fangarm oder so, der sich nach außen streckt und dann die Fähigkeit hat, zu speichern und zu rechnen, also ein Teil von dir, also so etwas, die Vorstellung wäre mir gruselig«. Gruselig findet sie das, »weil das Ding für mich Ding bleiben sollte. Also ich mag gern, daß das Ding Ding bleibt«.

Was getrennt bleiben sollte, wurde mit einem Wort in eins gesetzt, unversehens haben sich die Grenzen zwischen Subjekt und Objekt verwischt; die Forscherin ist plötzlich identisch mit der Maschine und wächst dadurch über sich hinaus. Sie findet diese Vor-

5 Meine Interviewpartnerinnen und -partner tragen Phantasienamen.

stellung ungeheuerlich, widerspricht sie doch ihrem Wunsch, sich grundsätzlich von der Maschine zu unterscheiden. Ein so grundsätzlicher Unterschied existiert jedoch nicht, wenn wir dem Maschinenbegriff von Arno Bammé und Peter Kempin folgen, der lautet:

»Die Maschine steckt in uns, als Teil unseres Selbsts, lange bevor sie uns in materialisierter Gestalt gegenübertritt, gleichsam als Spiegelbild unserer maschinellen Anteile in uns. Die Maschine ist ein Teil von uns, unseres Denkens und Verhaltens, der sich abspalten, in verschiedene Formen und Ausprägungen verselbständigen kann und in dieser verselbständigten Form auf uns zurückwirkt, wie ein Bumerang, den wir gerade weggeschleudert haben. Die Eigenschaften der Maschine sind durch und durch menschliche Eigenschaften« (Bammé/Kempin 1987, 143).

Es ist das Eigene, nichts Fremdes, was uns in der Maschine entgegentritt. Das veräußerte Innere wird zum Objekt, das doch unverkennbar subjektive Züge trägt, so daß es uns als ein Ich erscheinen kann.

Blechkasten oder Gesprächspartner?

In der Maschine materialisiert sich die Denkfigur der formalen Logik, eine abstrakte und zweiwertige Logik, die in Gestalt des Algorithmus, dem eine Wenn-Dann-Struktur eigen ist, für eine geregelte Abfolge von Zustandsveränderungen der Maschine sorgt. Diese Logik begründet die Eigenschaften der Maschine, die sind: Berechenbarkeit, Regelhaftigkeit, Eindeutigkeit, Zuverlässigkeit. Der von mir verwendete Maschinenbegriff bricht mit der in der bisherigen wissenschaftlichen und politischen Technikdiskussion vorherrschenden Ansicht, wonach technische und soziale Sphäre sich als getrennte Bereiche gegenüberstehen. Die Gegenthese lautet: Die Maschine ist in uns, und wir sind in der Maschine. Insofern sind sich die alte mechanische Maschine und der Computer gleich; die Unterschiede sehen so aus: Die klassische Maschine verkörpert nur einen Algorithmus. Die Maschine *ist* Körper, an diesem läßt sich ihre Funktionsweise ablesen. Bammé u. a. bezeichnen die klassische Maschine als »Körpermaschine« (Bammé u. a. 1983b). Ihre Aktivität zeigt sich auf einer materiellen und mechanischen Ebene, und sie fordert von dem, der sie benutzt, ein Verhalten, in dem ebenfalls körperliche und mechanische Aspekte im Vordergrund stehen. Man bzw. frau denke an die Benutzung eines Fahrrades, einer Näh-, Schreib- oder Bohrmaschine, eines Rasenmähers.

Die neue Maschine, der Computer, ist nicht festgelegt auf die Realisierung nur eines Algorithmus; körperliche Gestalt und Funktionslogik sind nicht identisch. Sie *ist* nicht Körper, sondern *hat* einen Körper, der verschiedene Algorithmen abarbeiten kann. Das begründet ihre universale Verwendbarkeit. Der Computer zeigt seine Leistung primär auf einer geistig-sprachlichen Ebene – Bammé u. a. sprechen von einer »Geistmaschine« (ebd.,) –, und er erwirkt von seinen Benutzern eine Interaktion von ebensolcher Art. In dieser Interaktion wird der materiellen Maschine – so jemand nicht nur Knöpfe drückt – die immaterielle in Form eines Computerprogramms hinzugefügt. Erst dadurch entsteht die ganze Maschine. Die klassische Maschine muß durch einzelne Gedankengänge, einzelne Handgriffe lediglich in Gang gesetzt werden, der Computer muß immer wieder aufs neue erschaffen werden. Immer wieder aufs neue verschränkt der Mensch sein Denken, sein formal-logisches Denken, mit dem materiellen Gegenüber. Er fügt seinen Teil in »weicher«, in lebendiger Form hinzu. Und was eben noch innere Welt war, ist im nächsten Augenblick äußere, die Grenzen sind fließend und beweglich. Der Ort des Zusammenfließens ist der Computer, er ist Grenzobjekt.

Gleich dem kindlichen Übergangsobjekt konstituiert sich in der Interaktion mit ihm ein intermediäres Erlebnisfeld, in dem Subjektives und Objektives ineinandergreifen und oft schwerlich voneinander zu scheiden sind. Nicht nur die zitierte KI-Forscherin sah ein Subjekt im Objekt. Nahezu alle Interviewpartnerinnen und -partner äußerten sich vergleichbar. Ein 19jähriger Gymnasiast, der eine eigene Softwarefirma besitzt, erklärt: »Also, ich meine, in jedem Programm erscheinen meine Gehirnstrukturen, stelle ich mir vor, kommen da wieder raus. Das finde ich das Ergreifende. Es ist jedesmal ein erhebendes Gefühl, wenn ein Programm fertig ist« (Rolf). Er fühlt sich durch diese Erfahrungen mit der Maschine eng verbunden: »Also, ich glaube, bei mir ist eine sehr enge Beziehung zur Maschine, man sieht dann teilweise keine Maschine mehr vor sich, sondern eine Art Gehirn« (Rolf). Von einem 41jährigen Softwareentwickler ist zu hören: »Das (der Computer, d. V.) ist vom letzten Schrotthaufen, der also wirklich ein Metallkasten, bis nahezu jemand, mit dem ich kommuniziere. Da können Sie sich alles dazwischen ausdenken, je nach Situation« (H. Weg). Wenn er den Computer zu Hause zum Briefeschreiben benutzt, ist dieser eher ein »Blechkasten«, aber »wenn ich in der Firma bin, dann ist das für mich natürlich in der Regel etwas mehr als ein Blechkasten, und dann rede ich von dem Computer auch nicht in sächlicher Form, sondern schon in, na ja, unsere Computer haben natürlich auch alle Namen«. Seiner heißt »Smaug«.

Tritt dem 19jährigen im Computer sein eigenes Ich entgegen, so ist es hier ein anderes Ich. Aber nein, so klar ist das auch wieder nicht, denn Herr Weg meint an späterer Stelle: »Das Problem ist immer das, ich meine mich immer selber, wenn ich mit ihm rede« (H. Weg). Er redet zum Computer, aber es geht um seine eigenen Fehler. Der Computer, so ein 27jähriger, »sagt immer nur falsch, falsch, falsch, und auf einmal sagt er dann richtig« (H. Wort). Der Computer redet also ebenfalls. Das räumt auch Herr Weg ein, um es sofort wieder zu verwerfen und erneut zu bestätigen: »Schließlich redet der (der Computer, d. V.) mit einem. Der redet eben nicht mit einem, aber was man sieht, man wird selber angesprochen« (H. Weg).

Die unabweisbare Doppelnatur des Computers verunsichert. Wird bei den Definitionsversuchen die materielle, inaktive Maschine imaginiert, so erscheint der Computer als Objekt; wird an die immaterielle Maschine in Aktion gedacht, so erblickt man bzw. frau im Computer das eigne Ich oder auch – wenn das eigene Denken sich schon wieder verselbständigt hat – ein anderes Ich. Als solches kann die Maschine auch dann erscheinen, wenn ihre Existenz als geronnene menschliche Praxis wahrgenommen wird, wenn beispielsweise an die zu Hardware gewordenen Programme anderer gedacht wird, die das eigene Programm maschinenlesbar machen. Eine 43jährige Softwareentwicklerin: »(...) Für sich alleine ist das (die Maschine, d. V.) tot. Und es kann wirken wie etwas Lebendiges, dadurch, daß Leute, Programmierer, Konstrukteure, wie auch immer, Leben und ein Stückchen von sich selbst reingesteckt haben« (Fr. Weich). Das Erleben im Umgang mit dem Computer stellt sich gegen den herrschenden Maschinenbegriff. Die neue Maschine wird als Zwei- oder Dreiheit erlebt. Und so erklärt sich, daß man bzw. frau in der Zuordnung schwankt, um es letztlich bei einer »schwebenden Definition« zu belassen. Hierzu noch einmal die Stimme einer 16jährigen Schülerin: »So ein Computer ist eben kein Mensch und auch eigentlich keine Maschine, eigentlich schon, aber er ist halt so definiert, aber wenn man damit arbeitet, denkt man daran nicht. Irgendwie ist es doch eine Zusammenarbeit, würde ich sagen. Es reizt mich« (Brigitte).

Der Computer entsteht, wie das kindliche Übergangsobjekt, indem das Subjekt das Objekt belebt, welches schon vorher da war, um belebt und besetzt zu werden. Von dem »blöden Rechner« war die Rede, von einer toten Maschine, in die Menschen etwas von sich hineinstecken müssen. Erst das mache das Gerät kostbar, so kostbar »wie ein Kind, das man nicht von anderen schlagen läßt« (H. Rot) und das man »schützen würde, also wenn jemand käme und es kaputt tritt, dann würde ich das Gerät verteidigen« (H. Fest). Ein 15jähriger kann sich nicht vorstellen, sich von seinem Computer zu trennen: »Ich könnte es nicht über das Herz bringen, das Ding zu verkaufen, also ich hänge irgendwie, da ist ein vielzu großer Teil von mir irgendwie schon drin« (Peter).

Algorithmen und kleine grüne Männchen

Was ist der Inhalt des subjektiven Anteils, der sich in Computerprogrammen niederschlägt? Er besteht einerseits aus algorithmischen Denkmustern, die den Prinzipien formaler Logik gehorchen, aber die Aussagen der Softwareentwicklerinnen und -entwickler verraten, daß das nicht alle menschlichen Hinzufügungen sind.

»Das ist ein Gefühl, das wir da in den Rechner hineinstecken«, behauptet ein 46jähriger KI-Forscher, »das Gefühl, gerecht oder ungerecht behandelt zu werden« (H. Rot). Er berichtet von einem Expertensystem, das er zusammen mit Kollegen zur Personaleinteilung in einem Krankenhaus entwickelt hat. Dabei habe man sich auch über Gerechtigkeit verständigt und versucht, diesen moralischen Wert in das System zu integrieren, etwa in Form der Regel, daß jemand nicht unmittelbar vor oder nach seinem Urlaub zum Wochenenddienst eingeteilt wird. Das System trägt die Namen seiner Autoren.

Ein 15jähriger programmiert »kleine grüne Männchen« (Frank), die ihm sehr gefallen. Er hatte solche Männchen zuerst auf dem

Bildschirm eines Freundes gesehen, und als er ein Computerhandbuch durchblätterte, »war'n dann auch wieder die hübschen bunten Männchen da, und die ham mich ja eigentlich schon von Anfang an fasziniert an dem Ding – ham sie mich halt weiter fasziniert. Dann stand halt da, wie man sie selber macht – na ja« (Frank).
Ein 16jähriges Mädchen hat ihren Computer ›Balduin‹ zu einem freundlichen Kommunikationspartner gemacht. Er fragt sie Vokabeln ab, und wenn sie ein Wort nicht weiß, schreibt er »Oh, schade!« (Sabina). Er soll sie fröhlich stimmen, nicht kritisieren. Auch Herrn Wegs Computer Smaug ist ein vergnügter Gefährte. Er begrüßt ihn morgens mit »Hallo Joe! Guten Morgen! Mach's gut« (H. Weg).
Die Subjektseite des Computers enthält nicht nur strenge Logik, sondern auch Gefühle, Moral, Sinnlichkeit, Ästhetik. Die immaterielle Maschine ist eine Schöpfung, etwas ganz Eigenes, betonen diejenigen Softwareentwicklerinnen und -entwickler, die in ihren Äußerungen stark auf die Subjektseite abheben. Von diesen Schöpfungen lebe das Gerät und mache es immer wertvoller, »eigentlich eine Sache, die man sonst bei anderen Werkzeugen nicht kennt; meist nutzen sich die Werkzeuge ab« (H. Fest).

Lebendig oder so gut wie?

Die Wahrnehmung des Computers als Subjekt provoziert eine weitere Frage, und zwar die: Hat die Maschine lebendige Züge oder nicht? In der Untersuchung der amerikanischen Soziologin Sherry Turkle waren es Kinder, die diese Frage bewegte. Ihre Ansichten waren geteilt. Die Antwort in einer Grundschulklasse lautete: »So was Ähnliches wie« (zit. nach Turkle 1986, 56). Ebenso vorsichtig drückten sich die von mir befragten Softwareentwicklerinnen und -entwickler aus. Sie stellten sich die Frage meist selbst und antworteten beispielsweise so: »Ein bißchen wie Leben« (Fr. Weich); »irgendwo is er doch – n' bißchen« (Fr. Fröhlich); »ich weiß nicht, irgendwo schon, aber ich kann jetzt nicht genau sagen, was« (Frank). Eine 26jährige Mathematisch-technische Assistentin gesteht: »Irgendwie, irgendwie – behandelt man ihn als irgendwelches Lebewesen« (Fr. Fröhlich).
Was den Computer primär einem lebendigen menschlichen Wesen

ähnlich macht, ist nach Ansicht der Befragten, daß er reagiert, »man gibt etwas rein, und er gibt auch wieder was raus« (Brigitte), daß er versteht oder auch nicht, daß er gehorcht oder auch nicht, daß er redet. Kriterien des Lebendigen sind für die Softwareentwicklerinnen und -entwickler insbesondere die geistige und sprachliche Aktivität der Maschine. Die Frage, ob der Computer lebendig ist bzw. so erscheint oder nicht, wird von ihnen vage beantwortet, so vage wie die Frage, ob er ein Subjekt ist oder ein Objekt. Die Vagheit entspricht dem Zwischenstatus der Maschine.

Ein lebendiger Computer wäre nicht unwillkommen. Eine 15jährige Schülerin bemerkt enttäuscht: »Irgendwo sind das halt auch bloß Drähte. Es ist halt kein richtiger Freund. Man kann sich nicht mit ihm anfreunden« (Susanne). Eine 23jährige Softwareentwicklerin hat den lebendigen Schein des Computers verstärkt: »Also bei mir sitzen am Bildschirm links und rechts zwei Frösche, einer, der liegt ganz relaxed am Rücken, (...) der andere ist etwas grübelnder. Dann sitzt oben ein Wurm, der runterschaut so ganz rätselnd in den Bildschirm, und das hat dann irgendwie – es ist mein kleiner Spielplatz« (Fr. Grüner). Was ihr das bedeute, frage ich und höre: »Ich mache mir die Maschine menschlicher (...)«. Sie schafft sich eine Szenerie, die ihre Erlebnissituation am Terminal intensiviert (»zu Maschinen habe ich sowieso kein fremdes Verhältnis«). Fern jeden zweckbestimmten Handelns realisiert sie in der wirklichen Situation einen inneren Entwurf, der, sinnlich wahrnehmbar geworden, auf die innere Erlebnissituation zurückwirken soll.

Verwandlungen

Der Computer ist ein Symbol. Ernst Cassirer betrachtet als »symbolische Form jede Energie des Geistes, durch welche ein geistiger Bedeutungsgehalt an ein konkretes sinnliches Zeichen geknüpft und diesem Zeichen innerlich zugeeignet wird« (Cassirer 1965, 175). Der Symbolcharakter ist den Softwareentwicklerinnen und -entwicklern in der Interviewsituation bewußt, in der unmittelbaren Interaktion mit der Maschine nicht immer, worauf Äußerungen wie »man sieht dann teilweise keine Maschine mehr vor sich« (Rolf) oder »man verliert ein bißchen die Distanz manchmal, wenn man damit arbeitet« (H. Zeit), hindeuten. Es überrascht nicht, wenn die Grenze zwischen Schein und Wirklichkeit gerade zu diesem Zeitpunkt unscharf wird, wenn sich die lebendigen Denkmuster in Objektivationen verwandeln; in dieser Phase geht menschliches Verhalten fließend in Maschinenverhalten über. Mittels Sprache ist es Heranwachsenden und Erwachsenen aber prinzipiell möglich, Phantasie und Fakten auseinanderzuhalten, was dem Kind in bezug auf sein Übergangsobjekt nicht jederzeit möglich ist.

Computer sind ihrer gesellschaftlichen Bestimmung nach diskursive, d. h. in einzelne Bedeutungseinheiten zerlegbare Symbole. Die Bestimmung läßt jedoch Spielräume, die es erlauben, in der Arbeit mit dem Computer, also in der Vervollständigung der Maschine, diese auch zu einem präsentativen Symbol zu machen.[6] Die Äußerungen der Befragten bekunden, daß der Computer nicht nur als zerlegbare Einheit erlebt wird, sondern auch als ein Ganzes, als ein »Kommunikationspartner«, als »Gehirn«. Das Ganze ist es, das einen Namen bekommt, das Balduin, Smaug, Herbert, Odin, Loki, Venus, Rocky Horror, Martin, Chachacha genannt wird. Hinter diesen Namen stehen lebende Personen, z. B. Tanzpartner oder ein anderer Schwarm, nordische Gottheiten, Drachen, Tanzstile. Ob es der Gegenstand Computer ist, der den Namen bekommt, oder das Programm, symbolisiert werden sollen Gefühlsbündel, Szenen, Geschichten, Personen. »Man merkt, wann die Programme hintereinander geschrieben wurden, was einen jeweils bewegt hat« (Eva), erzählt eine 15jährige. Die symbolisierten Bedeutungssituationen werden nicht Stück für Stück dargestellt, nicht in Einzelheiten, sondern in einem einzigen Bild. Als präsentatives Symbol ist der Computer dem Emotionalen und Unbewußten nahe und auch dem, wofür es keine Worte gibt, dem Unsagbaren (vgl. Lorenzer 1981, 57). Es finden sich in der Gruppe derjenigen, die die Maschine zu einem Träger präsentativer Bedeutungen machen, vor allem jene, die in der Definition der Maschine stark auf deren Subjektseite abheben.

6 Mit dieser Behauptung, daß ein Gegenstand zum Träger von zwei Symbolsystemen werden kann, weiche ich von Susanne K. Langer ab. Seine doppelte symbolische Natur erhält der Computer im Prozeß seiner Vervollständigung. Diesem neuartigen Phänomen habe ich die Langersche Begrifflichkeit angepaßt.

Einer unterschiedlichen Symbolik antworten nach Alfred Lorenzer unterschiedliche Interaktionsformen. Diese knüpfen sich an die Botschaft der Symbole, die teils instrumentell, teils zweckfrei sein kann. Die Handlungsentwürfe, die dem Subjekt in einem Symbol entgegentreten, setzen sich nach Alfred Lorenzer aber nicht umstandslos in den Köpfen fest; die zweckfreie Seite eines Symbols erlaubt »Interaktionsspiele« (Lorenzer 1981), in denen das Subjekt seine Besonderheit zur Geltung bringen kann. Ein Kugelschreiber etwa kann hin- und hergedreht, geworfen, angeberisch in die Brusttasche des Jacketts oder wichtigtuerisch hinters Ohr gesteckt werden, doch bei aller Manipulation hält er ein Verhaltensdiktat durch, nämlich die Aufforderung, mit ihm zu schreiben. Das Individuum trifft im Symbol auf kollektive Verbindlichkeiten; die Begegnung aber wird aktiv gestaltet.
Als diskursives Sinngebilde konfrontiert die Computertechnik die Individuen mit der Aufforderung, Wirklichkeit in Fakten aufzuschlüsseln, diese nacheinander festzuhalten, Bezüge zwischen den Fakten zu isolieren, um die zerlegten Wirklichkeiten dann in sukzessiven Schritten in einem Computerprogramm systematisch abzubilden. Diese Verhaltensansprüche verlangen Interaktionsformen, die Alfred Lorenzer »sprachsymbolische« (Lorenzer 1981, 159) nennt. Es sind Ansprüche an ein analysierendes, separierendes, quantifizierendes, zielgerichtetes, sachlich-rationales, instrumentelles Handeln. Auf dieser Basis funktioniert die Maschine. Wer die »Maschinenansprüche« nicht korrekt erfüllt, riskiert, daß das Programm »nicht läuft«. Das Verhaltensdiktat schlägt durch. Softwareentwicklerinnen und -entwickler versuchen, ihm nachzukommen. Gleichwohl mischen sich in das instrumentelle Tun sinnlich-emotionale Momente. Ein 31jähriger spricht von der Schönheit eines Programms, die sich durch Geradlinigkeit und Klarheit zu erkennen gebe. Sein Bemühen um ein schönes Programm verbiete es ihm, Befehle aus einer unteren Programmierebene in eine höhere einzufügen. Zwei andere Softwareentwickler visualisieren ihre Programme; der eine sieht sein Programm in »abstrakten semantischen Brocken« (H. Rot) vor sich, die sich manchmal in Warteschlangen, bestehend aus Ärzten, verwandeln, für die er ein computergestütztes Dienstplansystem entwickelt, und der andere sieht sich als Architekt, der es mit Bausteinen,

Mauern, Zimmern und Häusern zu tun hat. Solche »zweckfremden« Momente in bezug auf die diskursive Symbolik des Computers erklären sich mit dem Interaktionsspiel, zu dem ein Symbol durch seine ihm inhärenten Bedeutungen anregt (vgl. Lorenzer 1981, 155 ff.). Sie können interpretiert werden als ein Bestreben, den Handlungsentwürfen der Symbolik persönliche Akzente zu geben, sie dadurch zu ergänzen oder auch zu verändern.

In noch stärkerem Maße zeigt sich die Besonderheit des menschlichen Individuums in seinen Bezügen auf den Computer als präsentatives Symbol, in den »sinnlich-symbolischen Interaktionsformen« (Lorenzer 1981, 159), wie Alfred Lorenzer sie nennt. Diese treten in den Aussagen der interviewten Softwareentwicklerinnen und -entwickler eindrucksvoll in zweierlei Gestalt in Erscheinung: als Zärtlichkeit und als Aggression.

Geradezu verliebt seien manche in ihre kleinen PCs, behauptet eine 50jährige Softwareentwicklerin. Einem 15jährigen ist sein Computer ans Herz gewachsen, und als er ihn mit Mädchen vergleicht, kommt der Computer dabei so weg: »Ich finde fast alle Mädchen sympathisch, nur, ich finde alle Computer sympathisch« (Peter). Ein 45jähriger vergleicht sein Verhältnis zum Computer mit dem Verhältnis eines Kindes zu seinem Radiergummi. Man denke an die sanft-feste Substanz eines Radiergummis, den man als Kind gern einmal nur so in die Hand nimmt, befühlt und drückt.

Einer 29jährigen Informatikstudentin entlockt auch die nichtfunktionierende Maschine Zärtlichkeiten. Es könne schon passieren, meint sie, »daß sie mal mit ihm redet, wenn er nicht so will, wie ich will, wenn's nicht hinhaut, daß ma einfach so im Spaß sagt, na, was hast'n heut, und so übern Bildschirm streichelt« (Fr. Landwehr).

In der Regel aber zieht die nicht-funktionierende Maschine Aggressionen auf sich. Von solchen war auffallend häufiger die Rede als von Zärtlichkeiten. Die Maschine, die sich dem menschlichen Willen versperrt, wird beschimpft als »Mistkiste, Scheißprogramm« (H. Wechsel), »Schrotthaufen« (H. Weg), sie wird angeschrien, mit Fußtritten attackiert; »man schlägt auch drauf« (Frank), aber »konzentriert, auf die richtigen Teile« (H. Zeit), »aufs Blech oder aufs Plastik« (Frank). Ein 29jähriger Programmierer löscht aus Wut auch mal eine Datei, nicht ohne zuvor eine Sicherungskopie gemacht zu haben. Risikofreudiger war in seinen ersten Kontakten zum Computer ein 15jähriger, der erzählt: »Früher habe ich also, wenn er mich geärgert hat, dann hab ich ihn hochgenommen und hab ihn runterfallen lassen auf den Tisch, und dann wurde er krank, also er ist kaputtgegangen« (Peter). Aggression und Zärtlichkeit im Verhalten zur Maschine liegen zuweilen nahe beieinander. Der Commodore 64, den der Jugendliche fallen ließ, war ihm gleichzeitig »ans Herz gewachsen« (Peter).

Die Intensität der Gefühle während der Interaktion mit der Maschine ist um so stärker, je mehr sich diese bei der Arbeit in ein menschliches Ich oder Du verwandelt, je weniger sie als austauschbares Objekt erscheint (»jetzt leben die Maschinen bei uns vielleicht drei Jahre, dann kommt das nächste Modell raus, man entwickelt halt keine so direkte Beziehung mehr«, H. Fest) und je mehr sie als eine Art Eigentum angesehen werden kann, sei es, daß sie einem gehört oder daß man bzw. frau sie alleine benutzt. Dem Computer in der Schule würde sie keinen Namen geben, erklärt eine 16jährige, aber dem zu Hause, falls sie dort einen hätte, schon, weil es ein »persönlicheres« Verhältnis wäre. Ein 15jähriger Junge setzt den Computer in der Schule gleich mit einer Freundin, »die man halt kennt und mit ihr redet«. Mit dem Computer zu Hause dagegen sei es wie »mit einer richtigen Freundin« (Peter).

Als diskursives und präsentatives Symbol vermag der Computer sprach- und sinnlich-symbolische Handlungsformen hervorzurufen, die sich im Interaktionsspiel miteinander verschränken. Das Programmieren wird zu einer Tätigkeit, die sich zusammensetzt aus »ausweisbaren strategischen Operationen« (Lorenzer 1981, 161) und einem weiten Feld von Gesten, Gefühlen, Träumen, Ängsten, die das intentionale Handeln umlagern.

Die von Softwareentwicklerinnen und -entwicklern praktizierten Interaktionsformen im Umgang mit der Maschine sind den Übergangsphänomenen vergleichbar, durch die ein Kind zu seinem Übergangsobjekt kommt; diese wie jene dienen der Schöpfung eines Objekts mit Zwischenstatus. In den Beziehungen von Softwareentwicklern zum Grenzobjekt Computer finden sich ähnliche Merkmale wie in der von Winnicott beschriebenen Beziehung des Kindes zu seinem ersten Besitz:

– Softwareentwickler dominieren zwar die Interaktion mit dem Computer, aber sie orientieren sich auch an den diesem innewohnenden Handlungsentwürfen; sie verzichten wie das Kind gegenüber seinem Übergangsobjekt auf Omnipotenz, behalten aber eine aktive Rolle.

- Der Wunsch des Kindes nach einem alleinigen Verfügungsrecht über das Objekt könnte ein Pendant in dem Wunsch mancher Softwareentwickler haben, exklusiv an der Maschine zu arbeiten.
- Der Computer muß wie der Teddy bei einigen Softwareentwicklern Liebe und Haß überleben, wofür z. B. durch disziplinierte Aggression gesorgt wird.
- Für manche zeigt der Computer durch seine scheinbar eigene Aktivität eine Lebendigkeit bzw. einen lebendigen Schein wie das Übergangsobjekt für das Kind, und wie für dieses ist die Lebendigkeit für Heranwachsende und Erwachsene ein reizvolles Phänomen.
- Das Grenzobjekt Computer wird zwar im Laufe der Zeit nicht wie das einzelne Übergangsobjekt in seiner Gesamtheit in die »Rumpelkammer« (D. W. Winnicott) gestellt; die Besetzungen werden jedoch oft von der fertiggestellten immateriellen Maschine abgezogen. »Projekte zu machen, abzugeben und jemand anderes wartet (verändert nach Bedarf, d. V.), das wäre natürlich das beste; da wäre ich heute hell begeistert«, so die Worte eines KI-Forschers. Es lockt das nächste Projekt, vielleicht auch die Chance für einen neuerlichen Selbstentwurf.

Die neue »Geistmaschine« trägt ihre Natur als Grenzobjekt in sich gegen den vorherrschenden gesellschaftlichen Konsens, wonach sich Mensch und Maschine zueinander im Gegensatz befinden. Dem Konsens folgend, wird häufig von den Befragten zunächst der Objektcharakter der Maschine betont, und erst im zweiten Schritt kommt deren subjektiver Gehalt zur Sprache. Dieser offenbart sich an der neuen Geistmaschine deutlicher als bei jeder anderen Maschine, weil er immer wieder neu hergestellt werden muß und der Herstellungsvorgang eine geistig-sprachliche Interaktion mit der Maschine einschließt. Durch dieses Spezifikum werden Menschen offenbar in besonderer Weise animiert, ihre subjektiven Zugaben um sinnlich-emotionale Bezüge auszuweiten.

Softwareentwickler und -entwicklerinnen sind der Maschine beim Programmieren auf verschiedene Weise nah und fern. Nähe stellt sich her, wenn der Computer das eigene oder ein anderes Ich verkörpert, und Distanz, wenn er »bloß« als Gegenstand wahrgenommen wird, als »totes Ding«. Näher ist man oder frau dem Computer, wenn er zum Träger präsentativer Bedeutungen wird, und ferner, wenn er gemäß seiner Bestimmung lediglich diskursives Symbol bleibt. Nahe kommt man ihm aber auch, wenn auf die diskursiven Handlungsanweisungen geantwortet wird, wenn man sich hineindenkt in die formale Logik, und man distanziert sich in dem Maße, wie die Antwort auf diese Anweisung individuelle Akzente trägt, die einem – so sie sinnlich-emotionale Bezüge enthalten – gleichwohl wieder der Maschine nahebringen, um erneut deren Andersartigkeit zu entdecken.
An die Nähe knüpft sich Abhängigkeit und an die Distanz Autonomie. Wechseln sich Nähe und Distanz ab, so begünstigt das »dynamische Autonomie«, die sich aus beidem speist. Ein Beispiel: Indem ich der Maschine schimpfend oder streichelnd auf den »Leib« rücke, zeigt sich, daß sie anders ist, daß sie nicht antwortet, nicht zurückbrüllt, daß es doch »bloß Drähte« sind, daß sie von meinen Ideen lebt. Als Grenzobjekt ist der Computer für dieses Wechselspiel zwar geeignet, aber dessen Zustandekommen verlangt die Initiative der Subjekte. In dieser drückt sich das Bedürfnis nach einem holistischen Bezug zur Technik aus. Doch das Spannungsverhältnis zwischen Abhängigkeit und Autonomie ist auch schmerzvoll, und so verwundert es nicht, wenn die Äußerungen der Befragten teilweise von dem Bemühen künden, die Spannungen aufzulösen.
Nach Jessica Benjamin gibt es im Umgang mit Menschen zweierlei Wege, einem erlebten Konflikt zwischen Abhängigkeit und Autonomie zu entgehen (vgl. Benjamin 1982, 439 f.). Beide Wege erwähnen die Softwareentwicklerinnen und -entwickler im Hinblick auf ihren Umgang mit der Maschine. Der eine Weg hat das Ziel, Macht über die Maschine zu gewinnen, ihr gegenüber autonom zu werden. Er zeigt sich in dem Anliegen, das Rätsel der Maschine zu lüften, sie zu entzaubern, um sie beherrschen zu können. »Ich lerne sie (die Maschine, d. V.) kennen (...), weil ich nur mit Sachen umgehen kann, die ich einigermaßen beherrsche«

(H. Sport), erklärt ein 31jähriger Softwareentwickler. Der Wille zur Autonomie gibt sich auch zu erkennen, wenn ausschließlich auf den Objektcharakter der Maschine abgehoben wird, wenn gesagt wird: »Das Ding hat zu funktionieren, das andere (wie es funktioniert, d. V.) interessiert mich überhaupt nicht« (Fr. Wollner).

Die zweite Strategie, die Spannung zwischen Autonomie und Abhängigkeit aufzuheben, ist – anstatt Autonomie für sich zu reklamieren – das Sich-Versenken in die Macht der Maschine. Diese Strategie wird bildhaft von einem Softwareentwickler ausgedrückt, den der Informatikprofessor Peter Molzberger zitiert. Das Zitat lautet: »Ich bin selber der Rechenkern. Ich werde zu einem Punkt. So laufe ich durch das Programm: durch Schleifen, Sprünge usw. Ich führe das Programm aus« (zit. nach Molzberger 1988, 196). Die mögliche Widerständigkeit der Maschine ist gebannt, indem das Subjekt an deren Stelle tritt.

In die Versuche, Macht über die Maschine zu gewinnen, sei es von außen oder von innen, können auch Ängste vor Entgleisung der Maschinerie hineinspielen, Ängste, wie sie Frankensteins Monster zugrunde liegen, Ängste, wie sie möglicherweise jene KI-Forscherin hat, die die Vorstellung, ihr Expertensystem greife wie ein Fangarm nach außen, »gruselig« findet. Beängstigend mag die Phantasie sein, die eigenen Produkte könnten sich gegenüber der Schöpferin verselbständigen oder sich gar gegen sie richten (vgl. Becker-Schmidt 1988, 320).

Es wird erkennbar, daß der Computer gerade auch als Grenzobjekt Menschen aufs vielfältigste anspricht und bewegt. Alfred Lorenzer schreibt, »daß die Welt der Gegenstände um uns nicht nur ein Feld für rationale Erfahrungen, für instrumentelles Gebrauchen und für soziale Strategien ist, sondern das Gehäuse unseres Erlebens, das Spielfeld einer Selbstverwirklichung, die sich nicht mit dem rational-zweckmäßigen Benutzen der Gegenstände bescheiden kann, sondern die Gegenstände als Momente eines Szenariums der eigenen Erlebniswünsche nehmen will« (Lorenzer 1981, 19). Bezogen auf die Gesellschaft und auf das Individuum, hat die Computertechnik eine eigene Realität, eine dritte, für die es keinen Namen gibt.

Computergestützte Weltbezüge

Gegensätzlich, aber aufeinander bezogen sind die Strebungen der Softwareentwicklerinnen und -entwickler im Verhältnis zum Grenzobjekt Computer. Sie imaginieren die Maschine als Subjekt und behandeln sie zärtlich, reden mit ihr, schreien sie an, und indem sie dies tun, offenbart sie sich ihnen als Objekt, als Werkzeug, von dem sie sich getrennt sehen und das sich aus der Distanz heraus instrumentell gebrauchen läßt. Nähe und Distanz bringen einander hervor; Nähe bedeutet sich hineindenken und hineinfühlen in das Gegenüber, bedeutet Öffnung, Teilhabe, Identifikation. Distanz stellt sich her durch Abgrenzung; in der Distanz bin ich für mich, schaue die Welt von außen an, analysiere sie und lege meine Sprache in sie hinein. In der Nähe bin ich wach für die Sprache des Gegenübers.
Das am Computer mögliche Wechselspiel von Nähe und Distanz setzt sich fort in den Bezügen zu den Benutzern von Computerprogrammen, die neben der Maschine eine andere äußere Realität darstellen, zu der sich Softwareentwicklerinnen und -entwickler ins Verhältnis setzen.[7]

Verstehen und Verständigung

Für Softwareentwicklerinnen und -entwickler stellen sich zu Beginn eines neuen Softwareprojekts drei Fragen: Was soll das Programm leisten? Wie soll sich der Dialog zwischen Benutzer und Maschine gestalten? Wie erschließe ich mir das benötigte Wissen?

Was soll das Programm leisten?

»Was erhofft ihr denn überhaupt, wenn ihr das jetzt mit dem Computer löst, soll's schneller sein? Wollt ihr einfach mehr abfragen können? Wollt ihr ganz neue Auswertungen, Listen, Statistiken oder irgendwas haben?« (Fr. Baum) Wünsche und Erwartun-

7 Thematisiert werden im folgenden vor allem die Außenbezüge von über 20jährigen Softwareentwicklerinnen und -entwicklern; Jugendliche programmieren meist nur für sich selbst.

gen müssen mit dem Benutzer erarbeitet werden. Stehen sie fest, ist in Erfahrung zu bringen, welche Arbeits- und Denkvorgänge an die Ziele geknüpft sind, wie sich die Arbeitsabläufe gestalten, aus welchen Einzelschritten sie zusammengesetzt sind. »Man kommt sich in dieser Anfangsphase teilweise ganz furchtbar doof vor, weil man ja für das, was die da erzählen, nich' der Fachmann ist«, erzählt eine Softwareentwicklerin aus ihrer 22jährigen Berufspraxis, und sie empfiehlt für die Phase der Wissensakquisition: »Gut zuhörn, gut zuhörn, sich aufschreiben – versuchen zu verstehn, wieder hingehn – sagen, hab' ich das richtig verstanden? Da fehlt dann doch aber noch was, so kann das doch gar nich' klappen« (Fr. Baum).
Der Gegenstandsbereich kann sich durch verschiedene Arten von Wissen auszeichnen.[8] Faktisches Wissen (feststehende Merkmale, Meßwerte) ist zu unterscheiden von prozeduralem Wissen (wie jemand eine Aufgabe erledigt). Nicht immer können Benutzer erklären, was sie tun. Sie wissen mehr, als ihnen bewußt ist – ein Phänomen, auf das amerikanische »Wissenserarbeiter« gestoßen sind (vgl. McCorduck 1987, 267), das aber auch meinen Interviewpartnerinnen und -partnern nicht fremd ist. Diesem Phänomen begegnet man, wenn implizites Wissen den Erkenntnis- und Handlungsprozeß steuert. Von den Benutzern erfährt man in diesem Fall zunächst oft nur: »Das macht man halt so, das macht man immer« (H. Rot). Man muß nachbohren, meint der KI-Forscher Rot, und hört dann vielleicht: »Ja, das tut dem Patienten nicht weh oder na ja, also nachgucken, wo der Katheter sitzt, das kann die Schwester. Oder: Ja, das kommt bei uns eben vor, das kommt bei uns oft vor.« Diese Äußerungen enthalten mehrere Heuristiken, die, in eine Reihenfolge gebracht, so lauten: »Also, ich tue das, was ich leicht tun kann, was ich schnell tun kann, zuerst, tue Dinge, die den Patienten nicht belasten, zuerst, und erst später, dann, wenn man nichts rauskriegt, dann muß man zuschlagen und muß punktieren. Dann muß man in die Nieren rein« (H. Rot).
In der medizinischen Diagnose spielt implizites Wissen eine be-

8 An dieser Stelle will ich die Kompliziertheit menschlichen Denkens und Entscheidens nur schlaglichtartig beleuchten, um die mühevollen Annäherungen der Softwareentwicklerinnen und -entwickler, von der diese sprechen, nachvollziehbar zu machen. Eine systematische Bestimmung gefährdeter Denkkompetenzen erfolgt an späterer Stelle.

deutendere Rolle als beispielsweise bei der Gehaltsabrechnung, wo standardisierte Regeln das Vorgehen bestimmen. Außerdem handeln Ärzte, wie KI-Forscherinnen und -forscher sagen, auf der Basis »unsicheren« oder »unscharfen« Wissens; ihre Entscheidungen sind »über den Daumen gepeilt« (Fr. Wollner), sie beruhen auf Schätzungen, Vermutungen, Gewichtungen. So weiß ein Arzt »oftmals schon (...) beim Anschauen des Patienten, was er als nächstes tut« (Fr. Herzlich). Er weiß dies, weil er die Lebens- und Krankheitsgeschichte des Patienten kennt und/oder weil der gegenwärtige Patient ihn mit seiner Symptomatik an frühere Fälle erinnert. Die Erfahrung hilft ihm, seine Wahrnehmungen in der Begegnung mit dem Patienten spontan zu strukturieren, zu akzentuieren und miteinander zu kombinieren. Diese Denkoperationen können ihn dazu animieren, parallel zueinander mehrere Krankheitsmöglichkeiten durchzuspielen oder Diagnose und Therapie von Anfang an in einen Zusammenhang zu bringen und aufeinander abzustimmen, wie es eine KI-Forscherin beobachtet hat: »Es ist oftmals gerade diese Diagnose-Therapie-Geschichte, daß die Diagnose nicht das Hauptproblem ist, das Hauptproblem ist zu reagieren, was zu tun, nicht nur zu benennen, daß er da schon viele Schritte weiß oder viele Vorentscheidungen trifft, die auf die Therapiefindung sich auswirken« (Fr. Herzlich).
Der Arzt kann relevante Tatsachen auswählen und entscheidungsbezogen verarbeiten, weil diese in den Kontext eines »äußeren Horizonts« (Edmund Husserl) eingebettet sind, der ihm Informationen liefert, die dazu beitragen, daß er sich eher auf das eine oder das andere konzentriert. Den äußeren Horizont können nonverbale Mitteilungen bilden, die für die Diagnose zwar nicht entscheidend sind, aber Hinweise geben, wie die geschilderten Symptome zu bewerten sind. Die praktischen Kenntnisse, die der Arzt sich im Laufe seines Lebens erworben hat, lassen ihn in Verbindung mit seinen aktuellen Interessen und Absichten die Botschaft der Hintergrundinformationen verstehen (vgl. Dreyfus 1985, 214). Es muß vieles im Hintergrund bleiben – vage und unscharf –, damit etwas im Vordergrund wahrgenommen werden kann. Der Hintergrund wird übergangen, ohne ausgeklammert zu sein. »Vordergründiges« und »hintergründiges« Wissen verhelfen zu einer adäquaten Situationseinschätzung.
Wissenstypen der zuletzt genannten Art sind vor allem in jenen Lebens- und Arbeitsfeldern anzutreffen, die nicht oder kaum

durch explizite Regeln strukturiert sind, in denen die individuelle Problemlösung Vorrang hat und in denen die zu bearbeitende Realität diffus und uneindeutig ist. Sie führen ein eher verborgenes Dasein und bleiben unerkannt, wenn Softwareentwicklerinnen und -entwickler keine Nähe zu ihnen herstellen, wenn sie nicht in engen Kontakt treten zu denen, die sich dieser Wissenstypen bedienen, sich in sie hineindenken, hineinfühlen und ihre Erkenntniswege nachvollziehen.

Einen weiteren Typus »verborgenen« Wissens brachte ein 27jähriger Softwareentwickler zur Sprache. Er war bei der Planung eines Betriebsdatenerfassungssystems darauf gestoßen, daß es in einem Betrieb neben dem offiziellen Wissen ein inoffizielles gab, dessen Kenntnis den Werksangehörigen individuelle Freiräume eröffnete. Wer seinen Arbeitsrhythmus selbst bestimmen wollte, wußte, daß er in Zeiten, in denen seine Produktivität das Soll überstieg, Akkordscheine horten mußte, um sie in Zeiten verminderter Leistung einzustreuen. Offiziell war das nicht erlaubt, aber inoffiziell war es zum Gewohnheitsrecht geworden. Der Kontakt mit Betriebsrat und Werksangehörigen hatte den Softwareentwickler mit diesem Recht, das er sympathisierend zu unterstützen versuchte, vertraut gemacht. Es gelang, eine technische Lösung für dessen Beibehaltung zu finden. Die realitätsgetreue Abbildung der bisherigen Arbeitsorganisation entsprach in diesem Fall zwar nicht dem Interesse der Unternehmensleitung, und doch mußte sie zustimmen, denn sonst hätte es nach Ansicht des Softwareentwicklers passieren können, »daß wahrscheinlich das ganze System boykottiert worden wäre« (H. Wort).

Das Anliegen, ein Anwendungsfeld realitätsgetreu abzubilden, konfrontiert mit verschiedenen Wissensarten, die, wie die Schalen einer Zwiebel, aufeinanderliegen, aneinanderkleben, schwer voneinander zu lösen sind und sich oft ihre Rätsel bewahren. Wissen über einen Gegenstandsbereich zu haben heißt, mehr zu wissen, als in einschlägigen Fachbüchern und Arbeitsplatzbeschreibungen steht oder aus Planungsabteilungen verlautet. Nicht selten gilt es, das benötigte Wissen erst auszugraben, und wo man glaubt, es liege schon auf der Hand, merkt man plötzlich, daß es nur die eine Seite der Realität repräsentiert, deren andere sich nur ignorieren läßt um den Preis, Wesentliches zu übersehen.

Wie soll sich der Dialog zwischen Benutzer und Maschine gestalten?

Wenn ein bestimmter Arbeitsbereich computerisiert werden soll, dann ist das für die dort tätigen Menschen ein Eingriff, der Zustimmung oder Ablehnung hervorrufen kann. Einmal sei es ihr passiert, berichtet eine Softwareentwicklerin, daß ein Fabrikarbeiter gesagt habe: »Was soll denn der ganze Schmarrn? Ich brauche nur höchstens die Hälfte von dem Ganzen« (Fr. Berg). Der betriebliche Projektleiter konnte den Mann von den Vorteilen des neuen Geräts nicht überzeugen, »wie der wieder draußen war, hat der andere aufgeschnauft und hat gesagt ›Feierabend‹« (Fr. Berg). Für die Schöpferin des Geräts war dies eine schmerzvolle Erfahrung: »Da steckt man einen Haufen Arbeit rein, und dann sieht man, daß es für die Katz war. Das ist ungut, das ist sehr ungut« (Fr. Berg). Die Reaktionen der Benutzer sind den Softwareentwicklerinnen und -entwicklern nicht gleichgültig, dürfen es nicht sein, denn die Akzeptanz beeinflußt den Erfolg der Computerisierung. Es scheint aber auch ganz persönlich zu befriedigen, wenn die eigenen Produkte angenommen werden. Eine junge Softwareentwicklerin: »Und vor allem, was am allerschönsten ist, finde ich, wenn man dann von den Leuten hört, das ist wirklich gut, das freut einen ja am meisten« (Fr. Grüner). Eine entscheidende Möglichkeit, die Akzeptanz der Benutzer zu erwirken, wird darin gesehen, den Mensch-Maschine-Dialog benutzerfreundlich zu konzipieren.

Es reiche nicht aus, erklärt eine KI-Forscherin, daß das Programm irgendwie läuft, es muß so laufen, »wie der Benutzer es gerne möchte oder wie er gewohnt ist, daß es läuft« (Fr. Wollner). Benutzer müssen das Gefühl haben, »sie machen ähnliche Arbeitsschritte wie bisher. Und sie müssen auch das Gefühl haben, das System macht das auch ähnlich, also sie müssen im richtigen Moment die gleichen Rückmeldungen kriegen, wie sie es bisher gewohnt waren« (Fr. Wollner). Sie müssen sich am Computer »wiederfinden«. Solche Ansicht spiegelt mehr wider als nur den kognitiv-instrumentellen Blick auf den Gegenstandsbereich. Er zeugt von einer Hellhörigkeit für den Wunsch des Menschen nach Kontinuität. Ein Jugendlicher, der kommerzielle Programmieraufträge übernimmt, versucht die Forderung der KI-Forscherin in die Praxis umzusetzen. Er konzipiert seine Programme nicht

»kommandoorientiert«, sondern »mausbedient« (Klaus) und begründet dies so: »Und vor allem ist es der gewöhnlichen Arbeit viel ähnlicher; einen Befehl zu schreiben ist viel abstrakter als irgendwohin zu deuten, vom Menschlichen her irgendwo. Ich finde, es ist inhuman, einen Befehl tippen zu müssen« (Klaus).
Für eine benutzerfreundliche Konzeption des Mensch-Maschine-Dialogs ist es weiter wichtig zu wissen, über wieviel EDV-Kenntnisse der Benutzer verfügt. Sind sie gering, müssen im Programm – so ein Informatikstudent – genaue Anweisungen gegeben werden; arbeitet mit dem Programm dagegen eine computererfahrene Person, kann der Aufbau einfacher sein. Ein anderer Softwareentwickler will die Benutzer noch genauer kennenlernen; ihm ist auch deren Einstellung zum Computer wissenswert, weil diese für ihn die Handhabung des Geräts zusätzlich beeinflußt. Für diese Recherche nimmt er sich Zeit; er konfrontiert die Benutzer schrittweise mit der Computertechnik. Zuerst entwirft er Eingabemasken auf Papier, »dann sieht man schon mal, wie die Leute *darauf zugehen;* es gibt Leute, die sagen, ›schon wieder Papier, EDV ist schrecklich‹« (H. Wechsel). Im zweiten Schritt lädt er die Benutzer ein, am Computer mit »Spieldaten« zu üben, und dabei sieht er »wie die Damen und Herren *dasitzen*« (H. Wechsel). Er achtet nicht nur auf deren verbale Reaktionen, sondern auch auf Körperhaltungen und auf Bewegungen. Nach diesen Studien weiß er, »bei den einen baut man meist lieber ein paar Sachen ein oder wieder aus, die gefährlich sind«, und die anderen brauchen Freiheit in der Handhabung des Geräts, weil sie Freude am Experimentieren haben.
Eine KI-Forscherin möchte nicht, daß Benutzer durch eigene Fehler verunsichert werden und sich als Versager fühlen. Sie findet Fehler »menschlich« und tut das ihre dazu, dieser Ansicht in den Bedieneroberflächen Ausdruck zu verleihen. Sie formuliert Fehlermeldungen freundlich, vermeidet Ausrufezeichen und zurechtweisende Anreden wie »bitte, geben Sie das richtig ein!« und ist darin einem männlichen Kollegen ähnlich, dem an »wunderschönen Fehlermeldungen« (H. Weg) gelegen ist.
Die Bemühungen um eine menschenfreundliche Software verweisen auf ein Bemühen um das Besondere des anderen. Auch wenn der analysierende Blick zunächst nur auf die kognitiven Möglichkeiten der Benutzer gerichtet ist, drängen ins Blickfeld auch deren Gewohnheiten, deren Vorlieben, Abneigungen, deren Skepsis.

Wer sich dem zu öffnen vermag, praktiziert eine Hinwendung zur Außenwelt, die Johannes Flügge »erkennendes Sehen« genannt hat. Dieses umwirbt den Gegenstand, umspielt dessen sinnliche Präsenz mit erkennender Phantasie, die das Sichtbare ergänzt, akzentuiert, ab- und verwandelt. Das erkennende Sehen tritt dem in »Begriffen, Operationen und Systemen sich formalisierenden Denken zur Seite« (Flügge 1963, 108), indem es alles, was an inneren Möglichkeiten da ist, zur Auffassung des Gegenstandes bereithält, auch dann, wenn dieser sich eigenwillig gibt. Nicht immer fällt es leicht, dieser Eigenwilligkeit standzuhalten. »Sehr, sehr schade« findet es eine Softwareentwicklerin, wenn sie merkt, daß ein Benutzer eine Maschine anders bedient als sie, daß sie nicht seine Augen hat, daß er in eine andere Richtung überlegt; sie fürchtet, seiner Besonderheit nicht gerecht werden zu können. Dagegen meint eine ältere Kollegin, es mache Spaß, auf unerwartete Verhaltensweisen zu stoßen, zu sehen, wie verschieden Menschen mit Technik umgehen.

Wie erschließe ich mir das benötigte Wissen?

Die Entwicklung eines Programms über einen bestimmten Gegenstandsbereich beginnt mit der Erarbeitung von Wissen über den Gegenstand. Aus diesem Erfordernis ist bereits ein neuer Beruf entstanden, der des Knowledge-Engineers. Meine Interviewpartnerinnen und -partner mußten sich das benötigte Wissen selbst erarbeiten. Sie wählten verschiedene Erkenntniswege und Begegnungsarten.

Der direkte Kontakt mit den Benutzern wird als wichtigste Erkenntnismöglichkeit genannt. »Man muß also in die Betriebe wirklich reingehen und den an der Maschine fragen, im Meisterbüro fragen, oder wo auch immer die Informationsträger sitzen, den muß man fragen, was man vorhat, die muß man fragen, wie sie sich das denken (...)« (H. Wort), fordert einer der Interviewten, dem dieser Dialog dazu dient, »Pflichtenhefte« anzulegen, in denen die Funktionen des Computerprogramms festgelegt und beschrieben werden. Mit demselben Ziel werden in einer Bank Arbeitsgruppen, bestehend aus Softwareentwicklern und Vertretern der Fachabteilungen, eingerichtet, die für eine der Softwareentwicklerinnen auch den folgenden Vorteil haben: »Erstens wird bei

denen ein bißchen mehr das Verständnis für unsere Arbeit geweckt, und wir kriegen auch mehr Einblick in denen ihre Arbeit, das ist wahrscheinlich gegenseitig eine positive Sache« (Fr. Blau). Der direkte Kontakt zum Gegenstandsbereich wird auch dann als sinnvoll erachtet, wenn Natur bearbeitet wird. Seit sie in Trainingsgebieten Bäume und Wälder selbst in Augenschein genommen habe, könne sie die Grauwerte auf den Satellitenbildern sehr viel genauer interpretieren, war von einer Mathematisch-technischen Assistentin zu erfahren, die an einem Projekt zur Kartierung von Waldschäden mitarbeitet. »Diese Verbindung«, meint sie, »ist schon wichtig, da kann man ganz andere Schlüsse ziehen« (Fr. Fröhlich).
In der direkten Begegnung mit der zu bearbeitenden Wirklichkeit stellen sich reichere und andere Bezüge her, als erwartet, wenn diese Botschaften aussendet, nach denen zwar nicht gesucht wurde, die aber nichtsdestotrotz das wahrnehmende Subjekt ansprechen. Das gilt für die Konfrontation mit entnadelten Bäumen, aber auch für Ängste, die Softwareentwicklern entgegenkommen, Ängste der Benutzer vor der Kompliziertheit der Technik, vor Arbeitsplatzverlust und/oder vor der Entwertung statusbegründender Qualifikationen. Die interviewten Softwareentwicklerinnen und -entwickler sehen im Gespräch eine Chance, sich mit diesen Ängsten zu befassen; sie neigen zum Beschwichtigen, versuchen, der Technik ihren Charakter als »Teufelszeug« zu nehmen, und beginnen daneben oft, sich mit den »Ängstlichen« zu identifizieren, weil ihnen die gehörten Zweifel so fremd nicht sind.
Die Phase des Zuhörens, Zuschauens und Nachfragens dauert – produkt-, firmen- und persönlichkeitsabhängig – unterschiedlich lange. Sie kann hineinreichen in die Phase der Realitätstransformation, und das kann – wie es eine Softwareentwicklerin für ihren Arbeitsbereich in einem weltweit vertretenen Elektronikkonzern schildert – so aussehen: Nach den Anfangsgesprächen wird ein »Zwischending« angefertigt, das nicht in Alltagssprache und noch nicht in Programmiersprache formuliert ist. Dieses »Zwischending« wird in wechselseitiger Absprache zwischen Anwender und Softwareentwickler verfeinert, erweitert, abgewandelt. Ähnlich verfährt ein Berufskollege in einer Bank, der es sehr gern hat, wenn die Benutzer in die von ihm auf Papier skizzierten Programme hineinzeichnen, diese vervollständigen und verändern,

»weil wir dann eine gemeinsame Sprache gefunden haben« (H. Wechsel).
Die Annäherung an den Gegenstandsbereich ist kein einseitiger Prozeß; sie beinhaltet Akte des Aushandelns und Austarierens. Anschaulich beschreibt eine KI-Forscherin das tastende Aufeinander-Zugehen: »Ich zerlege ihn (den ärztlichen Entscheidungsprozeß, d. V.) und lege ihn wieder zusammen und sage, es kann auch sein, daß es so geht. ›Oh‹, sagt er, ›nein, nein, an dem Schritt fehlt es mir, da mach' ich noch das und jenes.‹ Also sage ich, ›oh ja, gut, das erfordert natürlich die und die Zerlegung und die Zusammenfassung‹, und es ergibt sich ein neues Bild, und so nähert man sich irgendwie einander an« (Fr. Herzlich). Erfolglose Versuche der Annäherung lösen »Frust« bei ihr aus, das Gelingen jedoch »Faszination, Fröhlichkeit, Zufriedensein – weil man auch ein Stück gemeinsames Verständnis erreicht hat oder auch das Gefühl kriegt, ein Stück von der Erfahrung mitzukriegen«.
Noch nicht einmal die Fertigstellung eines Programms muß der Nähe zur Benutzerseite ein Ende setzen. Manche der Softwareentwicklerinnen und -entwickler pflegen den Kontakt auch in der Anwendungsphase. Sie fragen nach, ob die Benutzer zufrieden sind, ob sie Änderungswünsche haben, denn diese sollen nicht denken: »Die Grüner, die hätte das auch g'scheit machen können« (Fr. Grüner). Es fällt auf, daß es tendenziell die Frauen sind, die von einer ›Nachbetreuung‹ reden, während von den Männern eher zu hören ist, daß sie mit einem fertigen Programm nichts mehr zu tun haben wollen.
Ist dieses jedoch ein Standardprodukt, eine »Software von der Stange« (H. Knapp), setzt der Kontakt mit dem Benutzer erst in der Anwendungsphase des Produkts ein, wenn dieser das Programm auf seine Belange »zuschnitzen« muß. Der Kontakt im nachhinein wird durchweg als unerfreulich beschrieben, weil nur der ratlose und unzufriedene Benutzer anruft, aber nie einer, der sagt: »Dufte, was du gemacht hast« (H. Knapp).
Wenn es keine Zusammenarbeit bei der Entstehung eines Programms gibt, gibt es hinterher auch kein Lob, und man kann sich den Erfolg seiner Arbeit mangels Kenntnis des konkreten Anwendungsfeldes nicht einmal vorstellen, so wie es eine Softwareentwicklerin tat, als sie sich im Interview an eine riskante Arbeitssituation erinnert, von der sie Sachbearbeiterinnen in einer Bank befreit hat: »Ja, wenn ich mir vorstell', wie die so früher auf die

Leiter gestiegen sind, häufig ältere Damen, das hat alles so gewakkelt, und wenn ich dann so druntergestanden bin, dachte ich immer, hoffentlich fällt die nicht runter mit so einem Berg Listen in der Hand« (Fr. Grüner).
Der Sozialpsychologe Thomas Leithäuser hat in einer Studie über die Erlebnisperspektiven von Ingenieuren und Technikern festgestellt, daß diese wenig Interesse an den von ihren Produkten betroffenen Menschen zeigen. Er schreibt: »Die Perspektive, das könnten jene wünschen und wollen, was würde ich wünschen und wollen, wenn ich an ihrer Stelle wäre, wird kaum eingenommen« (Leithäuser 1986a, 215). Für die von mir befragten Softwareentwicklerinnen und -entwickler, die ebenfalls eine naturwissenschaftlich-technische Berufssozialisation durchlaufen haben und daher eine vergleichbare Personengruppe darstellen, kann dieses Ergebnis nicht bestätigt werden. Schon die Bedeutung der Akzeptanz für den erfolgreichen Einsatz des Programms gestattet keine Gleichgültigkeit. In ihren Bezügen zur Benutzerseite versuchen sie auf verschiedene Weise, sich der Besonderheit des Gegenübers zu vergewissern, mehr noch: Diese Bezüge enthalten Akte der Gegenseitigkeit, die zur Herstellung gemeinsam akzeptierter Wirklichkeitsbilder führen. Auch wenn diese Aufmerksamkeit, die den anderen gelten läßt, einer Zweckdienlichkeit verbunden ist, mobilisiert sie doch Sensibilitäten, Empfindungen, Phantasien und Empfangsbereitschaften, die sich auf Zweckdienlichkeit allein nicht festlegen lassen. Sie sind nicht nur Antwort auf die Zweckfrage.

Zerlegen, formalisieren, verregeln

Die Phase der Distanzierung beginnt mit dem Ordnen und Formalisieren der wahrgenommenen Realität. Dieses kann bereits während der Annäherung an den Gegenstand einsetzen, »weil man im Hinterkopf natürlich immer schon anfängt umzusetzen« (Fr. Baum). Der wachsenden inneren Distanz entspricht eine äußere; der Softwareentwickler reduziert den unmittelbaren Kontakt mit der zu bearbeitenden Außenwelt, geht weg aus dem Feld, zurück an den Schreibtisch.
Programmieren verlangt, die Gesamtheit des Gegenstandes aufzuschlüsseln und zu zerlegen. Was in- und übereinander war, muß

nebeneinander kommen, muß, den Regeln diskursiver Logik gehorchend, in eine lineare Reihenfolge gebracht werden. Man spricht von Grob- und Feinspezifikation. Es entstehen Zeichnungen und Niederschriften, deren Aussehen dem Grad der Distanzierung von der konkreten Wirklichkeit korrespondiert. Je näher diese einem noch in ihren Formen und Geräuschen ist, je mehr man oder frau in diesem Stadium noch die Benutzerseite beteiligt, desto mehr erinnern die Skizzen an das Konkrete, etwa in Gestalt von Strichmännchen, Wolkengebilden, stilisierten Stanzen und Pressen.

Die Programmablaufsplanung ist der nächste Schritt. Die aufgeschlüsselte, mit widerspruchsfreien Kategorien belegte Realität ist in logische Blöcke zu fassen, die hierarchisch anzuordnen sind. Die Mehrheit der Softwareentwicklerinnen und -entwickler konzentriert in dieser Phase ihre Denkleistungen weitgehend auf die Strukturen des Programms; die von diesem abgebildete Realität tritt zurück, ohne zu verschwinden. Sie kann aufscheinen in der präsentativen Symbolik, die die Maschine gewinnt, kann sich bemerkbar machen in eigenwilligen Programmbezeichnungen. Schritt für Schritt werden in dem skizzierten Transformationsprozeß die Strukturebenen der computergestützt zu bearbeitenden Wirklichkeit mit den Strukturebenen der Computerlogik ins Verhältnis gesetzt, um sie in Übereinstimmung zu bringen. Die beiden Strukturebenen aber fügen sich nicht lückenlos zueinander; deshalb ist die Transformation ein mühevolles Unterfangen. Vom »Kampf gegen die Unzulänglichkeit der Maschine« (H. Rot) wird gesprochen, eine Softwareentwicklerin meint: »Es ist, als ob teilweise zwei Sprachwelten miteinander kämpfen« (Fr. Baum).

Das Ringen um eine Entsprechung drückt sich aus in einem »relativ wilden, chaotischen Denken« (Fr. Licht), das neben dem »analytisch-sukzessiven Denken« herläuft und das seinen Niederschlag finden kann in »grausamen Schmierzetteln« (Fr. Berg), auf denen »jeder Strich eine Bedeutung (hat), und wenn ich irgendwo auf einem Wort dreimal rumgemalt habe, dann weiß ich, daß mich das beschäftigt hat und daß ich da wohl mehr Gedanken reingesteckt habe oder noch etwas reinstecken muß«. Das Programm »ist nur so gut«, erklärt ein Softwareentwickler, »wie der Näherungsgrad, mit dem es an die tatsächliche Struktur, die dieses Projekt beschreiben soll, herankommt« (H. Wort). Ob es in diesem Sinn gut ist, zeigt sich u. a. in der Reaktion der Benutzer. Das erklärt, weshalb deren Lob so erfreut und deren Tadel so enttäuscht aufgenommen wird, weshalb es als »persönlicher Erfolg« verbucht wird, wenn der Benutzer sagt: »Das ist super« (H. Weiß), und weshalb man von einem Benutzer lieber nichts hört, als daß er kritisiert.

Softwareentwicklerinnen und -entwickler sind der zu bearbeitenden Realität abwechselnd nah und fern. Der Computer unterstützt das Wechselspiel. Er liefert mit seiner Logik das »Suchbild« (Johannes Flügge), mit dem sich Softwareentwickler auf Entdekkungsreise zu ihrem Gegenstand begeben. Man findet Dinge nicht einfach dadurch vor, daß sie da sind, sondern weil die Begegnung mit ihnen ein vorgängiges Wissen weckt: »Eine Welt vermögen wir nur wahrzunehmen, wenn Welt wie Wahrnehmung, ehe sie konstatierte Tatsachen sind, schon uns eigene Gedanken sind« (Merleau-Ponty 1966, 419). Die Computerlogik vermag den Erkenntnisprozeß zu steuern, weil sie einen Teil menschlichen Denkens und menschlicher Eigenschaften verkörpert, der sich in der Außenwelt wiederfindet. Doch das Gesuchte liegt nicht als fertig verschnürtes Wissenspaket vor, es muß nach ihm gegraben werden. Das Graben bewirkt eine Interaktion mit dem Gegenstand des Interesses, in deren Verlauf gesucht, gefunden, verworfen, Neues entwickelt und weitergesucht wird, bei der man oder frau auf Wirklichkeitsfacetten trifft, die der Computerlogik fremd sind, die aber trotzdem Aufmerksamkeit erheischen, weil ein Subjekt wahrnimmt, das als solches nicht auf die Empfangsbereitschaften seines Suchbildes beschränkt ist. Eine breit gefächerte und in sich verschlungene Wirklichkeit kann sich vor diesem ausbreiten. Die Computerlogik, die einen zunächst in diese Wirklichkeit begleitet hat, ist es, die mit ihren Denkmustern hilft, sich einen Weg durch die vorgefundene Komplexität zu bahnen. Sie stiftet einen intermediären Erfahrungsraum, in dem das erkenntnissuchende Subjekt sich der Außenwelt annähert, um in dieser dann aber auch Überraschendes zu erkennen, dem es um so mehr Beachtung schenkt, als es seine Sympathie findet. Die Ränder zwischen Ich und Du können sich verflüssigen und wieder festigen. Beides, Identifikation und Abgrenzung, ist möglich und nötig.

Arbeitsplatz- bzw. produktbezogene Faktoren einerseits und persönlichkeitsbezogene Faktoren andererseits beeinflussen die Gestaltung und das Erleben des Wechselspiels von Nähe und Distanz, von Autonomie und Abhängigkeit.
Schwierig gestaltet sich, wie bereits angesprochen, die Verschränkung der Perspektiven zwischen Hersteller- und Benutzerseite, wenn – wie bei Standardprogrammen – beide nicht von Anfang an zusammengearbeitet haben, wenn ein Programm unter Bedingungen der Distanz entsteht. Es fehlt das Tasten und Aushandeln von Kompromissen. In der Begegnung mit dem anderen nach Fertigstellung des Programms wird dessen Besonderheit leicht als stur, nervig oder lästig erlebt; man bleibt sich fremd.
Räumliche Nähe begünstigt soziale Nähe. Softwareentwicklerinnen und -entwickler, die im selben Gebäude arbeiten wie die Benutzer ihrer Programme, haben ein besonders genaues Bild von deren Arbeitsplatz vor der Computerisierung und neigen mehr als andere dazu, die Benutzer nach Fertigstellung des Produkts persönlich aufzusuchen, um sich nach Änderungswünschen zu erkundigen bzw. sich des Erfolgs zu vergewissern.
Die Tätigkeit in der Grundlagenforschung dagegen fördert kaum Bezüge zu konkreten Lebenswelten. Das Denken bewegt sich hier vorrangig im Bereich mathematischer Theorien und Formeln, es sei denn, die Erarbeitung mathematischer Grundlagen steht in Zusammenhang mit der Entwicklung medizinischer Expertensysteme. Die Auseinandersetzung mit der Art und Weise, wie Ärzte denken und zu ihren Entscheidungen kommen, nimmt in den Interviews mit KI-Forscherinnen und -Forschern einen zentralen Stellenwert ein, dem enge, partnerschaftliche Kontakte zu Ärzten entsprechen. KI-Forschung ist nach Pamela McCorduck »eine Romanze mit uns selbst« (McCorduck 1987, 202). Wir betreiben sie, »um unsere Ahnungen und Vermutungen über uns bestätigt oder widerlegt zu finden – einfach, um uns in einem neuen Licht zu sehen« (ebd.). Denkbar, daß dieses Motiv zumindest teilweise die Intensität der Auseinandersetzung mit ärztlichen Denkprozessen erklärt.
Persönlichkeitsbezogene Einflußfaktoren können ihren Ursprung in lebensgeschichtlichen Erfahrungen haben. »Ich möchte also

wirklich mit den Benutzern gar nichts zu tun haben« (H. Süden), erklärt ein Softwareentwickler und nennt als Grund Enttäuschungen, die ihm andere Menschen im Laufe seines bisherigen Lebens zugefügt haben. Pädagogische Vorbildung, vorausgegangenes oder noch immer praktiziertes gesellschaftspolitisches Engagement, gewerkschaftliche Orientierung wiederum scheinen das Streben nach Empathie, nach Verstehen und Verständigung ebenso zu fördern wie familial vermittelte Werte. Ein Softwareentwickler, der sehr engagiert die Auswirkungen computergestützter Arbeitsplätze diskutiert, charakterisiert sein Elternhaus so: »Die soziale Komponente war bei uns eigentlich immer sehr stark, die helfende Komponente, also auf andere Leute zu achten, das habe ich schon von früh gelernt« (H. Wort).
Möglicherweise ist auch die Lebensphase, in der sich jemand befindet, bedeutsam bei der Gestaltung der Benutzerbezüge. Zwar programmieren nur zwei der von mir interviewten Jugendlichen für andere, aber sie beziehen sich so vehement auf deren antizipierte Interessen, daß sie mich zu dieser Überlegung anregen. »Mausbediente« Programme sind die Methode des einen, den Benutzerinteressen gerecht zu werden; auch der andere schlüpft in die Person des Benutzers. Er stellt sich zuallererst das vor, was der Benutzer am Bildschirm von einem Programm sieht, und programmiert, von dieser Vorstellung ausgehend, weiter: »Ich sehe zuerst das Bild und baue dann hinten an« (Rolf). Benutzerfreundlichkeit sei sein Hauptanliegen. Jugendliche müssen sich als Softwareentwickler erst bewähren; Anerkennung eröffnet den Zugang zur Erwachsenenwelt. Ihre Sensibilität könnte sich dem Wunsch danach verdanken. Zum anderen sind sie wie die Benutzer selbst in einer Phase, in der vieles neu und fremd ist, was es ihnen erleichtert, sich in die Lage ersterer hineinzuversetzen.
Die deutlichsten Unterschiede in den Bezügen zum Anwendungsfeld zeigen sich – KI-Forscher sowie die pädagogisch vorgebildeten und gesellschaftspolitisch engagierten Softwareentwicklerinnen und -entwickler (die eine Minderheit darstellen) ausgenommen – zwischen Frauen und Männern. Frauen geben der Beschreibung ihrer Versuche der Annäherung an die zu bearbeitende Realität auffallend mehr Raum als ihre männlichen Kollegen. Sie schildern diese Kontakte konkret, während sie von Männern durchweg allgemein und/oder abstrakt beschrieben werden; sie beziehen sich auf Beispiele, sprechen mehr und direk-

ter darüber, wie sie Begegnungen erleben. Männer dagegen thematisieren ihr Erleben allenfalls indirekt und deuten auf diese Weise eher negative als positive Erlebnisse an.
Graduelle Unterschiede zeichnen sich allerdings auch zwischen den Frauen ab. Das über Frauen Gesagte gilt stärker für die 20–35jährigen Softwareentwicklerinnen als für die über 35jährigen, die häufiger auch mal von Konflikten im Dialog mit der Benutzerseite berichten. Die Wahrung ihrer Autonomie ist letzteren ein besonderes Anliegen, mußten sie doch ihren Weg in die Technik – noch mehr als die jüngeren Frauen – gegen die Skepsis und gegen den Widerstand ihrer Umgebung durchsetzen. Autonomie wurde für sie so zu einem zentralen Wert. Dennoch bleiben unübersehbare Unterschiede zu den männlichen Kollegen.
Die festgestellte Differenz paßt zu der von Nancy Chodorow vorgelegten These, daß das grundlegende weibliche Selbstgefühl Weltverbundenheit ist, während das männliche Selbstgefühl auf Separatheit gründet (vgl. Chodorow 1985, 220). Weltverbundenheit gehört zu einem Konzept von Frau, die »muttern« (Chodorow 1985, 10) soll, und Separatheit zu einem Konzept von Mann, der ein instrumentelles Leben führen soll. Die Polarisierung von männlich und weiblich bildet die Grundlage für jene Art geschlechtsspezifischer Arbeitsteilung, auf der die westliche Industriegesellschaft basiert. Die Voraussetzungen für die Erfüllung gesellschaftlicher Erwartungen werden nach Chodorow und J. Benjamin in der geschlechtsspezifischen Lösung des Ödipus-Komplexes geschaffen. Mädchen dürfen in der ödipalen Situation die Mutter als Liebesobjekt beibehalten und sich mit ihr weiterhin identifizieren; Jungen müssen ihre ödipale Liebe zur Mutter aufgeben. Gegen ihre Romanze mit der Mutter schreitet der Vater ein: Der Befehl des Vaters ›Du sollst nicht wie ich sein‹ verbietet die Vereinigung mit der Mutter, der gleichzeitige Befehl ›Du mußt so wie ich sein‹, mit dem sich der Vater als Identifikationsfigur anbietet, verstärkt die Trennungserfahrung (vgl. Benjamin 1982, 434). Zwar darf sich der Junge dem Vater zuwenden, aber dieser behandelt – so Chodorow – seine Kinder mehr als die Mutter als separate Wesen. Um sich männlich zu fühlen, so weiß der Junge aus der ödipalen Konstellation, muß er sich in erster Linie unterscheiden, muß er sich als etwas Getrenntes definieren, während das Mädchen erfahren hat, daß es seine Identität als Frau primär über Verbundenheit herstellen kann.

Wenn sich also Frauen stärker auf Beziehungen berufen, vielleicht auch abhängiger sind von der Einschätzung anderer, so ist das ebenso ein Vermächtnis frühkindlicher Erfahrungen wie die Neigung der Männer, ihre Beziehungen distanzierter zu gestalten, was sie einerseits unabhängiger macht von äußeren Urteilen, andererseits die Intensität des Erlebens schmälern kann.

Wie erklärt es sich nun, daß Softwareentwicklerinnen und -entwickler bei ihrer Tätigkeit – sei es im Verhältnis zur Maschine oder zum Anwendungsfeld – ihre eigenen Bedürfnisse und außerdem die der Benutzer ins Spiel bringen können? Der Zweck der Tätigkeit ist doch nicht Selbstverwirklichung, sondern das Werk, das Programm. Wir befinden uns in der Welt des Homo faber, in der alles seinen Nutzen im Hinblick auf dieses Werk beweisen muß und daher seinen Sinn nur hat als Mittel (vgl. Arendt 1960, 141). Trotzdem zeigen sich auf dem Weg zum Ziel Wünsche, Gefühle, Sensibilitäten, Phantasien, Dialoge, Sympathien, Abneigungen, die nicht nur als Mittel zu identifizieren sind, sondern für die beteiligten Subjekte einen eigenen Sinn zu haben scheinen. Wie kann das sein?
Eine Erklärung liefern die von Humberto M. Maturana und Francisco Varela aufgestellten theoretischen Annahmen, die sich mit der Organisation von Leben befassen und die inzwischen ihren Eingang auch in die Geistes- und Sozialwissenschaften gefunden haben (vgl. Schmidt 1987; Portele 1989).
Leben muß sich deren Erkenntnissen zufolge ständig erneuern. Menschliches Leben erneuert sich, indem die Individuen für sich und aufeinander bezogen sind, indem sie offen sind für den Austausch und sich abgrenzen können. Sie verfügen als autonome Systeme über die nötigen Voraussetzungen zur Erneuerung, aber der Auslöser zur Erneuerung muß von außen kommen, durch »strukturelle Koppelung« (Maturana 1987b, 108) an andere lebende oder nicht-lebende Systeme: »(...) ein Organismus befindet sich (...) entweder im Zustand struktureller Koppelung oder im Zustand der Auflösung« (ebd.). In der strukturellen Koppelung koordinieren die Individuen ihr Verhalten, schaffen einen »konsensuellen Bereich« (ebd.), und da sie das als autonome Systeme tun, bringen sie sich selbst hervor, und sie bringen die Welt hervor, in der wir leben und in der wir aufeinander angewiesen sind, denn eine andere Welt gibt es nicht. Dieser Gedanke findet

sich auch bei Hannah Arendt, die schreibt, daß sich überall, wo Menschen sind, Bezugsgewebe bilden (vgl. Arendt 1960, 174). In diesen Geweben ziehen die Menschen sprechend und handelnd ihre Fäden, um sich so zu zeigen, und indem sich die Fäden berühren, entstehen soziale Realitäten. Auf den konsensuellen Realitäten, die in den Interaktionen zwischen Individuen entstehen, basieren alle weiterführenden Konsensbildungen.
Keine politische Macht, kein technisches Verwertungsinteresse kann das geschilderte Lebensprinzip völlig ignorieren, ohne dysfunktional zu werden. Nur selbstverständlich ist es, wenn es den Subjekten auch in der Welt des Homo faber darum geht, sich im tätigen Bezug aufeinander sowie in Bezug zur Maschine in ihrer personalen Einmaligkeit zu zeigen. Nichtsdestotrotz machen Softwareentwicklerinnen und -entwickler in ihrer Tätigkeit auch die Erfahrung unüberwindbarer Distanz, und zwar dort, wo trotz allen Ringens mit der Technik deren Logik die Logik des Gegenübers nicht aufzunehmen vermag. Wird die Einmaligkeit des anderen ignoriert, so macht das auch die eigene Einmaligkeit zunichte. Es vernichtet jene Bezüge, die der ausgeblendeten Einmaligkeit galten.
Die erfahrenen Begrenzungen heben sich nicht gegen die erfahrenen Möglichkeiten auf. So wird dieses Buch beides behandeln. Vorerst aber will ich den Strang der gebotenen Möglichkeiten weiterverfolgen.

Für jede(n) etwas, oder: Von der mannigfaltigen Attraktion der neuen Maschine

Sie reden begeistert über das Jonglieren mit Zahlen und Algorithmen, über ihre Freude an eleganten Lösungen, über die lustvolle Spannung bei der Suche nach Fehlern, sie vergleichen ihre Programme mit einem Gemälde oder einem blühenden Garten. Der Gedanke, daß die Computertechnik Bezugspunkt vielfältiger Erlebniswünsche ist, wird fortgeführt. Wir wollen weiter vordringen in die Welt des Programmierens, mehr noch soll sich erhellen, weshalb sie so fasziniert. Die Versuche einer Antwort berühren unterschiedlich gelagerte Bedürfnisse, Motive, Hoffnungen, die anknüpfen an individuelle Vergangenheiten und an gesellschaftliche Gegenwart.

Einbindung in die rationalistische Tradition

»Informatik ist die Zukunft überhaupt, Computer, und wenn du das kannst, dann bist du ganz toll irgendwann, bist du fein raus« (Fr. Berg). Diese Ansicht war es, die ihren Entschluß, ein Informatikstudium zu beginnen, maßgeblich beeinflußte, erzählt eine Softwareentwicklerin. Wie erklärt sich diese Ansicht, und weshalb konnte sie verfangen? Worauf kann sie sich stützen?

»Technik ist Kunst des Rechten Wegs zum Zweck«

Wissenschaft und Technik sind nach Jürgen Habermas zu einer wichtigen, für ihn zur ersten Produktivkraft geworden (vgl. Habermas 1969, 79). Sie sind Ausdruck und vorantreibendes Element des okzidentalen Rationalismus, der seinen Siegeszug im 16./17. Jahrhundert antrat und seine Richtung vorrangig unter der Regie zweckrationalen Handelns nahm (vgl. Habermas 1981, 245). Nach Max Weber, der die Rationalisierung des Okzidents in den Mittelpunkt seines Werkes stellte und deren ideologischen Gehalt auf der Ebene des Subjekts zu bestimmen suchte, handelt zweckrational,

»wer sein Handeln nach Zweck, Mittel und Nebenfolgen orientiert und dabei sowohl die Mittel gegen die Zwecke, wie die Zwecke gegen die Nebenfolgen, wie endlich auch die verschiedenen möglichen Zwecke gegeneinander rational abwägt: also jedenfalls weder affektuell (...), noch traditional handelt« (Weber 1956, 18).

Zweckrationalität ist die Rationalität des Homo faber, der sein Denken und Handeln am rechnerischen Kalkül ausrichtet (vgl. Arendt 1960, 287).
Max Weber unterscheidet zweckrationales von wertrationalem Handeln, welches, ungeachtet der Handlungsfolgen, sich allein von ethischen Werten und Überzeugungen leiten läßt. Zweckrationales Handeln hingegen kalkuliert allenfalls die Richtigkeit der Zwecke bei präzise definierten Werten, es operiert wahlrational, oder es nimmt die Zwecke als gegeben hin und beschränkt sich auf die effektive Planung der Mittel, es operiert instrumentell-rational (vgl. Habermas 1981, 245). Zweckrationales Handeln ist – ob instrumentell oder wahlrational orientiert – planend, systematisch, berechnend, effektiv, auf ein Ziel gerichtet, das es zügig zu erreichen trachtet. Zweckrationalität enthält die Tendenz zur Beschleunigung.
Welches die rationalsten Mittel zur Erreichung eines bestimmten Zieles sind, ist für Max Weber eine technische Frage. Technik fragt nach Webers Auffassung nicht nach der Rationalität der Zwecke, sondern lediglich nach der Rationalität der Mittel. In der Technik realisiert sich instrumentelle Rationalität; Technik bedeutet »eine Verwendung von Mitteln, welche bewußt und planvoll orientiert ist an Erfahrungen und Nachdenken« (Weber 1956, 44). Reine Technik wägt die Mittel ab, nach dem »Prinzip des ›kleinsten Kraftmaßes‹« (Weber 1956, 45); werden darüber hinaus die Kosten erörtert, werden Kosten und Gewinn unter dem Gesichtspunkt der Rentabilität zueinander in Beziehung gesetzt, ist die Technik nicht nur technisch, sondern daneben wirtschaftlich orientiert. Die Einbeziehung der Kostenfrage in die Gestaltung von Technik erachtet Max Weber als das Übliche, denn er schreibt: »Die ökonomische Orientiertheit der heute sog. technologischen Entwicklung an Gewinnchancen ist eine der Grundtat-

sachen der Geschichte der Technik« (Weber 1956, 46). Der Ökonom Friedrich von Gottl-Ottlilienfeld, auf den Max Weber rekurriert, geht in seiner Analyse der kapitalistischen Wirtschaftsweise noch einen Schritt weiter, denn für ihn dient jede Technik der Erhöhung der Wirtschaftlichkeit und der Steigerung der Produktivität. Für ihn ist es das Wesen »technischer Vernunft«, die Kosten im Interesse der Gewinnsteigerung zu minimieren. So wird »Technik Kunst des Rechten Wegs zum Zweck« (von Gottl-Ottlilienfeld 1926, 157). Sie triumphiert in der »tausendfältigen Gestalt der Maschine« (ebd., 166).
Das kapitalistische Gewinnstreben drängt zu ständiger technischer Neuerung. Nach Jürgen Habermas wird es darin unterstützt von der Rückkoppelung der technischen Entwicklung an die Fortschritte der modernen Wissenschaft (vgl. Habermas 1969, 79). Kapitalistische Gewinninteressen in Verbindung mit Wissenschaft forcieren den Druck zur Beschleunigung des technischen Fortschritts, der schon aus dem »Inneren« der Technik kommt.

Computer in vorderster Linie

Hat der Mensch im Verlauf der technischen Entwicklung zunächst Funktionen seines Bewegungsapparates verstärkt und ersetzt, dann seine Energieerzeugung verbessert, dann die Funktionen seines Sinnesapparates (vgl. Habermas 1969, 71), so schuf er sich mit dem Computer ein technisches Gerät, das geistige Aufgaben übernehmen soll. Es zeigte sich, daß die angesehensten geistigen Fähigkeiten, nämlich die mit dem mathematischen Denken verbundenen, von der neuen Geistmaschine am leichtesten auszuführen waren. »Jetzt gehen wir halt ins Geistige« (H. Fest), meint ein Softwareentwickler.
Ich will darlegen, in welcher Weise die Computertechnik den Ansprüchen der zweckrationalen Tradition verhaftet ist und wie sich die Ansprüche im Bewußtsein derer niederschlagen, die an der Maschine arbeiten, um sie zu vervollständigen. Betrachten werde ich das Programmieren im engeren Sinn, d. h. die Phase der Transformation der konkreten Lebenswelt in formale Kategorien und Regeln.

Auf meine Bitte, das Programmieren zu charakterisieren, antwortet ein 31jähriger Softwareentwickler: »Des is immer so a Zwischenspiel zwischen Lösung und Möglichkeiten, und zwischen denen muß man immer hin und her denken« (H. Sport). Programmieren erfordert das Abwägen von Mitteln gegen ein Ziel. Die Mittel dabei sind u. a. mathematische Formeln, Algorithmen, standardisierte Programmteile, Methoden der Programmgestaltung, Programmiersprachen. Sie werden verwendet im Modus des Um-Zu. Noch deutlicher als der bereits zitierte Interviewpartner bringt ein anderer die Zielgerichtetheit des Programmierens zum Ausdruck. »Das erste ist«, sagt er, »das Problem erkennen, welches Problem soll mit dem Programm gelöst werden, um dann zu sehen, mit welchen Mitteln kann ich das Problem lösen« (H. Fest). Das Ziel kann Teilziel sein oder Ziel des gesamten Programms; jedes Ziel wird zum Mittel, sobald es erreicht ist. Auch das fertige Programm ist Mittel zur maschinellen Bearbeitung eines Wirklichkeitsausschnitts, wobei die Maschine ihrerseits im Dienste der Rationalisierung dieser Wirklichkeit steht. Und wozu dient die Rationalisierung? Die Zweck-Mittel-Kette ließe sich fortsetzen.

Keines der Ziele soll nur irgendwie und irgendwann erreicht werden. Welches die rationalsten Mittel sind, ist eine zentrale Frage, und sie wird von den Softwareentwicklerinnen und -entwicklern im Sinne Max Webers beantwortet. Ein Ergebnis müsse auf elegante Weise erzielt werden, das mache die Arbeit spannend, erklärt eine 50jährige. Unter elegant versteht sie: »mit wenigen Instruktionen möglichst viel erreichen« (Fr. Karo). Im selben Tenor antwortet eine 38jährige Kollegin: »Den kleinen Schnörkel muß man halt weglassen« (Fr. Blau).

Das »Prinzip des ›kleinsten Kraftmaßes‹« (Max Weber) ist in den Köpfen der Softwareentwicklerinnen und -entwickler fest verankert. Die effektive Mittelplanung spart Kraft und natürlich auch Zeit. Das Tempo betonen neben denen, die an ihm persönlich Gefallen finden, jene, die als Geschäftsführer oder leitende Angestellte die Kostenfrage im Auge haben. Zeit, ob Rechenzeit, Speicherzeit oder die Zeit des Programmierers, kostet Geld. Unter der Perspektive der Kostenminimierung ist folglich nur jenes Programm gut, »das sehr, sehr schnell arbeitet« (H. Tänzer).

Tempo sichert das Überleben in der internationalen Konkurrenz. Ein KI-Forscher: »Wir werden erbarmungslos zurückfallen, wenn wir nicht unser Wissen schneller akkumulieren können. Das ist wie in den übrigen Bereichen, in der Chemie, wo die Geschwindigkeit, mit der das Wissen angesammelt wird, die Geschwindigkeit, mit der etwas umgesetzt wird, entscheidend ist, das einzig Entscheidende« (H. Rot). Ebenso wie das Zweck-Mittel-Schema insgesamt weist auch das Tempo als Norm über das einzelne unmittelbare Ziel hinaus. Die Tempospirale dreht sich von Ziel zu Ziel.

Wie eine Lego-Konstruktion

Systematisches Vorgehen beim Programmieren ist in der Zweck-Mittel-Orientierung bereits angelegt. Es zeigt sich als analytisch-sukzessives und als schlußfolgerndes Denken.

Analytisch-sukzessives Denken

Noch während der Arzt schildert, wie er zu einer Diagnose kommt, entwirft eine KI-Forscherin, wie sie sagt, »eine Lego-Konstruktion« (Fr. Herzlich). Diese enthält kleine und große, quadratische und längliche Legosteine in verschiedenen Farben. Die Metapher verweist auf ein zerlegendes, das Ganze aufschlüsselndes Denken. Jedes Problem, das computergestützt bearbeitet werden soll, ist Schritt für Schritt in kleinste Einheiten aufzuteilen, die, übersetzt in Maschinensprache, ebenso Schritt für Schritt in einem Programm wieder zusammenzufügen sind: »Man hat Basiszellen, und aus denen macht man komplexere Gebilde und dann wieder komplexere Gebilde« (H. Fest). Jede Einheit bekommt ihren Ort in einem hierarchisch angelegten System.

Schlußfolgerndes Denken

Logisches Denken ist für Softwareentwicklerinnen und -entwickler schlußfolgerndes, streng an der Wenn-Dann-Struktur orientiertes Denken. Es ist insofern kausales, mechanisches, deterministisches Denken. Gesetzmäßigkeiten zu erkennen heißt für Softwareentwicklerinnen und -entwickler immer, linear geordnete Ursache-Wirkungs-Ketten aufzudecken. Die kausale Logik ist von der Maschine vorgegeben. Sie begleitet Softwareentwickler in

ihren Bezügen zur Außenwelt und wieder zurück an den Schreibtisch bis hinein in die Konzeption kleinster Programmschritte. Die Funktionsweise der Maschine ist stets Bezugspunkt oder, wie es eine 16jährige ausdrückt: »Ich muß mich bemühen, so zu denken wie der Computer« (Claudia).
Kausale Logik verpflichtet zur Exaktheit, zur Eindeutigkeit, zum Abstrahieren und Formalisieren. Das binäre Zahlensystem, nach dem der Computer rechnet, erfordert darüber hinaus ein Denken im Ja-Nein-Schema. »Ja, die Computerwelt ist schwarz-weiß«, sagt ein 41jähriger, »in das Schema muß alles reinpassen. Es gibt nichts, was da nicht reinpaßt, weil, sonst kann es nicht auf diesem Rechner existieren, das ist so. Der kennt eben nur den Zustand 0 oder 1« (H. Weg).
Alles, Licht, Finsternis, Irdisches und Göttliches, glaubte der Schöpfer des binären Systems, der Mathematiker und Philosoph Gottfried W. Leibniz (1646-1716), eingefangen zu haben. Anläßlich einer Gedenkmünze, auf der das Binärsystem dargestellt ist, beschreibt er dessen Sinnbildlichkeit in einem Brief vom 2. 1. 1697 an Herzog Rudolf von Braunschweig so:

»Habe darauf entworfen Licht und Finsternis, oder nach menschlicher Abbildung den Geist Gottes über dem Wasser ... Und kommt solches um so mehr zu passe, weilen die leere Tiefe und wüste Finsternis zu Null und Nichts, doch der Geist Gottes mit seinem Licht zum Allmächtigen Eins gehöret« (zit. n. Endres/Schimmel 1986, 65).

Die Eins war schon in der pythagoräischen und platonischen Zahlenmystik das Symbol des Ur-Einen, Nicht-Polaren, Göttlichen (Endres/Schimmel 1986, 56). Möglich, daß die binäre Logik für die mit ihr Hantierenden noch heute diesen mystischen Zauber hat.

Der subjektive Gewinn

Softwareentwicklerinnen und -entwickler binden sich durch ihre Tätigkeit ein in die zweckrationale Tradition des Okzidents. Was bietet ihnen diese Einbindung?

»Ich glaube, daß es ohne Computer nicht mehr viel zu machen gibt« (Fr. Karo), versichert eine Softwareentwicklerin. Ohne Computer, davon ist eine 16jährige überzeugt, »gäbe es ein ziemliches Chaos« (Claudia). Für die von mir Befragten steht fest: Die Computerisierung nimmt ihren Weg. Es wird immer mehr von den »Dingern« (Fr. Berg) geben, und immer mehr Bereiche werden automatisiert werden. Die Automation, der die Technik dienen soll, wird als Bestimmungsfaktor der technischen Entwicklung selbst gesehen. Die Technik scheint aus sich selbst heraus zu wachsen, unaufhaltsam. Aus dieser Sicht scheint es, als wäre die Ausbreitung der Computertechnik ein biologischer Vorgang, der, erst einmal angelaufen, weiterläuft, scheinbar losgelöst von willentlichen Eingriffen (vgl. Arendt 1960, 137ff.). Die Computer fangen an, zu den Menschen zu gehören »wie das Schneckenhaus zur Schnecke oder das Netz zur Spinne« (Arendt 1960, 139). Angesichts dieser Zusammengehörigkeit kann es nur von Vorteil sein, die neue Maschine handhaben zu können. Das verspricht einen sicheren Arbeitsplatz und ökonomische Sicherheit. Diese Motive finden sich als Grund für den Erwerb computerbezogener Fähigkeiten quer durch alle Altersgruppen. Während jedoch die erwachsenen Softwareentwicklerinnen und -entwickler diesen Erwerb als individuelle und auf einen Computerberuf hin getroffene Entscheidung werten, neigen die Jugendlichen dazu, ihre Programmierkenntnisse als selbstverständliches Rüstzeug für alle anzusehen, die in dieser Welt bestehen wollen, egal, welchen Beruf sie anstreben. Ob man oder frau die Bedienung eines Computers lernen will oder nicht, ist für sie keine Frage mehr, denn – so der 18jährige Andreas: »Es wird fast jeder einen Computer bedienen müssen in Zukunft«. Eine 14jährige denkt genauso und meint lapidar: »Es ist normal, daß jeder ein bißchen Basic kann« (Susanne).

Elektrotechnik habe er studiert, weil sich das modern anhörte – ein 40jähriger zu seiner Studienwahl. Die Computertechnik weist – der zweckrationalen Logik folgend und den Kapitalinteressen verpflichtet – nach vorne. Wer rechtzeitig auf den Zug aufspringt, hat den »absoluten Zukunftsjob« (H. Weg), gehört zur Elite. Softwareentwicklerinnen und -entwickler genießen – so ein 27jähriger – in allen Firmen Privilegien. Sie können ihre Arbeitszeit frei einteilen, können sich kleiden wie sie wollen: »Die Leute, die entwickeln, die brauchen sich nicht zu zwingen, irgendwelche Formen zu erfüllen« (H. Wort). Softwareentwicklerinnen und -entwickler seien unkontrollierbar, das begründe ihre Sonderstellung. Der Wunsch, durch Zugehörigkeit zur Softwarewelt herauszustechen, zu den Ersten und Besten zu gehören, findet in den Gesprächen auf verschiedene Weise Ausdruck, sei es, daß der elitäre Status des eigenen Berufs sympathisierend beschrieben wird, sei es, daß Jugendliche sich über den Besitz der neuesten Computermodelle und die Kenntnis von immer mehr Programmiersprachen die Bewunderung der gesamten Klasse erringen, sei es, daß der Beruf des Softwareentwicklers ergriffen wurde in der Vorstellung, es sei ein ausgefallener Beruf, oder daß das Informatikstudium gerade deshalb reizte, weil es die höchsten Ansprüche stellte. So etwa für eine KI-Forscherin, die einst zufällig in eine Informatikvorlesung geraten war und kein Wort verstanden hat, »absolut kein Wort, und dann dachte ich, das ist es, das mußt du jetzt studieren, deshalb habe ich Informatik studiert« (Fr. Licht). Softwareentwicklerin oder -entwickler zu sein bewahre einen davor, »spießig« oder »verknöchert« (H. Weg) zu werden oder in einem grauen anspruchslosen Berufsalltag zu versinken wie der »klassische Beamte« (H. Weg), für den ein Tag wie der andere vergehe. Auch anhand der Absetzung von dem, was man oder frau nicht sein will, läßt sich das Bedürfnis, was Besonderes zu sein, ablesen. Dies enthält meist noch den Hinweis auf ein weiteres Bedürfnis, das die vorwärtstreibende Technik ebenfalls zu befriedigen vermag: das Bedürfnis nach Neuem. Dazu eine 26jährige: »So immer wieder neue Probleme anzugehen und gerade die vielen Neigungen, gerade des is ja interessant und nich' so wie manches andere vielleicht dann doch irgendwie zur Routine wird (...), immer wieder neue Fortschritte und neue Entwicklungen

und des macht mir halt schon Spaß« (Fr. Fröhlich). Man oder frau ist mit Neuem konfrontiert und trägt selbst zu dessen Entstehung bei. Das reizt, das macht Spaß. Warum? »Eine menschliche Eigenschaft« (H. Fest), lautet die Antwort. Der Softwareentwickler ist Ingenieur im Sinne von Claude Lévi-Strauss, da er »in bezug auf jene Zwänge, die einen Zivilisationszustand zum Ausdruck bringen, immer einen Durchgang zu öffnen versuchen wird, um sich darüber zu stellen (...)« (Lévi-Strauss 1968, 33). Das Neue fordert eigene Ideen; es gibt Gelegenheit, sich als schöpferisches Wesen zu beweisen. Es ist aber auch eine Chance, das Alte hinter sich zu lassen, die alten Lösungen, die alten Programme und auch das Alte in einem umfassenden Sinn, alte Werte, alte Rollen, das Alte, das die Eltern verkörpern. Am Computer wächst man über die Generation der Eltern hinaus, eine Möglichkeit, die für Jugendliche verlockend sein dürfte.
Das Streben nach Neuem stellte auch Thomas Leithäuser in den Erlebnisperspektiven der von ihm befragten Ingenieure und Techniker fest. Ihre fertigen Produkte interessierten sie nicht mehr, wie auch diesen Softwareentwickler, der erklärt: »Meistens geht es also wirklich so, daß man sich verabschiedet und sich dem nächsten zuwendet« (H. Süden).

Im Dienste einer besseren Welt

Der technische Fortschritt strebt für die Softwareentwicklerinnen und -entwickler nicht einfach auf eine offene Zukunft zu, sondern auf eine bessere. Die Erwartung positiver Wirkungen der Technik fehlt in den Interviews nie; gleichzeitig vorhandene Bedenken können von dieser Erwartung meist nicht ablenken. Computer werden – so die häufigste Meinung – zukünftige Arbeit erleichtern; umständliche, anstrengende, gefährliche Handgriffe können an die Maschine delegiert werden. Ja, vielleicht könnte diese den Menschen überhaupt von Arbeit, auch von geistiger, befreien, wie ein 45jähriger überlegt: »Auch die geistige Arbeit ist ja eine Arbeit, die unangenehm ist. So sehe ich halt viel Bürokram, eine ausgesprochen häßliche und unangenehme Tätigkeit, die dann der Computer übernimmt. Und man hat dann mehr Zeit für Sachen, die einem mehr Spaß machen, Bücher lesen usw.« (H. Fest). Manche sehen im Computer *das* Instrument zur Lösung der drängen-

den ökologischen und gesellschaftlichen Probleme der Gegenwart: zur Lösung des Waldsterbens, für die Müllentsorgung, die Beseitigung der Umweltverschmutzung, von Hungersnöten. Wichtigster Maßstab der durch Technik zu erreichenden besseren Welt ist der Mensch. Vorausgesetzt, der Computer werde zum »Wohle des Menschen angewendet«, stehe uns eine »goldene Zukunft« (H. Süden) bevor.
Auch Jugendliche glauben, mittels Mikroelektronik auf eine bessere Welt zuzusteuern. Doch in ihren Zukunftsvisionen ist der Mensch nicht unbedingt der erste Bezugspunkt technischen Fortschritts. Nach Meinung der 16jährigen Claudia hat der Mensch die Natur zerstört, und sie glaubt: »Für die Natur selbst wäre es nur gut, wenn der Mensch verschwinden würde«. Vier Fünftel der Menschheit sollten von Robotern ersetzt werden, damit die Natur wieder eine Chance hat. Dem 15jährigen Peter käme es nicht ungelegen, wenn der in seinen Augen nicht mehr denkende Mensch von der in Zukunft immer besser denkenden Maschine »eins auf den Deckel kriegen würde« (Peter), denn der Mensch, der aufgehört hat zu denken, hat für ihn »keine Existenzberechtigung« mehr. Enttäuschung über die Erwachsenen bringt diese Jugendlichen dazu, sich im Interesse einer lebenswerteren Zukunft die Maschine als Alternative zum Menschen vorzustellen.
Wie immer auch die bessere Welt imaginiert wird, die mittels Computertechnik erreicht werden soll, als Produzenten dieser Technik können sich Softwareentwicklerinnen und -entwickler als Mitschöpfer dieser Welt sehen, einer Welt, die sich ein 18jähriger als »genauer, einfacher, schneller« (Andreas) ausmalt und eine 23jährige als »schneller, höher, weiter« (Fr. Grüner).

Grenzüberschreitungen

Gegen Warnungen und Selbstzweifel

Die befragten Softwareentwicklerinnen begründen ihr Berufsmotiv durchweg mit der Abkehr von der Mutter- und Hausfrauenrolle, die für sie Verzicht und Unterordnung bedeutet. Von der Tätigkeit in einem technischen Beruf versprechen sie sich Autonomie, finanzielle Unabhängigkeit, »mehr Selbstverwirklichung (...), daß man mehr vom Leben hat, daß man mehr mitbekommt, einen weiteren Horizont hat, daß man sich eben auch mit anderen Dingen beschäftigt« (Fr. Bach). Der EDV-Beruf erlaubt den Frauen die Verabschiedung von traditionellen Rollenstereotypen und zugleich den Eintritt in eine männerdominierte technische Welt, was ihnen unter zwei Gesichtspunkten erstrebenswert erscheint.

Sie können zeigen, daß frau in dieser Welt bestehen kann. »Zu beweisen, mir selber, den anderen, daß man als Frau auch in so'm Beruf, der jetzt 'ne ziemliche Männerdomäne is', daß man da erfolgreich sein kann, des war sehr, sehr lang meine Motivation; weil's hieß, als Frau schafft man das sowieso nich'« (Fr. Baum), bemerkt eine Softwareentwicklerin, die es zur Führungskraft gebracht hat. Nach dem Motto »Ich zeig's denen schon!« (Fr. Blumer) wählte sich einst eine andere ihre Studienfächer immer technischer aus.

Das Motiv, sich bewähren zu wollen, schließt ein weiteres nicht aus, nämlich das, über die Technik »einen Draht zu Männern zu kriegen« (Fr. Baum). Schon als kleines Mädchen sei ihr das mit Hilfe eines Elektrobaukastens gelungen, und später habe ihr dasselbe die Mathematik ermöglicht, erzählt eine 42jährige. Die Softwareentwicklerinnen genießen es durchweg, am Arbeitsplatz eine der wenigen Frauen unter lauter Männern zu sein. Auch jungen Mädchen dient der Computer oftmals dazu, dem Vater, dem Bruder oder einem angehimmelten Jungen näherzukommen. Die 15jährige Eva erinnert sich, daß sie das Wahlfach ›Informatik‹ belegt hat, weil sie einen bestimmten Jungen für sich einnehmen wollte: »Und angefangen habe ich es (den Wahlkurs, d. V.) eigentlich, weil ein damaliger Schwarm von mir, dem bin ich drei Jahre hinterhergelaufen (...), sich damit auch wahnsinnig auskennt.«

Das Motiv, sich mittels Technik von traditionellen Rollenerwartungen zu befreien, wird von den jungen Mädchen nicht genannt, was nicht bedeuten muß, daß sie diesen folgen. Abhängigkeit und das Für-andere-da-Sein ist vielleicht aus ihrem Frauenbild bereits gestrichen.[1]

Auch wenn für Frauen die Hinwendung zur technischen, der rationalistischen Tradition verhafteten Computerwelt von dem Wunsch getragen ist, einer unerwünschten Frauenrolle zu entge-

1 Auf die Berechtigung dieser Annahme verweist die Untersuchung von Rainer Zoll u. a., ›Nicht so wie unsere Eltern!‹ (1989), die Aufschluß gibt über die Lebensentwürfe von Jugendlichen.

hen, so gibt es für diesen Schritt immer auch technikbezogene Gründe. Als solche nennen sie: Freude am Rechnen, an der Abstraktion, an der kausalen Logik, am Tempo, am Verstehen und Durchschauen, am Gebrauch des Denkens, das Bedürfnis nach einer ergebnisorientierten Arbeit, die »irgendwie Nutzen für die Welt« (Fr. Bach) bringt. Einige der Frauen experimentierten mit anderen Studienfächern, ehe sie sich endgültig für ein naturwissenschaftliches Studium entschieden; sie studierten Germanistik, Philosophie, Kommunikationswissenschaft, um nach kurzer Zeit festzustellen, daß es sie doch mehr zu den »exakten« Wissenschaften hinzog, in denen es Kriterien für richtig und falsch sowie eindeutige Lösungen gibt.

Die Entscheidung für einen EDV-Beruf und für das, was er ihnen bieten könnte, wurde von den Frauen sehr bewußt getroffen, weil es eine Entscheidung gegen Widerstände war. Eigene Zweifel mußten überwunden werden, aber vor allem mußte den Warnungen und der Skepsis der Umgebung widerstanden werden. Oft waren es die Mütter, die den Töchtern einen EDV-Beruf oder, wenn das nicht ging, zumindest ein Studium ausreden wollten und ihnen statt dessen zu einem mathematisch-technischen Hilfsberuf rieten; sie befanden sich bei diesem Bestreben häufig in Gesellschaft der Berufsberaterinnen und -berater.

Den Softwareentwicklern erscheint dagegen ihre Berufswahl eher als zufällige Wahl. Man(n) kommt zur EDV »wie die Jungfrau zum Kind« (H. Knapp). Die Männer mußten den EDV-Beruf nicht so konsequent ansteuern wie die Frauen, sie bewegten sich in ihrem schulischen und beruflichen Werdegang ohnehin in einer technisch-kaufmännischen Richtung, aus der die Tätigkeit in der Computerbranche wie von selbst hervorging. Dennoch fängt diese Tätigkeit Wünsche auf: den Wunsch, das Funktionieren verstehen zu wollen, Freude am Spiel, am Exakten, am Neuen, am Formalisieren, am logischen Denken.

Reinschnuppern in die Erwachsenenwelt

Jugendliche stehen an der Schwelle zum Erwachsenwerden und damit vor der Aufgabe, aus ihrer Familie allmählich heraus- und, über die Bindung ihrer Perspektiven an Arbeit, in die gesellschaftliche Kultur hineinzuwachsen. Die dieser Lebensphase eigenen Allmachtsphantasien helfen den Jugendlichen zwar, die familialen Werte aufzuweichen, aber zugleich boykottieren sie die Einbin-

dung des Subjekts in einen disziplinierten Arbeitsprozeß, was Mario Erdheim als das Dilemma der Adoleszenz bezeichnet (vgl. Erdheim 1984, 306 f.).
Die Initiation ist ein Versuch, die jugendliche Dynamik aufzufangen; es gibt sie in Gesellschaften, in denen die Tradition mit Zwang durchgesetzt wird, in mythologischen Gesellschaften, von Claude Lévi-Strauss als »kalte Gesellschaften« bezeichnet. Es gibt sie nach Mario Erdheim aber auch in den Industriegesellschaften (»heißen Gesellschaften«), weniger spektakulär, aber nicht weniger wirksam, etwa in Form schulischer Prüfungen (vgl. Erdheim 1984, 327 ff.). Stets enthält die Initiation eine Auseinandersetzung zwischen den Generationen, einen »Kampf der Erwachsenen mit den Jugendlichen« (ebd., 330).
Auch das Programmieren kann als ein Initiationsritus angesehen werden, denn es verschafft Zugang zur Erwachsenenwelt. Allmachtsphantasien müssen nicht ausgeblendet werden, sie können in Verbindung mit Arbeit ausgelebt werden. Programmieren als Initiation erspart Jugendlichen den Konflikt mit den Erwachsenen; es sichert ihnen kampflos deren Anerkennung.
Die Vermeidung des Konflikts zwischen den Generationen ist jedoch nur ein vermeintlicher Vorteil. In der Auseinandersetzung mit den Erwachsenen können vorhandene Orientierungen und Normen als von Menschen gemachte und verfochtene und damit als veränderbare erkannt werden. Am Computer erscheint die okzidentale Rationalität von subjektiven Interessen losgelöst, wertneutral, unproblematisch. Dieser Schein begünstigt eine kritiklose Übernahme. Das innovative Potential der Jugend verraucht.
Die Möglichkeit, daß das Programmieren als Initiation wirkt, sehe ich nur für die befragten männlichen Jugendlichen. Sie geben dem Computer einen zentralen Stellenwert in ihrem Leben, konzentrieren fast alle Interessen auf das Programmieren, während es für die Mädchen eine Beschäftigung neben vielem anderen ist. Der unterschiedliche Stellenwert drückt sich auch darin aus, daß die Computeranlage in den Zimmern der Jungen einen Blickfang bildet, während die befragten Mädchen ihren Computer, falls sie überhaupt einen besitzen, unsichtbar aufbewahren und zögern, ob sie ihn anläßlich meines Besuches hervorholen sollen. Die Tatsache, daß die Mädchen genauso wie die Jungen ein naturwissenschaftliches Gymnasium besuchen sowie den Wahlkurs ›Informatik‹ belegt haben, mir sogar als die Besten in diesen Kursen emp-

fohlen wurden, läßt mich annehmen, daß sich hier ein grundsätzlicher geschlechtsspezifischer Unterschied andeutet.

Der schnelle Erfolg

Nicht nur die Einbindung in die rationalistische Tradition als solche bringt subjektiven Gewinn, attraktiv ist auch das, was die Einbindung ermöglicht: die programmierende Handlung. Eine für alle wichtige Attraktion, der Erfolg, knüpft sich an die Zielgerichtetheit dieser Handlung. Jedes erreichte Ziel ist ein Erfolg, »Erfolgserlebnisse kommen immer wieder« (H. Süden). Auf diese Erlebnisse hin konzentrieren sich die Erwartungen. »Mir macht es ja Spaß, das Programmieren«, sagt der 15jährige Peter, »aber mir macht noch mehr dieses Erfolgserlebnis Spaß, und je mehr ich halt programmiere, desto mehr Erfolgserlebnisse habe ich dann.« Als Erfolg wird gewertet, wenn es klappt, wenn das Programm funktioniert, wenn es macht, was man will. Deshalb ist es für die 16jährige Sabine wichtig, jedes Programm fertigzustellen, »so'n abgebrochenes Programm (...) bringt mir nichts, hat dann keinen Sinn.« Der Sinn realisiert sich in der Erreichung des Ziels. Der Moment, in dem es klappt, wird mit Spannung erwartet. Um die Phase der Spannung abzukürzen, gehen manche schnell an die Maschine; mir scheint, Männer schneller als Frauen. Man verzichtet auf detaillierte Programmentwürfe auf dem Papier: »Ich mache das nicht, Struktogramme oder so etwas, da bräuchte ich ja länger für Struktogramme als wie für das Programm« (H. Süden). Der PC zu Hause ist dem 18jährigen Klaus schon zu langsam, ihn interessieren größere Maschinen. »Was reizt dich da?«, will ich wissen, und er antwortet: »Rechenleistung, Geschwindigkeit. Es ist wie beim Autofahren der Geschwindigkeitsrausch. Das ist das, was einen Ferrari von einer ›Ente‹ unterscheidet.« »Was bringt dir die Geschwindigkeit?« frage ich, und er fährt fort: »Die Ungeduld wird leichter befriedigt, der Output kommt einfach schneller nach dem Input.« Der Wunsch nach schnellem Erfolg könnte kaum ein besseres Medium finden als den Computer, ist Tempo doch auch ein Merkmal seiner Logik. Erfolg ist »schön«, er vermittelt »ein unheimlich tolles Gefühl«, bringt »Selbstvertrauen«, »Anerkennung«, er macht »glücklicher«, »couragierter«, »stolz«; er hilft hinweg über depressive Verstimmungen: »Wenn man wieder 'n

Programm schreibt, das dann funktioniert, das hat einen dann schon wieder aufgebaut« (Sabina).
Frauen, denen es wichtig ist, in der männerdominierten Computerbranche zu bestehen, heben hervor, daß der Erfolg am Computer nicht der Anerkennung Dritter bedarf: »Die Programmierung is'n Beruf, wo man Selbstbestätigung bekommt, die nicht von 'nem Lob durch Menschen abhängt. Man kriegt die Leistungsbestätigung einfach dadurch, daß man selber merkt, daß es klappt (...) und das ist was Faszinierendes« (Fr. Baum). Der unbestreitbare Erfolg wirkt gegen die zu Beginn der beruflichen Laufbahn erfahrenen Mißerfolgsprognosen und gegen die zögernde Anerkennung durch männliche Kollegen und Chefs, wovon verschiedene Frauen berichten.[2]

Die Genese der Motive und Kompetenzen

Die Weichen für die Zuwendung zur rationalistischen Tradition wurden bei den Softwareentwicklerinnen und -entwicklern früh gestellt. Schon in der Kindheit zeigten sie technisches Interesse; sie reparierten Steckdosen, Fahrräder, montierten Lampen, bastelten Radios, Schiffsmodelle, Segelflugzeuge, bauten Wohnanlagen aus Legobausteinen. Die kleinen Jungen, aber auch die meisten kleinen Mädchen haben getüftelt und gebastelt, oft angeregt durch einen Metall- oder Elektrobaukasten. Für die befragten Jugendlichen scheint der Kontakt mit der Technik gleich am Computer begonnen zu haben; zuerst, im Alter von 10 bis 12 Jahren, faszinierten sie Computerspiele, aber schon bald programmierten sie selbst.
Mindestens genauso wichtig wie ein Spielzeug sind für die Entstehung des technischen Interesses Personen, die in die Geheimnisse der Technik einführen, zum Beispiel der Vater, dem man beim Programmieren über die Schulter schauen kann, der Freund, der einem Programmiertricks zeigt, der Vater, der der Tochter einen Computer baut, der einen beim Fahrradreparieren mitmachen läßt, der seine Tochter auf die Baustelle mitnimmt, der mit seinen

2 Auf die Geringschätzung von Naturwissenschaftlerinnen durch männliche Berufskollegen verweisen auch die von Rainer Brämer und Georg Nolte durchgeführten Untersuchungen (vgl. Brämer/Nolte 1983, 15 f.).

Kindern zum Flughafen fährt, der die ersten Versuche mit der Bohrmaschine unterstützt. Meistens ist es der Vater, der als Mittler zur technischen Welt auftritt. Die Töchter schildern ihn in dieser Rolle bedeutsamer als die Söhne. Letztere finden häufiger als Mädchen einen autodidaktischen Zugang zur Technik oder lernen von Gleichaltrigen.
Das Interesse am Technischen setzt sich in der Schule fort; Mathematik und Physik waren oder sind beliebte, oft die Lieblingsfächer, für die man sich nicht anstrengen muß: »Mir ist es halt immer leicht gefallen, und ich brauchte da nicht viel zu tun« (Fr. Wollner). Es macht Spaß, mathematische und physikalische Rätsel zu lüften: »Naturgesetze rauszukriegen, das war also ganz phantastisch. Die Hausaufgaben waren im Nu fertig« (Fr. Berg). Mehr als alle anderen betonen ihre Vorliebe für die mathematisch-physikalischen Fächer die befragten Frauen. Sie bringen ihre Vorliebe oft in Verbindung mit einem guten Mathematiklehrer. »Wir hatten einen ausgezeichneten Mathematiklehrer«, erzählt eine 43jährige, »der uns das Gefühl gab, wir haben diese Formel rausgefunden, die irgendein berühmter Mensch vor ein paar hundert Jahren mal erfunden hat, und wir können das auch« (Fr. Weich). Als gut werden jene Lehrer empfunden, die »den Spaß an der Mathematik rüberbringen« (Fr. Berg), die vermitteln, Mathematik ist »überhaupt das Tollste«, die, die menschlich integer sind, sowie die, die den Frauen Mut gemacht haben. Ein Schlüsselerlebnis war es für eine heutige KI-Forscherin, als ihr Mathematiklehrer gegenüber einem Kollegen, der skeptisch war, ob sie ein Mathematikstudium schaffen würde, in ihrem Beisein sagte: »Die das nicht schaffen! Die ist doch viel begabter als ich!« (Fr. Wollner).
Die Hinwendung zum Technisch-Rationalen kann des weiteren nicht unabhängig gesehen werden von den Orientierungen, die das Klima im Elternhaus gepragt haben. Überwiegend schildern die von mir interviewten Erwachsenen (Jugendlichen dürfte der Abstand für eine Gesamtbeurteilung fehlen) ihr Zuhause als vernunftbetont, leistungsorientiert bis emotional kühl. Nur das Funktionale habe in seinem Elternhaus gezählt, erfahre ich von einem KI-Forscher. Was nicht funktional, nicht »lebenserhaltend« war, war nicht erstrebenswert, Kunst zum Beispiel.
Früh wurde an die Vernunft der Kinder appelliert. Sie trugen Sorge für die jüngeren Geschwister; »meistens habe ich meinen

Bruder an der Hand, und ich stehe da und passe auf meinen Bruder auf« (Fr. Herzlich), erinnert sich eine KI-Forscherin. Einige von ihnen mußten der Mutter den verstorbenen Vater ersetzen, andere schlüpften in der Nachkriegszeit in Erwachsenenrollen, lösten ein Geschäft auf, mußten Geld verdienen. Schon als kleines Mädchen war einer heutigen KI-Forscherin klar: »Ich muß mein Leben selber in die Hand nehmen, also auf die Erwachsenen kann man sich nicht verlassen« (Fr. Wollner). Kalkulieren, Folgen absehen, planen, Ziele ansteuern, all das war den Befragten schon in ihrer Kindheit vertraut. Hinzu kamen häufig hohe Leistungserwartungen der Eltern. »Nach außen hin war ich die Beste, aber zu Hause wurde so ein Druck auf mich ausgeübt« (Fr. Baum), erzählt rückblickend eine 42jährige. Die Leistungswünsche der Eltern fanden im Ehrgeiz der Kinder ihre Entsprechung; gute bis sehr gute Noten, zumindest in den naturwissenschaftlichen Fächern, waren durchweg eine Selbstverständlichkeit.
Zuweilen waren die hohen elterlichen Ansprüche von dem Bewußtsein getragen »wir sind was Besonderes, du bist was Besonderes« (Fr. Licht) oder »es gibt nur 5% vernünftige Leute, und wir gehören dazu« (H. Fest), ein Elitebewußtsein, das, wie beschrieben, im vorwärtstreibenden Trend okzidentaler Rationalität gut aufgehoben ist.
Vernünftigkeit wurde in den Familien großgeschrieben; von einem liebevollen Zuhause berichten nur wenige. Die emotionale Situation war bzw. ist – auch die Jugendlichen erleben es so – nicht selten problematisch, da aggressiv, bedrückend und unterdrückend oder dürftig. »Sehr arm, sehr arm« sei es emotional zu Hause zugegangen, meint eine KI-Forscherin, und sie fährt fort: »Da gab es sehr viel Distanz zwischen den Körpern, die da so in der Wohnung rumhingen« (Fr. Licht). Annehmende Gefühle zu leben, in Worten, in körperlicher Berührung, dafür hatten und haben die meisten in ihren Familien kein Modell.
Vernunftbetontheit, Leistungsstreben, Ehrgeiz, Selbstverantwortlichkeit einhergehend mit Disziplinierung, mit dem Verzicht auf Spontaneität und Emotionalität sind Momente einer methodisch-rationalen Lebensführung, auf die sich nach Max Weber zweckrationales Handeln stützt (vgl. Weber 1920, 176ff.). Menschen, die diese Lebensführung schon als Kind einüben, sind auf die Verhaltensansprüche in der Softwarebranche gut vorbereitet.

Spiel-Räume

Als »Spielerei« bezeichnet eine 27jährige Softwareentwicklerin ihre Tätigkeit und führt dazu aus: »Ein Kind hat seine Puppe, die es aus- und anzieht, und ich habe halt ein paar Tasten, da kann ich reinhacken oder ich kann mit dem Schraubenzieher irgendwo drehen und dann passiert halt was, und das ist für mich irgendwo faszinierend« (Fr. Berg). Habe ich das Programmieren nicht eben als vernunftbetontes Handeln beschrieben? Wie verträgt sich das, Vernunft und Spielerei? Ist Homo faber auch ein Homo ludens? Inwiefern Programmieren zu einem Spiel werden kann, welche Art von Spiel es werden kann, und wie sich Spiel und Zweckrationalität, genauer: instrumentelle Rationalität zueinander verhalten, will ich in Anlehnung an den holländischen Historiker Johan Huizinga (1872-1945) untersuchen.

Probieren und experimentieren

»Alles Spiel ist zunächst und vor allem ein freies Handeln« (Huizinga 1938, 12), schreibt Johan Huizinga. Sein »Spieltrieb« bei der Entwicklung medizinischer Expertensysteme zeige sich darin, erklärt mir ein KI-Forscher, »daß es Spaß macht, so verschiedene Methoden durchzuprobieren und zu schauen, zu welchen Ergebnissen führt das« (H. Klar). Spielen heißt für die Befragten probieren und schauen, was rauskommt. Man läßt sich von Intuition und Spontaneität auf ungesichertes Terrain geleiten: »Man probiert ein bißchen von der einen Richtung, von der anderen Richtung; es ist merkwürdig, da gibt es keine Strategie, gar nichts« (Fr. Berg). Experimentiert wird mit Möglichkeiten, die aus dem Repertoire der Computerlogik kommen; aber es wird auch quer zum Vorhandenen gedacht: »Am Anfang braucht man mal ein bißchen was Neues, einfach zwei linke oder zwei rechte Hände, irgendwie was Außergewöhnliches« (Fr. Berg). Was einem einfällt, wird hin- und hergewendet, aus verschiedenen Blickwinkeln betrachtet, so und so kombiniert. Das Spiel kann bis zur Hardware vordringen. Eine Frau erzählt, daß sie zur Erweiterung ihrer Spielräume Schrauben und Schalter an ihrem Computer manipuliert oder sich Hardwareteile aus anderen Computern holt, ein Tun, das sie so kommentiert: »Ich freue mich also aufzumachen oder aufzuschrauben, und ich sage immer wieder, ein Schreibtisch ohne Schraubenzieher, das könnte nicht der meine sein« (Fr. Berg).

Dem experimentierenden Denken entspricht ein interaktiv-assoziativer Umgang mit dem Computer nach dem Muster eines »Pingpongspiels«. Der Computer wird zum Kommunikationspartner, »'ne Art Spielgefährte« (Frank): »Also, ich mach' was, und der Rechner antwortet, und dann geht das so ständig hin und her« (Fr. Blumer). Sherry Turkle nennt das einen »sanften Programmierstil« im Unterschied zum »harten Programmierstil« (Turkle 1986, 127 ff.). Der harte Programmierer habe den Impuls, dem Computer seinen Willen aufzuzwingen, er trete ihm mit einem fertigen Konzept gegenüber. Beim sanften Programmieren wachse die Gesamtform aus der Interaktion mit dem Medium. Der Prozeß gleiche mehr einer Unterhaltung als einem Monolog (vgl. ebd.).

Ausprobieren und experimentieren bedeutet, sich vom Erprobten zu entfernen. Das ist ein Wagnis, aber kein gefährliches. Was nicht paßt, kann wieder verworfen werden. Man handelt auf Probe, ein bißchen wie zum Spaß, vorläufig. Das Spiel ist, aus der Perspektive instrumenteller Rationalität betrachtet, nicht unentbehrlich. Es erweitert zwar deren Möglichkeiten, aber die instrumentelle Rationalität kommt auch ohne es aus. Das Spiel liegt außerhalb von dem, was unbedingt sein muß; es ist das »Intermezzo im täglichen Leben« (Huizinga 1938, 12), das in die Erwachsenenwelt hinübergerettete Stück Kindheit. Das einst am Metallbaukasten empfundene Vergnügen des Kindes dürfte im Spaß des Erwachsenen am Jonglieren mit Zahlen und Formeln seine Fortsetzung finden.

Zufall und Regel

Das Spiel, so bunt es auch ist, ist nicht ohne Ordnung (vgl. Huizinga 1938, 17). Diese ergibt sich aus dem Zusammenspiel von Zufall und Regel. Das Spiel ist »weder mit dem Satz seiner Regeln noch mit der Kette von Zufällen, die seinen Ablauf individuell gestalten, identisch. Es ist weder das eine noch das andere, weil es beides zugleich ist (...)« (Eigen/Winkler 1975, 367). Die Regel kommt Softwareentwicklerinnen und -entwicklern entgegen, wenn sie am Computer rumspielen. Sie ist das, was an Vorbestimmtem in den Werkzeugen steckt. Im Computer steckt als Regel die instrumentelle Rationalität. Natürlich ist diese auch in den Köpfen der Softwareentwicklerinnen und -entwickler vorhanden; sie ist Teil ihrer beruflichen Sozialisation. Insofern kann der Zufall, der ihrer Spontaneität und Intuition entspringt, nicht völlig beliebig sein. Er führt sie nicht ins Reich des ganz Anderen, und doch können ungeahnte Dinge entstehen.

Wie Zufall und Regel sich beim spielerischen Programmieren eine produktive Begegnung liefern, beschreibt ein 27jähriger anhand eines Vergleichs:

»So ein Programm ist wie ein Gemälde. Ich habe früher noch so ein bißchen gemalt nebenher, und so ein Programm entsteht also genauso. Man hat eine Idee, dann kommt eine Struktur ins Bild, so habe ich zumindest gemalt, eine Strukturierung rein, und die Details wachsen dann immer so. Und die wachsen in dem Moment, wo man darüber nachdenkt. Man ist sich nicht sofort klar, wie man das kleinste Detail realisieren will, und man hat also die Möglichkeit, das tatsächlich selber zu bestimmen, was man macht.« (H. Wort)

So die Idee einem intuitiven Einfall folgt, geht der Zufall der Regel voraus; schon in der Struktur ist die Intuition in der Regel aufgegangen. Aber die Struktur läßt Löcher wie ein Fischernetz, Löcher für den Zufall.

Im Zufälligen wirkt das ungerichtete Denken, in der Regel das gerichtete, instrumenteller Rationalität verpflichtete. Meist, so deuten die Äußerungen an, geht die erste Denkart der zweiten voraus, sie ist es, die das Ausprobieren und Experimentieren anregt und trägt. Sie liefert die Ideenvielfalt, aus der ausgewählt wird, was sich der Regel fügt. Die Ideen erweitern den Prozeß des Programmierens; wo die Regel greift, verengt er sich wieder.

Der Zufall, der den frei sich entfaltenden Ideen, Gefühlen, Phantasien entspringt, kann sich aber auch neben der Regel einnisten, ohne daß er diese erkennbar beeinflußt. Eine 23jährige hat sich eine solche Nische geschaffen. Sie läßt, während sie programmiert, ihre Phantasie in das Innere der Maschine schweifen, malt sich aus, wie dort kleine grüne Männchen Daten hin- und herschaufeln. Die Benutzeroberflächen verziert sie mit Sternchen und Igelschriften. Die sich im Programm realisierende Ordnung bleibt von ihren Spielereien unberührt. Im Unterschied zu dem

vorhin zitierten Softwareentwickler will sie aus ihrem Programm keinen »künstlerischen Entwurf« machen, sondern lediglich »so ein bißchen ein' Touch reinbringen« (Fr. Grüner).
Ein 19jähriger wiederum begnügt sich nicht mit einem Touch, er arbeitet der Regel auch nicht nur zu, er greift spielerisch in sie ein. Er hält sich nicht an die Vorgabe, systematisch sukzessiv zu programmieren. Er »springt« seinen spontanen Eingebungen folgend im Programm umher, produziert, wie er sagt, einen »Spaghetticode«, meint: »Viele sagen, man muß logisch denken können, das kann ich absolut nicht« (Rolf).
Das Spielerische bezieht sich zunächst auf das Wie des Programmierens, es kann aber auch im Ergebnis, in der Programmgestalt sichtbar werden. »Wenn ich was Komplexeres mach'«, so ein 15jähriger, »dann weiß ich's noch nicht so genau, dann entwickelt sich des halt so langsam, dann wird's verbessert und dann nochmal verbessert. Ich überleg' mir, jetzt könnt' ich mal des machen oder so was, und dann des könnt' man noch dran verbessern und des und des und des, und zum Schluß isses halt dann was Großes« (Frank). Was dabei entsteht, nennt er ein »Tohuwabohu« (Frank). Für einen anderen 15jährigen, der genauso vorgeht, sind seine Programme »ausbaufähig, wie so ein Baukasten« (Peter).
Das in der immateriellen Maschine verkörperte Spiel erinnert mich an Gsellmanns Weltmaschine (s. dazu Roth/Killmeyer 1986), die ich in diesen Tagen, während ich diesen Text verfasse, in der Oststeiermark, nahe Graz, zu Gesicht und zu Gehör bekam. Sie ist ungleich phantastischer, als es ein Computerprogramm sein kann; Schwungräder, Ketten, Hula-Hoop-Reifen, Marienaltar, Vogelkäfig, Obstschale, venezianische Gondel, Roulettescheibe, Föhn, Staubsauger, Atomium, Strickmaschinen und Pressen sind nach mechanischen Gesetzen miteinander verbunden. In Gang gesetzt, flimmert, glitzert, flackert, pfeift, schrillt und knattert sie. Sie ist keine logische Maschine, wie es ein Computer sein muß, sondern eine »intuitive – mit Hilfe der Logik« (Gerhard Roth). Aber auch sie ist nicht nur Produkt des Spiels; sie ist dieses und spielerischer Prozeß in einem. Auch sie wurde nie fertig. Ihr Schöpfer, der steirische Kleinhäusler Franz Gsellmann, hat 28 Jahre an ihr gebaut. Auf seinem Totenbett soll er gesagt haben: »Wann der Mensch zufriedn is, is die Maschin' fertig.« Nicht unbedingt Zufriedenheit, aber ebenfalls ein Gefühl signalisiert auch dem 15jährigen Frank, ob er seine immaterielle Maschine, sein

Programm, als fertig einstufen kann. »Irgendwann denke ich mir«, sagt er, »so, jetzt reicht's, jetzt mag ich nicht mehr, und dann ist das Programm halt in Ordnung«.

Spiel und Kreativität

»Gerade im Spiel und nur im Spiel kann das Kind und der Erwachsene sich kreativ entfalten« (Winnicott 1973, 66), schreibt Winnicott. Kreativität zeigt sich für die Softwareentwicklerinnen und -entwickler im Ideenreichtum, mit dem sie das Spiel eröffnen. Die einen wünschen sich viele Ideen in bezug auf abstrakte Lösungen, auf neue Algorithmen, andere in bezug auf erwartbare Fehlerfälle und wieder andere in bezug auf Marktchancen für ihre Softwareprodukte.

Kreativ nennen sie es auch, wenn es gelingt, spontane Ideen in Kategorien der instrumentellen Rationalität zu übersetzen, wenn sie es schaffen, was eine Softwareentwicklerin als zweiten Schritt beschreibt: »Also erst einmal braucht man einen Haufen Ideen, das muß man alles in einen Topf schmeißen, und dann später kann man das in Ordnung bringen« (Fr. Berg). »Strukturen zu schaffen ist natürlich etwas unheimlich Kreatives« (H. Wort), behauptet ein Berufskollege. Ein anderer vergleicht den Vorgang der Umsetzung mit dem Erlernen eines Tanzschrittes: »Man übt den Schritt, und irgendwann macht's Klack, und man hat den Schritt drin, dann freut man sich« (H. Fest).

Schließlich und vor allem heißt Kreativität, etwas Eigenes zu entwickeln. Es ist wie »früher, wenn man als Kind etwas gebastelt hat, da hat man eine Vorstellung gehabt, jetzt baue ich ein Schiff oder ein Häuschen, da wird gesägt und gehobelt, und da ist etwas entstanden« (H. Fest). Das Wachsen und Gedeihen im Zuge spielerischen Denkens und Handelns scheint in besonderem Maße an Erfahrungen der Kindheit anzuknüpfen, weil – so vermute ich – wie damals mit dem wachsenden Produkt das eigene Ich wächst. Auch eine 43jährige vergleicht ihre Kreativität am Computer mit der eines Kindes: »Was mir jetzt gerade einfällt, ein kleines Kind, was ein Stückchen Garten bekommt und darin selbst was anpflanzen darf, und wenn es sieht, wenn da was rausssprießt, und das kommt und, was weiß ich, die Erdbeeren oder die Stachelbeeren, die wachsen und die kann man essen, oder die Blumen, die sehen

wunderschön aus (...). So habe ich das (das Programmieren, d. V.) empfunden, es hat mir Spaß gemacht« (Fr. Weich).
Die Früchte des spielerisch-schöpferischen Prozesses sind süß und schön. Sie haben Farbe, Geruch, Geschmack, vielfältige Form. Dieser Kreativitätsbegriff geht weit über das Notwendige hinaus. Er wird nicht von der Mehrheit der Softwareentwicklerinnen und -entwickler geteilt. Was diese als kreativen Prozeß und als kreatives Produkt empfindet, ist den Forderungen instrumenteller Rationalität sehr viel näher. Einer aus dieser Mehrheit sagt: »Das Kreative wäre also meiner Ansicht nach, das (Programm, d. V.) möglichst kurz, möglichst übersichtlich und möglichst schnell, also im Ablauf möglichst schnell zu machen und möglichst platzsparend dann auch noch« (H. Süden). Diese Vorstellung von Kreativität folgt exakt den Effizienzgesichtspunkten rechnender Logik. Dasselbe gilt für das, was in Verbindung mit dem spielerischen Tun schön genannt wird. »Das Spiel«, so Huizinga, »hat eine gewisse Neigung, schön zu sein« (Huizinga 1938, 17). Die Schönheit des Spiels erwächst für ihn aus dem Zusammenwirken von Freiheit und Ordnung, von Zufall und Regel. Der Schönheitsbegriff der Softwareentwicklerinnen und -entwickler scheint sich dagegen nur an der Regel zu orientieren, genauer: an der geregelten Form. Die Merkmale eines schönen Programms sind ihrer Ansicht nach: Klarheit, Geradlinigkeit, Folgerichtigkeit, Standardisierung, Knappheit. Nach dem, wie sie ihr Spiel allerdings schildern, scheint es vielfältiger zu sein, als ihre Definitionen von kreativ und schön vermuten lassen. Es könnte sein, daß die Definitionen an das Normative gebunden sind, während sich im spielerischen Handeln – angestoßen durch den Spaß am Spiel – diese Bindungen lockern.

Spielarena und Spielgemeinschaft

Auf dem Körperbild eines 32jährigen ist um die Person am Computer ein Kreis gezogen, der nach unten offen ist. Ich frage nach der Bedeutung der Öffnung, und er antwortet: »Das ist der Ausgang, aus dem ich rausgeh', wenn ich mit der Arbeit fertig bin« (H. Wechsel). Manchmal sei ihm dabei zumute, als würde er aus einem Traum aufwachen. »Jedes Spiel bewegt sich innerhalb seines Spielraums, seines Spielplatzes«, heißt es bei Huizinga (1938,

Die Spielarena ist abgesondertes, umzäuntes Gelände
(Softwareentwickler, 32 Jahre)

16). Der Spielplatz ist »abgesondertes, umzäuntes, geheiligtes Gelände« (ebd.). Spielwelten sind »zeitweilige Welten innerhalb der gewöhnlichen Welt« – Huizingas Worte für den intermediären Erfahrungsraum, in dem das Spiel situiert ist. Spielend bewegt sich das Subjekt zwischen innerer und äußerer Realität, es muß nicht auf Grenzen und Zugehörigkeit achten. Das ist es, was dem Spiel seine Leichtigkeit verleiht und die Spielwelt zu einem freundlichen, entspannenden Aufenthaltsort macht, der fesselt, be- und verzaubert. Vertieft ins Spiel, läßt man sich nur ungern stören. »Wenn meine Tür zu ist, dann ist meine Tür zu« (H. Wechsel), erklärt der 32jährige, der sich mit seinem Computer in einen Kreis eingeschlossen hat. Stofftiere und Blumen rund um den Bildschirm markieren eine Art von Kreis, der, wie bereits erwähnt, den Arbeitsplatz einer 23jährigen umgibt. Sie bezeichnet dieses Arrangement ausdrücklich als ihren »kleinen Spielplatz« (Fr. Grüner).

Der Kreis kann noch weiter, rund um die ganze Softwareabteilung, rund um eine Forschergruppe, gezogen werden; diese kann zu einer Spielgemeinschaft werden. Solches deutet sich an, wenn von der »Mannschaft« (H. Fest) oder von der »richtig schönen Truppe« (H. Weng) geredet wird oder davon, daß am Arbeitsplatz keine »One-man-Show« (Fr. Blau) stattfindet. Die Spielgemeinschaft verbindet ein Wir-Gefühl. »Wir sind alle auf der Suche von etwas; sagen wir Wahrheit dazu« (Fr. Licht), charakterisiert eine KI-Forscherin das verbindende Moment; als »Freaks« und »Ausgeflippte« kennzeichnet ein anderer Softwareentwickler sich und seine Kollegen. Dem Wir-Bewußtsein korrespondiert ein sympathisierendes Gefühl füreinander, »man nimmt sich mal in den Arm, man drückt sich auch mal, man klopft dem anderen mal auf die Schulter« (Fr. Licht); man bzw. frau hält zusammen: »ja, das habe ich alles nur deinetwegen gemacht« (H. Weg); man schätzt sich: »Und hier bei XY, da war das völlig klar, daß man den anderen aber hundertprozentig schätzte, hundertprozentig überzeugt war, der ist überhaupt ein Spitzenmann oder eine Spitzenfrau und kann was (...). Wir haben uns gegenseitig so hochgelobt, daß wir ständig auch Gehaltserhöhung gekriegt haben« (Fr. Wollner).

Nicht jede(r) findet in die Spielgemeinschaft Aufnahme; man muß sich an die Gruppennormen halten. »Die Leute müssen sehr offen sein meiner Meinung nach, sie müssen hilfsbereit sein, sie müssen auch irgendwo mal was von ihrem Privatleben erzählen, noch schöner, wenn man zusammen auch mal was machen kann in der Privatzeit« (H. Weg), erklärt ein 42jähriger und verweist mit seiner Äußerung auf ein weiteres Merkmal der Spielgemeinschaft, nämlich auf ihre »Neigung, eine dauernde zu werden, auch, nachdem das Spiel abgelaufen ist« (Huizinga 1938, 20). Daß das Team geschlossen zum Mittagessen geht und geschlossen wieder zurück, scheint kein ungewöhnliches Ritual in Softwarefirmen zu sein. Auch abends und am Wochenende finden gemeinsame Unternehmungen statt. Die Gepflogenheit, sich nicht nur zu zweit oder zu dritt in der Freizeit zu treffen, sondern in größeren, acht bis fünfzehn Personen umfassenden Gruppen, findet sich in fast allen Betrieben, in denen ich Interviews durchgeführt habe. Man sitzt abends zusammen an der Theke, geht zusammen Kegeln, Squash- und Billardspielen, ins Popkonzert, in den Biergarten, besucht einen Tanzkurs, trifft sich bei einer Kollegin, um einen Film anzusehen und zu diskutieren.

Die Spielgemeinschaft wirkt der Gefahr entgegen, daß die Maschine als Kommunikationspartner selbstverständlicher und wichtiger wird als der menschliche Partner, was zur Folge haben könnte, daß sich die kommunikative Kompetenz auf maschinengerechte Interaktion reduziert (vgl. Volpert 1985, 98; Mettler-Maibom 1987). Allerdings ist diese Gefahr nicht völlig gebannt; es gibt die Tendenz, Denk- und Ausdrucksweisen im Gespräch von Mensch zu Mensch am Maschinenmodell zu orientieren. »Also ihr Lexikon quasi«, erzählt eine KI-Forscherin, »auf das sie zugreifen, ist halt das der Programmierleute, der Rechnerfreaks« (Fr. Licht). Mir selbst begegnete der hohe Stellenwert des Tempos in der Softwarebranche wiederholt in der Sprechgeschwindigkeit meiner Interviewpartnerinnen und -partner, die mich oft kaum zu einer Zwischenfrage kommen ließ. Die Bedeutung von Eindeutigkeit und Präzision zeigte sich insofern, als mehrere, wie nie zuvor in einer Untersuchung, von der Vagheit der im Interview verwendeten Alltagssprache irritiert waren; ein KI-Forscher erklärte, ihn nerve das »unreine Sprechen« (H. Klar).

Spielgemeinschaften haben einen funktionalen Wert; sie dienen der in der Softwareherstellung üblichen Arbeitsteilung, erleichtern Absprache und Kompromißfindung, aber ihr Wert erschöpft sich nicht in der Funktionalität, worauf nicht zuletzt ihre Beständigkeit über die Arbeitssituation hinaus verweist.

Auch die Jugendlichen bilden Spielgemeinschaften. Es ist unter ihnen verbreitet, zu zweit, zu dritt, zu viert zu programmieren. Das gemeinsame Programmieren erweitert in ihren Augen das Spektrum an Ideen: »Was der einen nicht einfällt, fällt dann der anderen ein« (Brigitte). Was die Art der Kooperation angeht, sind geschlechtsspezifische Unterschiede erkennbar. Die befragten Jungen bevorzugen es, ein Programm gemeinsam zu planen, aber die einzelnen Module alleine zu schreiben nach der Devise »im Team, aber jeder für sich« (Klaus); die Mädchen arbeiten eher gemeinsam an einem Programm, »da kann man nebenbei noch was anderes machen« (Sabina). Der Unterschied könnte seinen Grund darin haben, daß das Interesse der Jungen vorrangig produktbezogen ist, während die Mädchen das Produkt nur als einen Teil des sozialen Geschehens betrachten. Dafür spricht, daß sie das Erlebnis der Kooperation sehr viel ausführlicher schildern als die Jungen.

Das Spiel nimmt in Beschlag, denn es geht um etwas. Dieses Etwas ist nach Huizinga das Bestreben, daß das Spiel aufgeht, daß es glückt (vgl. Huizinga 1938, 81), daß sich Kniffliges löst, wie Softwareentwicklerinnen und -entwickler sagen. »Das (das gelöste knifflige Problem, d. V.) ist natürlich eine phantastische Sache«, so ein 27jähriger, die Anlaß gibt, »abends essen zu gehen oder eine Flasche Champagner mitzubringen« (H. Wort). Die »Kniffelpunkte« lösen sich, sobald der Regel ausreichend entsprochen ist. Im geglückten Spiel des Programmierers dominiert die Regel. Der Zufall ist nur insoweit zugelassen, als er der Regel nicht widerspricht. Wer dem Zufall eine gleichberechtigte Chance geben will, wie Jugendliche, die ihre Programme offen und ausbaufähig halten, riskiert, daß das Spiel nicht aufgeht. Das mißlungene Spiel ist nichts wert. Nicht funktionierende Programme fliegen – so der 15jährige Frank – »einfach in die Ecke«. Zufall und Regel sind im Spiel des Programmierers hierarchisch aufeinander bezogen. So entsteht ein Spiel mit Grenzen. Die instrumentelle Rationalität zwingt dem Spiel Grenzen auf. Die Gsellmannsche Weltmaschine funktioniert umgekehrt. Hier ordnet sich die Maschinenlogik der Intuition unter, mit der Folge, daß diese Maschine nichts anderes hervorbringt als sich selbst. So weit darf das Spiel des Programmierers nicht gehen; die Geistmaschine muß Lösungen und Entscheidungen produzieren, muß aus der Kombination vorhandener Angaben neue Angaben machen. Der Homo ludens darf sich zwar die zweckfreie Seite der diskursiven Symbolik der Computertechnik zu eigen machen, aber seine Spiele müssen auf die Diskursivität bezogen bleiben; sie dürfen die Botschaften der Maschine nicht mißachten.

Thrills und Skills

»Hätte ich ganz genau gewußt, wer ich bin, so hätte ich es vielleicht nicht nötig gehabt, mich in exotischen Abenteuern suchen und finden zu müssen.«

Claude Lévi-Strauss

Ihr Arbeitstag ist von einer Edgar-Wallace-Geschichte eingerahmt. Sie beginnt sie morgens in der U-Bahn zu lesen und liest sie abends auf dem Nachhauseweg zu Ende. Was ihr der Thriller bietet? Geborgenheit, sagt sie.

Auffallend viele der Softwareentwicklerinnen und -entwickler lieben den Thrill. Sie suchen und finden ihn in der Freizeit; er findet sich aber auch in ihrem Beruf, worauf zuerst der amerikanische Programmierer und Systemberater F. Grant Johnson (vgl. Johnson 1980) aufmerksam gemacht hat. Schon das Spiel mit Zahlen, mathematischen Formeln, Algorithmen ist nicht ohne Nervenkitzel, denn es enthält Risiken. Diese Risiken können sich zuspitzen. Aus der freundlichen Spielarena kann eine schicksalhafte Situation werden, aus der es kein Zurück mehr gibt, weil das gesamte Projekt oder der damit verbundene Zweck gefährdet ist. Zwar darf und soll auch angesichts dieser Bedrohung mit Ideen experimentiert werden, aber wenn wir das noch als ein Spiel bezeichnen wollen, so ist es ein besonderes Spiel, ein Spiel mit der Gefahr. Im Vordergrund steht nicht die Lust am Ausprobieren, sondern die Ausschaltung der Gefahr. An diese Gefahr knüpft sich der Thrill, ein Gefühlsgemisch, bestehend aus Angst, Wonne und Hoffnung (vgl. Balint 1972, 21). Man läßt sich auf den Thrill in der Zuversicht ein, daß es gut ausgeht.

Der Akt auf dem Seil

»Auf dem Seil sein ist Leben,
der Rest ist Warten.«
Der Seiltänzer Karl Wallenda[3]

Für den Psychoanalytiker Michael Balint, der den Thrill in den Mittelpunkt seines Buches ›Angstlust und Regression‹ gestellt hat, gibt es verschiedenste Gelegenheiten, Nervenkitzel zu erleben, z. B. in der Schiffschaukel, auf dem Karussell, in der Achterbahn. Diese Jahrmarktsvergnügungen verursachen Schwindel, lassen erschauern; das Gleichgewicht droht einem zu schwinden, man möchte sich festhalten. Ähnlich wirken nach Balint Betätigungen, die mit hoher Geschwindigkeit ausgeübt werden, wie Autorennen, Reiten, Springen, Fliegen, oder solche, die in eine exponierte Situation bringen, wie Klettern, Seiltanzen, Akrobatik, das Zähmen wilder Tiere, und schließlich auch solche, die unvertraute, abenteuerliche Erlebnisse versprechen, wie das Besteigen eines jungfräulichen Gipfels, das Betreten jungfräulichen Geländes, das Reisen in ferne Länder.

Die, die das Risiko lieben, nennt Balint in Anlehnung an das Wort ›Akrobat‹ (der in die Höhe Springende) Philobaten und die, die ihm aus dem Weg gehen, Oknophile, abgeleitet von dem griechischen Wort ὀκνέω, das »sich scheuen, zögern, sich fürchten, sich anklammern« bedeutet (vgl. Balint 1972, 22). Oknophil Orientierte halten sich, sobald eine Gefahr auftaucht, an etwas fest; sie wähnen sich sicher, solange sie in Berührung mit einem Objekt sind. Sie leben von Objekt zu Objekt, bemessen den Aufenthalt in den Zwischenräumen, den sie als beängstigend empfinden, so kurz wie möglich.

Philobatisch Orientierte dagegen lieben die Leerräume; diese sind ihnen freundliche Weiten, die nur mehr oder weniger dicht von feindlichen Objekten durchsetzt sind. Sie mißtrauen also eher den Objekten, vermeiden allzu nahe Kontakte, verlassen sich lieber auf sich selbst, was nicht heißt, daß es in ihren Augen auch freundlich gesinnte, liebevolle Objekte gibt, die die Harmonie rings um sie vertiefen. Diese können jedoch plötzlich von einer

3 Wallenda soll dies gesagt haben, als er zum ersten Mal wieder auf das Hochseil ging, nachdem in Detroit Mitglieder seiner Truppe tödlich verunglückt waren; zit. n. Goffman 1986, 164.

Kategorie in die andere wechseln. Die Sicherung der freundlichen Weiten verlangt, die Umgebung ständig zu beobachten, um aufkommende Störungen rechtzeitig zu entdecken: »Der philobatische Beobachtungsdrang ist das genaue Gegenstück zu dem zwingenden Berührungsdrang des Oknophilen« (Balint 1972, 30). Einer nahenden Gefahr kehrt sich der Philobat zu, er bietet ihr die Stirn, aber es kann sein, daß der Umgang mit der Gefahr oknophile Züge trägt, etwa in Gestalt der Stange, mit der der Seiltänzer seine Bewegung ausbalanciert, oder insofern als der Rennfahrer sein Steuerrad zu fest hält oder seine Nackenmuskulatur anspannt. Je weniger der Philobat sich auf oknophile Objekte stützt, desto größer ist seine Leistung. Besondere Bewunderung erheischt der Löwenbändiger, der ohne Peitsche den Käfig betritt, der Trapezkünstler, der ohne Netz arbeitet, oder der Kletterer, der nur die natürlichen, im Fels vorhandenen Stütz- und Haltepunkte benutzt.

In der philobatischen Welt zählen Unabhängigkeit, Distanz, Risikobereitschaft. Der Philobat blickt in die Ferne, er bricht auf zu neuen Ufern und glaubt, dort seine Ruhe zu finden (vgl. Huebner/Krafft/Ortmann 1988, 132). Ob er diese wirklich finden will, ist die Frage. Allzusehr lockt ihn das Risiko, das er liebt. Und wie dieses liebt er auch die Objekte, die das Risiko verursachen, er liebt und haßt sie.

Im intermediären Erfahrungsraum am Computer umgeben das Subjekt zunächst einmal freundliche, harmonische Weiten. Die Grenzen zwischen innerer und äußerer Realität sind verflüssigt. Das Subjekt muß sich nicht darum kümmern, wo es endet; es weiß sich sicher gehalten in dieser Zwischenwelt, so sicher, wie diese von festen Regeln abgesichert ist. Und doch lauern in dieser Welt Gefahren.

Eine Gruppe Oldenburger Sozialwissenschaftler, die anhand der Reportage ›Die Seele einer neuen Maschine‹ von Tracy Kidder die Gefahren untersucht hat, denen die Hersteller von Hardware ausgesetzt sind, sehen in der Niederlage im Wettrennen um die Konkurrenz eine tödliche Absturzgefahr (vgl. Huebner/Krafft/Ortmann 1988, 113). Dies gilt auch für die Softwarebranche. Von einem »erbarmungslosen Zurückfallen« sprach der zitierte KI-Forscher, wenn es nicht gelinge, den Fortschritt im Softwarebereich zu beschleunigen.

Geschwindigkeit verhilft zu neuen Sicherheiten, und gleichzeitig birgt sie Risiken. Je schneller ein Softwareentwickler an die Maschine geht, desto weniger abgesichert ist sein Handeln, desto mehr muß er mit überraschenden Hindernissen rechnen, aber es ist »wie eine Sucht, daß ich das so schnell wie möglich mache«, erklärt der 19jährige Rolf.

Ein kaum zu überbietender Erregungszustand tritt ein, wenn ein Programm verschwunden zu sein scheint. Im Softwarejargon spricht man vom Absturz eines Programms. Absturz meint, daß man am Ende ist, eine tödliche, wenn auch seltene Gefahr. Einen fast alltäglichen Thrill dagegen liefern auftauchende Fehler. Kein Programm sei ohne Fehler, wird mir wiederholt mitgeteilt. Der Umgang mit Fehlern ist ein beherrschendes Thema in den Interviews. Im Fehler trifft der Softwareentwickler auf das tückische Objekt, das ihm alles verderben kann. Schon ein fehlendes Komma, eine fehlende Klammer setzen den ersehnten Erfolg aufs Spiel. Die kleinen formalen Fehler sind besonders tückisch, da leicht zu übersehen, und zugleich sind es die häufigsten Fehler.

Tückisch sind Fehler auch deshalb, weil sie in der Regel selbst verursacht wurden. Und das darf nicht sein, das tückische Objekt muß von außen kommen. Es besteht die Neigung, den Fehler als erstes der Maschine zuzuschreiben: »Man dichtet dem Rechner dann allerhand böse Dinge an; daß da ein Fehler im Compiler ist, daß ein Fehler im Betriebssystem vorliegt, daß der Rechner zu warm geworden ist. Im Grunde weiß man aber ganz genau, daß der Fehler bei einem selber liegt, jedenfalls in neunundneunzig Prozent der Fälle« (H. Zeit). Wenn der Fehler aber offensichtlich von einem Kollegen kommt, »wird ziemlich viel Zeit darauf verwendet nachzuverfolgen, wer den Fehler gemacht hat« (H. Wort). Das Bemühen, die Verantwortung für einen Fehler möglichst von sich abzuwälzen, bedeutet nicht, daß Fehler nur unwillkommen sind. Sie verärgern zwar, versetzen in Streß, aber sie werden auch liebevoll kleine Käfer oder Nüsse genannt. Und: Haben Nüsse nicht einen schmackhaften Inhalt? Sogar solche Fehler, nach denen wochenlang gesucht werden muß, weil sie nur ab und zu auftauchen, heißen im Jargon harmlos »kleine grüne Männchen«. Wenn Fehler nicht nur als feindlich erlebt werden, sondern auch auf Sympathie stoßen, dann deswegen, weil sie Gelegenheit geben, eine schwierige Situation zu meistern. Sie liefern das Risiko, das der Philobat braucht, um sich zu bewähren.

Einige der männlichen Jugendlichen begnügen sich nicht mit dem

Thrill, den das Programmieren ohnehin bietet. Sie suchen diesen darüber hinaus in selbstentwickelten Computerspielen. Besonders deutlich zeichnet sich diese Suche in den Spielen des 15jährigen Peter ab. In einem dieser Spiele wird Mister X von der Polizei durch London gehetzt; überall tauchen Hindernisse auf, die Mister X geschickt per Schiff, Taxi, Bus, U-Bahn umgehen muß, anderenfalls wird er geschnappt. Peter, der sich mit Mister X identifiziert, agiert in einer philobatischen Welt.
Daß sich die Vorliebe für den Thrill nicht auf das Programmieren beschränkt, ist wahrscheinlich. Risikoreiche Unternehmungen in der Freizeit sind beliebt; sie spielen sich teils in der Phantasie, teils in der Wirklichkeit ab. Man bzw. frau holt sich den Nervenkitzel beim Bergsteigen und Klettern, beim Skifahren, Segeln und Reiten. Eine KI-Forscherin genießt das Spiel mit der Gefahr auf dem Motorrad: »Wenn du so spürst, du hast eine Geschwindigkeit und liegst ganz schräg über so einer Kurve, das ist irgendwie sehr toll« (Fr. Licht). Angezogen werden die Befragten auch vom Abenteuer in fernen Ländern. Ein 27jähriger deutet während des Interviews auf die Wand: »Da hängt eine Karte von Alaska, und ich möchte im nächsten Jahr, wenn es geht, eine Expedition mitmachen« (H. Wort). Winken da nicht die jungfräulichen Weiten?
Ein anderes, in der Phantasie angesiedeltes Indiz für die Suche nach dem Thrill ist die Beliebtheit von Krimis und Science-fiction-Romanen. Letztere weisen in die Zukunft und oft ins Weltall, und wieder werden wir erinnert an die freundlichen Weiten, an die neue Welt, zu der der Philobat hoffnungsvoll aufbricht. Nur dieses Mal ist das damit verbundene Risiko nicht real; es ist Schicksalhaftigkeit aus zweiter Hand, deren Sinn gleichwohl ist, philobatische Orientierungen zu bekräftigen (vgl. Goffman 1986, 288).

Set bugs off!

> »Ich sehnte das ehrfurchtsvolle Schaudern zurück, ich hätte die Berge wieder lieber mit den Augen eines Neulings betrachtet.«
> *Der Südtiroler Bergsteiger Reinhold Messner*

Als eines Tages ein Kollege ein Plakat mitbrachte mit der Inschrift ›Zukunftsvision – es gibt nur noch zwei Befehle für die ganze

Firma, einer davon lautet: Set bugs off!‹, war das ein Volltreffer. Der Spruch tut, als ginge das: Schalter runter, und jetzt nie wieder Fehler. Kommentar einer Softwareentwicklerin: »Gigantisch! Der trifft es irgendwie so« (Fr. Berg). Der Spruch machte die Runde. Man ist begeistert, obwohl der Befehl nicht ausführbar ist – vielleicht gerade deswegen, weil er nicht ausführbar ist. So bleiben sie einem, die kleinen Käfer, Männchen und Nüsse. Sie wollen geknackt werden, »eine Nuß nach der anderen, bis keine mehr da ist« (H. Tänzer). Fast zärtlich klingen die Worte einer 43jährigen, mit denen sie die Fehlersuche beschreibt. »Ja, da pflückt man halt so Käfer für Käfer, und der arme Käfer muß dann jeweils sterben (lacht), oder er produziert auch neue Käfer« (Fr. Blumer). Aus solchen Worten spricht die Zuversicht, auftauchende Störungen erfolgreich zu bewältigen; man vertraut auf die eigene Geschicklichkeit, auf die eigenen Skills. Diese dienen sowohl der Ausschaltung feindlicher Objekte als auch der Errichtung von Vorsichtsmaßnahmen. Letzteres verlangt den philobatischen Blick, der alles überschaut; ein Softwareentwickler spricht vom »hypnotischen Blick, den man auf den Computer richtet, damit er auch das tut, was man will« (H. Weg). Das Auge registriert und kontrolliert aus sicherer Distanz. Die philobatische Welt setzt sich wesentlich aus »Daten des Gesichtssinns« (Balint 1972, 32) zusammen; dazu gehören auch innere Bilder, Bilder von möglichen Gefahrenquellen, gegen die man sich zu schützen sucht: durch gut positionierte Fehlerabfragen, durch Einkreisung des Fehlers, damit er sich zu erkennen gibt. Angestrebt werden »rustikale«, d. h. absturzsichere, fehlerarme Programme.

Wenn dennoch Störungen auftreten – und damit rechnet jeder Softwareentwickler –, sind neben fachbezogenen Fähigkeiten psychosoziale gefragt. Man könnte zwar »cholerisch« werden, meint der 18jährige Klaus, aber er sagt sich: »Keep cool! Anschauen, Ideen haben, woran könnte es liegen, nachschauen, ist es das, ist es das, ist es das nicht.« Das angestrebte Verhalten angesichts bedrohlicher Möglichkeiten ist, gelassen bleiben, standhalten, überlegt, korrekt und effektiv handeln. Statt dessen passiert es den Softwareentwicklerinnen und -entwickler, daß sie sich verkrampfen, hektisch und panisch werden und immer verbissener nach dem bösen Objekt suchen, »wie wenn man sich verlaufen hat, läuft man ja auch oft im Kreis rum und kommt aus diesem Kreis nicht raus« (Fr. Karo). Für manche nimmt die Situation

einen kriegsähnlichen Charakter an. Sie reden vom Rettungszug, vom herausgeschossenen Programm, vom Besiegen und Ausmerzen.
Das Vertrauen in die eigenen Kräfte schließt nicht aus, daß in der Gefahrensituation nach oknophilen Objekten wie nach einem letzten Halt gegriffen wird. Einige halten sich an den Computer, verbinden sich symbiotisch mit ihm, meinen, wie der 15jährige Peter, in ihn »reinkriechen« zu müssen, »um dieses Ding (den Fehler, d. V.) dann rauszufinden«. Auch die um den Bildschirm drapierten Stofftiere eignen sich als oknophile Objekte. Sie in der Vorstellung zu drücken und zu hätscheln genügt vielleicht schon, um sich sicherer zu fühlen. Sehr verbreitet ist es, sich an sich selbst festzuhalten; verspannte und verkrampfte Nacken- und Rückenmuskulatur sind ein Indiz dafür.
Das feindliche Objekt besitzt eine magische Anziehungskraft. Jede(r) weiß, daß es besser wäre, die Jagd nach ihm zeitweilig zu unterbrechen, um einen neuen Anlauf nehmen, neue Gesichtspunkte wahrnehmen zu können, und trotzdem ist das kaum zu bewerkstelligen. Zwingt man sich – weil es schon spät in der Nacht ist oder ein anderer Termin wartet – zu einer Unterbrechung, so geht das tückische Objekt mit: »Man wartet an der Bushaltestelle. Man denkt sich nicht, ›das ist ein schöner Baum‹, sondern man denkt sich, ›woran könnte es liegen?‹« (Klaus) Das ungelöste Problem kann mitgehen, weil auch das Produktionsmittel des Softwareentwicklers mitgeht – der Kopf –, und den hat man nun einmal dabei. So ist es möglich, an fast jedem Ort weiterzuarbeiten, an der Bushaltestelle, in der U-Bahn, im Auto: »Ich fahre in Trance Auto (...). Rote Ampeln registriere ich nicht bewußt, allerhöchstens im Unterbewußtsein. Ich bin geistig bei den Problemen« (H. Tänzer). Es kann sein, daß sich auch zu Hause daran nichts ändert: »Beim Spülen und Kartoffelschälen usw., da bin ich eigentlich noch immer in Gedanken dabei (das Problem zu lösen, d. V.)« (Fr. Blumer). Ist man von einem ungelösten Problem besetzt, ist es schwer, sich auf andere einzustellen. Er versuche zwar, mit seiner Frau zu reden, erzählt ein Programmierer, aber halte dann doch bloß einen Monolog. Der Gedanke an den Fehler sei »einfach nicht totzukriegen« (H. Zeit). Natürlich nicht, macht doch für den Philobaten das Ringen mit der Gefahr das Leben aus. Er kommt nicht zur Ruhe, solange sie existiert. Die Jagd nach einem Fehler kann Nächte dauern, und zu jedem Zeitpunkt be-

herrschen einen – so der Computerwissenschaftler Joseph Weizenbaum in einem Interview – zwei Illusionen: »Die eine besteht darin zu glauben, daß man dem Fehler auf der Spur sei, und die zweite, daß es der letzte Fehler sei.«
Die fieberhafte Jagd nach dem feindlichen Objekt führt durch emotionale Wechselbäder: Hoffen und Bangen, Zuversicht und Enttäuschung, Spaß und Aggression, Depression und Glück lösen einander ab. Aus diesen Widersprüchen ist die Angstlust gemacht, die einen festhält, bis das sichere Ufer erreicht ist. Das individuelle philobatische Interesse unterstützt das kommerzielle, da dieses nach demselben Ufer strebt. Aber worum es dem Individuum vorrangig geht, ist die Rettung der eigenen Haut. Das sollen noch einmal die Worte eines 45jährigen Softwareentwicklers veranschaulichen, der das Ringen mit dem Fehler als Schachspiel beschreibt: »Sagen wir mal, Sie sind in der Klemme, Bedrohung, und denken nach und nach, und plötzlich sehen Sie, ah, hier gibt es noch einen Rettungszug, und dann kommen Sie raus. Oder die andere Situation, wie kann ich nur den König da drüben in die Zange nehmen, und mir fällt etwas ein, das freut Sie ja dann auch. Und so ist es da auch« (H. Fest).

Progression um der Regression willen?

Geborgenheit ist es, die Edgar Wallace der eingangs zitierten KI-Forscherin bieten kann. Geborgenheit suchen Philobaten nach Michael Balint, wenn sie sich auf den Thrill einlassen; sie ist das Ziel nach überstandener Gefahr. Auch Oknophile streben nach Geborgenheit, jedoch auf andere Weise. Oknophilie und Philobatismus sind keine Gegensätze. Michael Balint vermutet sogar, daß die beiden Haltungen denselben Ursprung haben, nämlich das frühkindliche Trennungstrauma. Traumatisch erlebt das Kind, nachdem es zunächst in vollkommener Harmonie und Verschmolzenheit mit seiner Umgebung gelebt hat, die Entdeckung, daß es von ihm getrennte Objekte gibt (vgl. Chodorow 1985, 80 ff.). Die frühkindliche Welt grenzen- und konturloser Weiten ist zerstört. Eine naheliegende Art, auf diese Entdeckung zu reagieren, ist für Balint, die Getrenntheit zu leugnen – was der Oknophile tut. Durch Anklammerung erhält dieser sich die Illusion, noch immer untrennbar mit den Objekten verbunden zu sein. Er

glaubt sich so sicher gehalten, wie er selbst sich an den Objekten festhält (vgl. Balint 1972, 66).
Der Philobat dagegen akzeptiert die Existenz getrennter Objekte; er taxiert diese, etikettiert sie als freundlich oder feindlich, weiß dann, ob er sie umgehen kann, bekämpfen muß oder nutzen darf. Geborgenheit aber sucht er nicht bei den Objekten, die sucht er woanders. Er strebt zurück zu den lichten, freundlichen Weiten, auf diese richtet sich sein Sehnen und Hoffen. Der Weg dorthin mag durch die Finsternis führen, aber irgendwann wird es Licht. »Du mußt dir vorstellen«, sagt ein Softwareentwickler, der mir seine Situation bei der Fehlersuche nahebringen will, »das ist ein Fenster, das ist mit Brettern vernagelt von außen. Und jetzt macht man innen das erste Brett weg. Du siehst nur das eine Brett. Du weißt nicht, wenn du das eine Brett wegmachst, ist es hell oder immer noch dunkel. Dann tust du das Brett weg, und es ist immer noch dunkel. Dann tut man das Brett weg, dann ist dahinter noch eins. Dann tust du das weg, dann hat man einen kleinen Lichtschlitz. Aber es sind noch ein paar andere Bretter drin, dann machst du die weg, aber du weißt nicht, wieviel Bretter du wegmachen mußt, bevor du sauber aus dem Fenster schauen kannst« (H. Tänzer). Das erwartete Licht am Ende des Weges, es verspricht, einen nach überstandener Gefahr freundlich zu umfluten.
Die Wiederherstellung der gestörten Harmonie verdankt der Philobat seinen Skills. Er muß sich ihrer – so Michael Balint – fortwährend vergewissern; er muß immer wieder Wagnisse eingehen, die das ursprüngliche Trauma vergegenwärtigen, um es von neuem zu meistern (vgl. Balint 1972, 73). Mehr noch: Er muß seine Geschicklichkeit ausbauen, verfeinern; muß ständig dazulernen, um noch besser gegen die Gefahren gewappnet zu sein; er muß nach vorne gehen, um zurückkehren zu können. Jedes neue Programm gibt dazu Gelegenheit. Das so deutlich unter Softwareentwicklerinnen und -entwicklern ausgeprägte Interesse am Neuen speist sich demnach auch aus tieferen Seelenschichten und nicht nur aus dem gegenwartsbezogenen Bedürfnis nach schöpferischer Leistung.
Ob das Anknüpfen philobatischer Neigungen an frühkindliche Erfahrungen in jedem Fall als Regression einzustufen ist, wie Balint behauptet, d. h. als ein Zurück zu einer unbewältigten Situation, ist zu bezweifeln. Es könnte auch sein, daß die wiederbelebten

freundlichen Weiten ein Gegengewicht bilden zu dem, wozu das Subjekt in der westlichen Kultur fast in jeder Lebenslage aufgefordert ist, nämlich streng zu trennen zwischen sich und der Außenwelt, auf der Hut zu sein vor Hingabe und Verschmelzung?
Freilich, wo das Risiko zwanghafte Aktivitäten auslöst, ist an regressive Motive zu denken. Darin, wie meine Interviewpartnerinnen und -partner ihre Reaktionen auf Fehler und ungelöste Probleme schildern, treten zwanghafte Züge unverkennbar in Erscheinung. Sie selbst sprechen von Sucht und Wahn. Aus ihren Lebensgeschichten geht hervor, daß es ihnen fast durchgängig an einer liebevollen, schützenden Atmosphäre in ihrer Kindheit mangelte. Ihre ersten Objekte haben sie nicht selten in unüberwindbarer Distanz zu sich erfahren, was sie als schmerzlich schildern – vielleicht Grund genug, dorthin zurückzukehren, wo es keine Objekte gibt, zu den freundlichen Weiten.

Ordnende Denkkunst

> »Vielleicht gefiel es ihnen wirklich, bei einem Fest Regeln einzuhalten, vielleicht war gerade das schön, daß sie voraussehen konnten, was sich ereignen würde, und daß es auch wirklich eintraf. Es gab möglicherweise eine Geborgenheit in der Wiederholung.«
>
> *Gerhard Roth*

Als »ordnende Denkkunst« kennzeichnete der Mathematiker Leibniz die Logik. Ordnungsbedürfnisse stehen hinter dieser Denkkunst, deren sich auch der Softwareentwickler bedient. Ausgehend von allgemeinen Überlegungen zum Begriff Ordnung und des Menschen Wunsch nach Ordnung, werde ich mich der Grammatik des Computers zuwenden und fragen, was sie den an ihr orientierten Subjekten bietet und was ihr Angebot, auch über die berufliche Anwendung hinaus, in dieser Zeit und vor dem Hintergrund bestimmter Lebensverläufe bedeuten kann, was Menschen glauben und hoffen, mit einem formal-logischen Ordnungsmodell klären, gewinnen, abfangen, mildern, kompensieren zu können.

»Die Ordnung der Dinge«

Die Geschichte des Begriffs Ordnung reicht weit zurück; überliefert sind uns aus dem Althochdeutschen das Wort *ordinunga*, aus dem Mittelhochdeutschen das Wort *ordenunga*. Aber vielleicht sind die etymologischen Wurzeln des Begriffs noch älter. Schon Neitha, die Urmutter, war Ordnerin, »die ordnerinn, die aus verwirrungen entwirrend webt den knäul der natur zum schönen teppich in und auszer dir: das bist du selbst, die Gottheit ists wie du« (Wörterbuch der Gebrüder Grimm).

Von jeher, so darf vermutet werden, haben sich Menschen mit der Ordnung und dem Ordnen befaßt, haben sie sich Ordnung erklärt, nach ihr gesucht und sie eingerichtet. Welche Implikationen enthält der Begriff Ordnung? Für Michel Foucault bedeutet Ordnung, so entnehme ich seinem Werk ›Die Ordnung der Dinge‹, Wirklichkeitsphänomene einander anzunähern, zu analysieren, zu isolieren, anzupassen und zu verschachteln, Kohärenzen aufzudecken (vgl. Foucault 1971, 22). Aus der Art und Weise wie das geschieht, entwickeln sich die Ordnungscodes einer Kultur, mit denen sich Menschen konfrontiert sehen, wenn sie in diese Kultur eintreten. Foucault schreibt: »Die fundamentalen Codes einer Kultur, die ihre Sprache, ihre Wahrnehmungsschemata, ihren Austausch, ihre Techniken, ihre Werte, die Hierarchie ihrer Praktiken beherrschen, fixieren gleich zu Anfang für jeden Menschen die empirischen Ordnungen, mit denen er zu tun haben und in denen er sich wiederfinden wird« (ebd.).

Ordnung gibt es, und sie wird gemacht. Sie liegt im schönen Teppich der Natur, die Ordnerin hat ihn gewebt. Auch Foucault läßt in der Formulierung ›Die Ordnung der Dinge‹ beides anklingen, und er führt dazu aus:

»Die Ordnung ist zugleich das, was sich in den Dingen als ihr inneres Gesetz, als ihr geheimes Netz ausgibt, nach dem sie sich in gewisser Weise alle betrachten, und das, was nur durch den Raster eines Blicks, einer Aufmerksamkeit, einer Sprache existiert. Und nur in den weißen Feldern dieses Rasters manifestiert es sich in der Tiefe, als bereits vorhanden, als schweigend auf den Moment seiner Aussage Wartendes« (ebd.).

Das Erkennen der Ordnung, sei es die der Natur oder die der Gesellschaft, verlangt nach einer »präzisen Operation« (ebd.), bei der zusammengetragen und getrennt wird. Ich will das einen ordnenden Akt nennen, bei dem es nicht nur um Sichtbarmachung, sondern auch um Schaffung von Ordnung geht, denn der ordnende Akt wählt aus, läßt weg, akzentuiert, formt.

Worin begründet sich des Menschen Wunsch nach Ordnung? Er braucht seine Ordnung, so sagt man. Und wenn er sie hat, so sagt man, dann ist er wieder in Ordnung, das heißt, es geht ihm gut, er fühlt sich wohl. »Ich bringe gern Ordnung in mein Leben«, erklärt eine KI-Forscherin, »das bedeutet mir einen Hochgenuß« (Fr. Licht). »Ordnung im essen, trinken, schlaffen, wachen erhält deßs menschen leben«, lese ich im Wörterbuch der Gebrüder Grimm. Warum? Wer in sein Leben Ordnung bringt, gibt den Dingen einen Namen und einen Ort, setzt sie zueinander in Beziehung und gewinnt dadurch selbst eine Beziehung zu den Dingen und einen Ort. Das Wissen um Zusammenhänge gibt Gelegenheit, sich einzuordnen und zu sehen, wer man ist im Verhältnis zu den Dingen, die neben, über, hinter und vor einem stehen, ob sie einem ähnlich oder unähnlich sind. Man kann sich betrachten im Spiegel der Dinge und gewinnt dabei einen eigenen Platz, eine Basis, von der aus agiert werden kann, von der aus an neuen Ordnungsmustern gewebt werden kann, und zugleich ist dieser Ort da zum Ausruhen von den Strapazen des Ordnens und des Sich-Einordnens.

Die Ordnung der Dinge ist an den Menschen geknüpft. Also gibt es verschiedene Arten von Ordnung. Was als Ordnung identifiziert wird, hängt ab von der Erfahrung. Die freilich kann sich verändern. Sie läßt sich zwar lenken, aber nicht einsperren von den herrschenden Ordnungscodes. Sie vermag – vor die Worte und die Annahmen sich schiebend – an das »erste Sein der Ordnung« (Foucault 1971, 24) zu gelangen. Die Erfahrung außerhalb des codierten Blicks kann zu der Erkenntnis führen, daß die etablierte Ordnung nicht die einzig mögliche ist, daß die Dinge sich anders und besser zueinander stellen lassen. Die »nackte« Erfahrung der Ordnung spielt stets eine kritische Rolle im Hinblick auf geltende Ordnung (vgl. Foucault 1971, 23). Sie kann als Korrektiv nur fungieren, weil die Dinge in sich geordnet sind, »weil es Ordnung *gibt*« (ebd.).

Auch die Interessen der Menschen nehmen Einfluß auf die Konstitution von Ordnung. Für den, der sich mit festen Zielen an die Ordnung der Dinge macht, sind manche Zusammenhänge wichtiger als andere, manche Dinge können vernachlässigt werden, andere verlangen unbedingte Beachtung. Die Ordnung der Dinge folgt dem Wunsch nach Eingriff.

Schließlich bestimmt sich die Art und Weise der Ordnung durch die einer Kultur verfügbaren Sprache. Der Physiker Werner Heisenberg bemerkt in seinem Aufsatz ›Ordnung der Wirklichkeit‹ (1942):

»Freilich wird, wie weit das Denken auch dringen mag, stets das Gefühl übrigbleiben, daß es jenseits des Erforschten noch andere Zusammenhänge gebe, die sich der sprachlichen Formulierung entziehen und deren Geltungsbereich jeweils mit dem Verständnis eines neuen Bereichs der Wirklichkeit noch einen Schritt weiter hinausgeschoben wird in das undurchdringliche Dunkel, das hinter den durch die Sprache formulierbaren Gedanken liegt« (Heisenberg 1984, 226).

Was nicht benannt, nicht in Sprache ausgedrückt werden kann, kann nicht geordnet werden. Die Möglichkeiten des Benennens mögen sich erweitern, neue Worte können gefunden werden, aber es bleiben laut Heisenberg Zusammenhänge, deren Wesen es ist, »nicht in Worte gefaßt werden (zu) können« (ebd.). Es gibt für ihn »letzte Dinge«, die sich nicht ans Licht holen lassen. »Über die letzten Dinge kann man nicht sprechen« (ebd.), schreibt er.

Die in einer Kultur vorfindbaren Ordnungscodes – und das betrifft die alltäglichen Codes ebenso wie die wissenschaftlichen – bilden nie die gesamte Wirklichkeit ab; wir haben es immer mit Ordnungsmodellen zu tun. Modell und Wirklichkeit stehen sich gegenüber wie ein Gegenstand und eine Zeichnung davon. Der Physiker Hans-Peter Dürr vergleicht die in der heutigen Naturwissenschaft geltenden Ordnungsmodelle mit Fischernetzen, die die Wirklichkeit nur insoweit einfangen, als diese nicht durch ihre Löcher schlüpft. Das Fischernetz ist für ihn Metapher der »Wirklichkeitsverengung und Qualitätsänderung« (Dürr 1988, 32). Es existiere zwar nicht unabhängig von der Wirklichkeit, denn es hat sich in Wechselwirkung mit ihr herausgebildet, aber es lasse doch Lücken. Hans-Peter Dürr spricht sich dagegen aus, nur das als wirklich oder als relevant anzuerkennen, was das Netz einzufangen vermag. Er hat einen Vorgänger in dem Minnesänger Neidhart, der zu seiner Zeit auf die Lückenhaftigkeit des mittelalterlichen Ordnungsmodells aufmerksam machte. Warnend wandte sich der Minnesänger an seine Zeitgenossen: »Wé tiuschez lant!/ sol in diner ordnunge/ minne alsó verderben« (Wörterbuch der Gebrüder Grimm).

Zur Warnung mochte sich Neidhart, der Minnesänger, aufgefordert sehen, weil Modelle zurückwirken, weil es eine »Rückkoppelung« (Dürr 1988, 35) gibt, womit gemeint ist, daß sich die »Modellwirklichkeit« der eigentlichen Wirklichkeit einprägen kann. Vom Modell zur Modellierung ist es nicht weit.

Die Grammatik des Computers

Wenn Logik ordnende Denkkunst ist, dann gilt dies auch für die Technik, die diese Logik materialisiert. Martin Heidegger bezeichnet die Technik als »eine Weise des Entbergens« (Heidegger 1962, 12). Entbergen ist nach Heidegger »ein Her-vor-bringen«, und zugleich enthält das Entbergen die Möglichkeit der Verfertigung (vgl. ebd.). Somit verweist auch Heidegger auf die doppelte Funktion ordnender Denkkunst: auf ihre entdeckende und auf ihre herstellende. Wir haben es im vorliegenden Buch mit der Computertechnik zu tun. Wie entbirgt sie Wirklichkeit?
In der Technik und so auch in der Computertechnik verbindet sich mathematische Denkweise mit instrumenteller Rationalität. Die Mathematik ist, wie Max Horkheimer sagt, das »klassische Instrument« (Horkheimer 1967, 106) dieser Rationalität. Sie dient dazu, die Wirklichkeit nach Effizienzgesichtspunkten zu ordnen. Der Programmierer reiht zu diesem Zweck die Dinge nebeneinander auf, heftet ihnen unzweideutige abstrakte Kategorien an, macht sie zu Rechengrößen und setzt sie zueinander in kausale Beziehung. »Man darf nicht chaotisch sehen (...), sondern daß das ja eigentlich irgendwo schon Zusammenhänge hat und wie die Zusammenhänge sind« (Fr. Karo), beschreibt eine Softwareentwicklerin ihren ordnenden Blick. Die naturwissenschaftliche Logik kennt nur deterministische Bezüge. Dieser Formel müssen sich die Dinge fügen; nur so lassen sie sich in Computerprogrammen abbilden. Das Abbild ist – wie das Wort Programm sagt – zugleich Verfahren zu seiner Bearbeitung. Computerprogramme reproduzieren nicht bloß, sie stellen zur Verfügung. Sie repräsentieren und offerieren eine streng geregelte und somit berechenbare Welt. Zu den Rechenaufgaben eines Computers gehören nicht nur Zahlenrechnungen, sondern, wie Konrad Zuse, der Erfinder des ersten deutschen Computers (1942), es ausdrückt, »ganz allgemein alle die schematischen Operationen, Formeln, Ableitungen,

Algorithmen (...), bei denen für alle in Frage kommenden Fälle nach einer bestimmten Vorschrift aus gegebenen Ausgangsangaben bestimmte Resultatangaben abgeleitet werden« (Zuse 1990, 75).

Was noch nicht in eine Regel gefaßt wurde, bedeutet Unordnung, ist ein Problem. Die Herrschaft der Regel duldet keine Unordnung, kein ungelöstes Problem. »Es ist ein Problem da, und das muß gelöst werden, und normalerweise wird es gelöst« (H. Süden), charakterisiert ein 30jähriger Softwareentwickler seine tägliche Aufgabe. Softwareentwicklerinnen und -entwickler sind Ordner und Ordnerinnen. Sie suchen und weben Ordnung in Betriebs- und Arbeitsabläufen, in Satellitenbildern, in medizinischen Entscheidungsprozessen, auf mikroelektronischen Bausteinen. Nicht wenige unter ihnen erklären ausdrücklich, daß genau dieser Aspekt ihrer Tätigkeit diese für sie anziehend mache. »Verstehen und Durchschauen« (Brigitte) sei das gewesen, was sie zum Programmieren hingezogen habe, höre ich von einer 16jährigen. Und eine 45jährige KI-Forscherin, darauf angesprochen, was ihr am meisten Spaß an ihrer Tätigkeit mache, antwortet: »Bei mir ist schon sicher ein Punkt so das Strukturieren, das Strukturelle. Also, ein Problem haben und dann erst einmal gucken, was ist eigentlich für eine Struktur dahinter, das ist sicherlich bei mir das Ausschlaggebende« (Fr. Wollner).

Man kann sich fragen, wie sich das Bedürfnis zu ordnen einerseits und die Lust am Spiel und am Thrill andererseits zueinander verhalten, ob sich die verschiedenen Vorlieben ausschließen, steht doch auf den ersten Blick beim Ordnen Sicherheit im Vordergrund, während Spiel und Thrill Wagnis, ja Risiko bedeuten. Aus den Interviews geht soviel hervor: Die, die besonderen Spaß am Strukturieren und systematischen folgerichtigen Denken haben, sind nicht dieselben wie die, die sich am intensivsten ins Spiel vertiefen oder sich für den Nervenkitzel begeistern. Klar abgrenzbare Gruppen aber lassen sich nicht identifizieren, und das dürfte seinen Grund darin haben, daß Ordnung, Spiel und Nervenkitzel nichts prinzipiell Gegensätzliches sind. Auch im Spiel steckt Ordnung, Zufall und Regel spielen zusammen, und der, der schwindelerregende Höhen beim Programmieren liebt, will wieder sicher landen; das Experiment mit Offenheit, Risiko, Gefahr ist Zwischenspiel, Begleitmusik.

Dem Spaß an der Ordnung der Dinge liegt das Bedürfnis nach

eigener Ortsbestimmung zugrunde. Der Computerwissenschaftler Joseph Weizenbaum spielt auf dieses Bedürfnis an, wenn er dafür plädiert, die Existenz des Computers »vor dem Hintergrund des jahrtausendealten Bedürfnisses des Menschen zu untersuchen, seinen Platz in der Welt zu finden« (Weizenbaum 1977, 27).

Der Platz, den Softwareentwicklerinnen und -entwickler als Ordnerinnen und Ordner einnehmen, ist mit Macht ausgestattet. Ihre Ordnungsmodelle, die Programme, haben Befehlscharakter. Der Befehl, den Softwareentwickler an die Maschine erteilen, wird von dieser weitergegeben. So ist die Macht zweifach: Es ist eine Macht über die Maschine und über die zu bearbeitende Realität. Das Gefühl von Macht über die Maschine verschafft sich die 16jährige Sabina, wenn sie in einem Konflikt mit den Eltern oder in der Schule unterlegen ist. Dann setzt sie sich an den Computer, denn »beim Computer, da bin halt ich derjenige, der ihm das sagt«, erklärt sie. Aber auch den Erwachsenen scheint es zu imponieren, Macht über die Maschine zu gewinnen. Das zeigen Äußerungen wie »schön war es zu sehen, daß es (das Programm, d. V.) genau das machte, was ich wollte« (Fr. Bach), oder »in gewisser Weise fasziniert mich das schon, daß man mit diesen Mitteln, die man zur Verfügung hat, also doch die Ergebnisse erzielen kann, die Maschinen so manipuliert, daß sie das tun, was man möchte« (Fr. Karo), oder »wenn du einem Computer etwas anschaffst und der tut das hinterher, der macht genau das, was man wollte, und dann klappt das alles, dann ist das toll« (H. Tänzer).

Die Macht des Softwareentwicklers rührt daher, daß die formale Logik dazu verhilft, Ordnungsmodelle zu schaffen, die zugleich Instrumente sind, um die Realität modellhaft zu bearbeiten. Es ist nicht dem Zufall überlassen, ob und wie sich das Modell rückkoppelt; es ist vielmehr das Ziel des Programmierens, das Modell Wirklichkeit werden zu lassen. Es ist ein strategisches Modell. Softwareentwicklerinnen und -entwickler sitzen am Hebel.

Es stehen ihnen Ordnungskriterien zur Verfügung, die es erlauben, in unübersehbar vielen Wirklichkeitsbereichen Ordnung zu machen. Nur formal festgelegt, öffnet sich die Logik jedem Inhalt. »Die Mathematik ist also die Ordnung schlechthin«, schreibt Heisenberg, »in ihrer reinsten, von allem Inhalt befreiten Form« (Heisenberg 1984, 227). Die Ordnung der Dinge in verschiedenen Anwendungsfeldern zählt zu den typischen Erfahrungen und

Aufgaben von Softwareentwicklerinnen und -entwicklern, und auch das mag das Gefühl unterstützen, die Welt im Griff zu haben, zumal die in das eigene Modell eingereihten Dinge unverrückbar plaziert sind. Das computergestützte Ordnungsmodell ist ein geschlossenes Modell, in dem nichts dem Zufall überlassen bleibt. Je lückenloser der Zufall gebannt wird, desto leichter ist das Modell unter Kontrolle zu halten, aber auch die dem Modell verhaftete Wirklichkeit. Susan Sontag erinnert daran, daß »Bilder-Machen« in seinen Ursprüngen ein »magisches Tun, ein Mittel, Macht über etwas zu gewinnen oder Macht über etwas auszuüben« (Sontag 1980, 147), war. In Computerprogrammen hat dieses Tun möglicherweise eine bislang ungekannte Perfektion erreicht.

Brauchbar für alles und jedes

Auch außerhalb des Berufs orientiere er sich an der Grammatik des Computers, berichtet ein 41jähriger. Er neige dazu, »die streng logische Denkweise auf alles und jedes anzuwenden« (H. Tänzer). Das Logische sei »schon ziemlich« in ihr »drin«, erklärt eine 29jährige Berufskollegin, und das bedeute in ihrem Privatleben folgendes: »Daß ich Situationen 'n bißchen mit Abstand zuerst mal gegenüberstehe und dann einfach so der Denkprozeß anfängt: ›Okay, was siehst du positiv daran, wo könnt'n Nachteil liegen, oder wie könnte sich das Ganze entwickeln? Läßt du lieber die Finger davon?‹« (Fr. Landwehr) Ähnliches reklamiert auch ein Softwareentwickler für sich als generelle Verhaltensweise, der sagt: »Ich muß was im Kopf schon so lange verarbeitet haben, damit ich's für mich sortiert hab', sonst kann ich vorher net g'scheit drüber reden. Wenn des nur wirre Sachen sind, dann weiß ich gar net, wo ich anfangen soll« (H. Sport).
Die Dinge werden sortiert, eingeschätzt und eingereiht, Handlungsfolgen werden durchgespielt, und daraus werden Schlüsse gezogen. Erst nach hergestellter Ordnung im Kopf wird gehandelt. Dem sei entgegengehalten, was 1786 ein Italiener dem durch Italien reisenden Goethe rät, als er ihm in einer Postkutsche gegenübersitzt. Er sagt: »Non deve fermarsi l'uomo in una sola cosa, perché allora divien matto; bisogna aver mille cose, una confusione nella testa.« Auf deutsch: ›Der Mensch muß sich nicht auf

eine einzige Sache heften, denn da wird er toll, man muß tausend Sachen, eine Konfusion im Kopf haben‹ (zit. nach Goethe 1974, 114) – eine andere Kultur, eine andere Zeit, ein anderes Verhältnis zu Ordnung und Unordnung!
Wer tagtäglich als Ordner oder Ordnerin am Computer sitzt, scheint im Gegensatz zu diesem Italiener in seinem Leben doch lieber auf Ordnung zu setzen und die Konfusion als Übel aufzufassen. Sobald in seinem Leben ein Problem auftaucht und Unordnung signalisiert, fragt sich der 18jährige Klaus: »Wie bringe ich das wieder in Ordnung?«
Der universale Gebrauchswert des computerlogischen Ordnungsmodells kommt den Softwareentwicklerinnen und -entwicklern durchgängig auch außerhalb des Berufs gelegen. Anhand der geschilderten Situationen, in denen es Anwendung findet oder eine Anwendung vorstellbar für sie ist, schälen sich zwei Anwendungsbereiche heraus.

Modell für den Alltag

Als ihre Tochter in die Schule kommen sollte, drohte in ihrem Alltag ein Durcheinander. Ihre bisherige Zeiteinteilung, so eine 41jährige Softwareentwicklerin im Rückblick, taugte nicht mehr dazu, ihr tägliches Leben in Ordnung zu halten, Beruf, Haushalt, Kinder, gesellschaftliches Engagement miteinander zu vereinbaren. Sie sah sich vor die Aufgabe gestellt, eine Neuordnung vorzunehmen, und sie ging dabei genauso vor wie beim Programmieren: »Ich glaub', da entwickelt man dann die gleiche Vorgehensweise, daß man also versucht, mit 'ner ähnlichen Methodik ranzugehen (...), daß man anfängt und guckt, wo liegt das eigentliche Problem, was habe ich für Möglichkeiten, wie ist die Priorisierung von den Möglichkeiten, welche Nachteile gibt's da, und dann anfängt, was zu tun (lacht). Das ist irrsinnig stark drin im gesamten Problemverhalten, auch im privaten Bereich« (Fr. Baum). Sie macht sich ein Bild von der Wirklichkeit, das ihr diese als bearbeitbar vor Augen führt, indem es die Wirklichkeit ordnet nach Mitteln und Zwecken und diese wiederum nach dem Grad ihrer Erwünschtheit unterscheidet. Es entsteht ein Informationssystem, das, wenn es abgearbeitet wird, zu einer Lösung führt.
Abarbeiten ist auch für den 19jährigen Rolf das Schlüsselwort, mit

dem er die Übertragung des computergestützten Ordnungsmodells auf andere Alltagsgebiete beschreibt. »Wie ich zum Beispiel Klausuren anpacke«, berichtet Rolf, »das ist ein ähnliches System, wie ich an den Computer gehe. Ich habe schon ein Bild, wenn ich das durchgelesen habe. Ich lese mir alles einmal durch, wie es aussehen soll, und ich fange an abzuarbeiten. Abarbeiten ist auch der richtige Begriff, denn wie der Computer abarbeitet, so arbeite ich auch ab (...), ich gehe Schritt für Schritt vor.« Das sagt gerade er, der sich an anderer Stelle als sprunghafter Softwareentwickler charakterisiert, dies allerdings als ein Manko wertet. Mag sein, daß sich die Norm nachhaltiger in seiner Persönlichkeit eingenistet hat als die Praxis am Computer.

So wie Rolf findet auch die 16jährige Brigitte, daß sie ihre Mathe- und Physikklausuren nunmehr, da sie sich als Softwareentwicklerin versucht hat, »ordentlicher« anpackt, in ihren Worten »irgendwie von vorne«, im Unterschied zu vorher: »... wenn man noch nie mit einem Computer gearbeitet hat, dann, da denkt sich das Ganze nicht so hintereinander«.

Ob es sich bei den alltagspraktischen Aufgaben, die mir als Beispiel für analoges Vorgehen genannt werden, um die Organisation der Kinderbetreuung, um Klausuren, um die Steuererklärung, den Entwurf eines Bücherregals, die Planung eines Amerikaaufenthalts oder den Kauf einer Eigentumswohnung handelt, stets wird als Parallele das analytisch-sukzessive, streng am Wenn-Dann-Schema orientierte Vorgehen hervorgehoben. Ein 30jähriger formuliert die Parallele besonders deutlich: »Ja, die Logik spielt immer eine Rolle, eine große Rolle. Und wie beim Programmieren ja auch die Frage, was ist, wenn das, wenn das, die Durchplanung. Beim Programm muß man ja alles berücksichtigen, was passiert, wenn jetzt dieser Zustand eintritt oder so. Und das wirkt sich schon im Leben aus, also auf die eigenen Entscheidungen und so« (H. Süden).

Wirksam in der zwischenmenschlichen Kommunikation

So wie sie per Computerlogik ihre Zeiteinteilung regelt, versucht eine 41jährige Softwareentwicklerin zusammen mit ihrem Mann, ebenfalls Computerfachmann, zuweilen auch emotionale Unordnung in ihrer Ehe zu entwirren. »Also mein Mann und ich«, berichtet sie, »wenden solche Sachen (das analytisch-hierarchische Denkschema, d. V.) auch dann öfters an, wenn wir emotionale Probleme haben«, um auf die Ursache zu stoßen, und »wenn man das schafft, mit der Methode so hinzukommen, ist es eigentlich immer ein tolles Gefühl. Es ist 'n Erfolgserlebnis, dann hamma, hab ich das Gefühl, ich bin 'ne Ecke weitergekommen, hab das irgendwo aufgedröselt das Ganze, ich hab den Klumpen auseinandergefiselt«. Sie skizziert mit diesen Worten Problemlösung auf mathematische Art. Das zwischenmenschliche Problem ist damit zwar noch nicht gelöst – aber vielleicht sättigt ja die Freude über die aufgedeckten Zusammenhänge so sehr, daß der ungelöste Rest des Problems in den Hintergrund tritt.

Es könnte sein, daß Menschen, für die Problemlösung in ihrer Tätigkeit sich darauf beschränkt, Zusammenhänge zu durchschauen, auch in anderen Situationen geneigt sind, Probleme als gelöst anzusehen, wenn sie durchschaut sind. Die Ordnung ist wiederhergestellt, sobald man sich bestimmte Verhaltensweisen erklären kann. Ein 42jähriger Softwareentwickler äußert sich ausdrücklich so. Wenn etwas nicht stimme im Kontakt zu seiner Sekretärin, mache ihn das »ganz krank«, erfahre ich. Was genau macht ihn krank? Nein, nicht die Störung, sondern die unbekannte Ursache der Störung. Das ergibt sich aus dieser Passage: »Wenn ich weiß, was die Beziehung stört, und wenn das, was der andere sagt, was die Beziehung stört, nicht akzeptiert wird von mir oder wenn ich einfach sage, ich habe eine andere Einstellung zu der Sache, dann macht das nichts mehr. Dann weiß ich es, dann ändere ich mich zwar nicht, wenn ich es nicht einsehe, aber dann weiß ich es. Das reicht mir dann schon« (H. Tänzer). Das Undurchsichtige ist wieder durchsichtig geworden, das genügt.

Einseitig gehandhabt, verhilft die ordnende Denkkunst im Umgang mit Menschen wie beim Programmieren zu einer überlegenen Position. Der oder die andere wird entlarvt, man selbst sitzt unerkannt am Steuer. Ein Softwareentwickler nennt das »aushebeln«. Wie das in der Praxis aussieht, schildert er anhand der folgenden Situation: Ein Gesprächspartner erzählt ihm, er habe – weil er stolz sei, ein Deutscher zu sein – die Republikaner gewählt. Eine Möglichkeit der Reaktion wäre, »daß ich sage, ›du, du hast eine Macke‹, oder ich kann ihn fragen, ›was bedeutet es für dich erst einmal, ein Deutscher zu sein?‹. Und wenn ich dann immer weiter runterkomme, dann kriege ich ihn immer mehr zu fassen. Dann kann ich ihn aushebeln, dann merke ich, wo seine Wurzeln stecken. Und ich glaube, daß dafür ein analytisches und strukturiertes Denken unheimlich hilfreich ist« (H. Wort). Hat sich die Ordnungsspirale im anderen erst einmal festgehakt, dreht sie sich weiter bis zum Grund, bis zur Wurzel, und so wird er ausgehebelt. Der Softwareentwickler weiß um seine Macht, denn er sagt: »Wenn man selber analytisch und strategisch denkt und der andere argumentiert mehr oder minder emotional, da kann man sehr oft schon nach kurzer Zeit ganz klar erkennen, daß der gleich unheimlich in eine Falle tappen wird.« Er steht seiner Macht gespalten gegenüber. In der von ihm geschilderten Gesprächssituation sieht er sie durch seine politische Einstellung legitimiert; ansonsten aber bedauert er es, wenn er dem computergestützten Ordnungsmodell in seinen Beziehungen zu Menschen, wie er sagt, »erliegt«.

Dank ihres universalen Charakters haben für Softwareentwicklerinnen und -entwickler die formal-logischen Ordnungscodes ihren Wert auch außerhalb des Programmierens. Wer sich ihrer bedient, fängt an, sich wie beim Programmieren Bilder zu machen, ehe er handelt, Bilder, bestehend aus Wenn-Dann-Zusammenhängen, die, folgerichtig abgearbeitet, zu einer Entscheidung führen. Das bedeutet, wenn wir Zuses Rechenbegriff zugrunde legen, nichts anderes, als sein Handeln zu berechnen. Damit ist nicht gesagt, daß Softwareentwicklerinnen und -entwickler nur so ihr Leben ordnen. Soviel aber machen ihre Äußerungen schon deutlich, daß ihnen das beim Programmieren benutzte Ordnungsmodell nicht äußerlich bleibt, sondern die Tendenz hat, sich zumindest als Neigung in der Person festzusetzen.

Meine Interviewpartnerinnen und -partner sehen sich einerseits von ihrer Tätigkeit am Computer geprägt, wenn sie sagen, das wirke sich aus oder sie würden Ordnungsmodelle übertragen; andererseits sprechen dieselben Personen davon, auch schon vor Berufseintritt auf ähnliche Weise Ordnung in ihr Leben gebracht zu haben wie heute. Bereits mit 7 Jahren habe sie zum ersten Mal ein Denkschema angewandt, das dem beim Programmieren benutzten vergleichbar sei, berichtet eine in der Sowjetunion aufgewachsene KI-Forscherin. Sie sah sich damals vor die Frage gestellt, ob sie in die Schule gehen solle oder nicht. »Ich weiß ganz genau«, erzählt sie, »welche Schritte ich mir überlegt habe, die Vorteile und die Nachteile, die für oder gegen Schule sprachen, und ich habe mich entschlossen, es lohnt sich, in die Schule zu gehen« (Fr. Herzlich). Solche Dispositionen können das Fundament abgeben, aus dem heraus die Präferenz für einen bestimmten Beruf wächst, der dann die in Ansätzen vorhandenen Orientierungen erweitert, verfeinert, schult, verstärkt, andere Orientierungen zurückdrängt. Vorhandene Dispositionen und berufliches bzw. schulisches Training greifen ineinander: »Die sozialisierenden Effekte von (...) Computern sind also nicht isoliert zu verstehen; sie haben eher verstärkenden als auslösenden Charakter« (Becker-Schmidt 1988, 323).

Wider das Chaos

Es gibt Gründe anzunehmen, daß das computerbezogene Ordnungsmodell vor dem Hintergrund der spezifischen Lebensgeschichten der Befragten eine besondere Anziehungskraft genießt, die darauf gründet, das Chaos zu bannen. »Also, wenn man heute alle Computer abschalten würde, gäbe es ein ziemliches Chaos« (Claudia), verkündet eine 16jährige angesichts komplexer gesellschaftlicher Problemlagen. Ich beschränke mich auf die Diskussion ökologischer und kultureller Probleme.

Aktuelle Umweltprobleme konfrontieren uns mit neuartigen Risiken. Zwar hat es auch früher Risiken gegeben, z. B. Armut, Verelendung, Krankheit, aber sie hatten eine andere Qualität. Sie waren sichtbar, greifbar, auf ein bestimmtes Territorium und eine bestimmte Personengruppe beschränkt. Die heutigen Zivilisationsrisiken bleiben oft – wie etwa Schadstoffe in den Nahrungsmitteln, in der Luft, im Gras, im Wasser – der Wahrnehmung entzogen, sind nicht zu sehen, nicht zu riechen, nicht zu schmekken, und doch sind sie da und werden mitgeschluckt und eingeatmet (vgl. Beck 1986, 53). Sie stiften Unordnung in unseren Körpern und in unseren Köpfen Verwirrung. Außerdem sind sie universal und übernational. »Nahrungsmittelketten verbinden praktisch jeden mit jedem auf der Erde. Sie tauchen unter Grenzen durch. Der Säuregehalt der Luft knabbert nicht nur an Skulpturen und Kunstschätzen, sondern hat auch längst schon die modernen Zollschranken aufgelöst« (ebd., 31), heißt es bei Beck, und an anderer Stelle: »Sie (die Risiken, d. V.) reisen mit dem Wind und mit dem Wasser, können in allem und jedem stecken und

passieren mit dem Lebensnotwendigsten – der Atemluft, der Nahrung, der Kleidung, der Wohnungseinrichtung etc. – alle sonst so streng kontrollierten Schutzzonen der Moderne« (ebd., 53). Die Zusammenhänge sind kompliziert, schwer überschaubar, für den Laien kaum dingfest zu machen, und zugleich weiß oder ahnt er die ihnen entspringenden Gefahren. Das verunsichert, macht klein und ohnmächtig.
Doch damit der Verunsicherung nicht genug, auch das soziale Gefüge der Gegenwartsgesellschaft ist aus den Fugen geraten. Die Moderne hat die Menschen in einem Individualisierungsschub aus traditionalen, in Familie, Klasse, Schicht, Verein eingebetteten Bezügen gehoben. Ulrich Beck spricht von einer »Enttraditionalisierung industriegesellschaftlicher Lebensformen« (Beck 1986, 115). Was gestern noch galt im Verhältnis zwischen jung und alt, zwischen Mann und Frau, erscheint heute unpassend, lächerlich, fragwürdig, wenn nicht verletzend. Die Regeln, entlang derer man bisher sein Leben planen konnte, sind untauglich geworden, veraltet. Schön und gut: Aber woran soll man sich festhalten?
Wir leben in Zeiten der Unordnung. Das provoziert die Suche nach neuen Stabilitäten, neuen Standards (vgl. Beck 1986, 120). Muß da nicht ein Ordnungsmodell, das verspricht, uns wieder auf einen sicheren, ja, mächtigen Platz zu hieven, verlockend sein? Ist es nicht verlockend, Wirklichkeitsbilder mit klaren, handhabbaren Strukturen zu entwerfen, sei es, um die Realität draußen diesen Strukturen anzupassen, sei es, um dem Chaos draußen den Rücken zu kehren, indem der Realität die Simulation vorgezogen wird? In der Simulation lebt und agiert der 18jährige Klaus, wenn er auf seinem Bildschirm Bakterienkulturen anlegt. Er nennt das »eine Art Leben simulieren«. Das Leben am Bildschirm konzipiert Klaus so, daß sich eine bestimmte Art von Bakterien solange vermehrt, bis ihre Anzahl ein fixes Limit erreicht hat, und dann abstirbt. »So sehen meine Regeln aus für Leben und Sterben dieser Bakterien«, sagt er und betont: »Das kann ich steuern.« Noch schöner sei es, wenn er es mit Hasen und Füchsen mache. Ich frage mich, ob es so weit gehen kann, daß Menschen als steuerbare Größen eingesetzt werden, bestimmte Menschen, alte und junge, gesunde und kranke, Ausländer und Deutsche, und was solche Lebensbilder für das wirkliche Leben bedeuten.
Neben den gesellschaftlichen Gründen gibt es subjektive, in der Lebensgeschichte der Softwareentwicklerinnen und -entwickler

verankerte, die ihnen das formal-logische Ordnungsmodell zusätzlich attraktiv erscheinen lassen dürften. Die Welt, in die das Modell führt, ist eine verläßlichere Welt als die Welt der Gefühle, wie sie von den meisten in ihrer Kindheit erfahren wurde. Sie haben es aus verschiedenen Gründen nicht gelernt, sich im Reich der Gefühle heimisch zu fühlen: zum einen, weil – das gilt für auffallend viele – liebevolle Zuneigung nichts war, auf das sicher gezählt werden konnte. Sie war selten und wenn, nur von einem Elternteil zu haben; für einige entpuppte sich die erhaschte Liebe als Täuschung, etwa wenn sie dazu benutzt wurde, den Sohn oder die Tochter in die Rolle des verlorenen Partners zu zwingen. Sätze wie »aber Liebe und Geborgenheit waren bei meiner Mutter eigentlich gering vorhanden« (H. Tänzer) oder »ich war eben nicht der jüngste Sohn, und gegenüber dem jüngsten Sohn gab es vermutlich mehr Zärtlichkeit als gegenüber mir« (H. Denk) sollen die empfundenen Entbehrungen exemplarisch beleuchten.
Zum anderen erwies sich die Gefühlswelt als unsicheres Terrain, weil – und auch das gilt für die Mehrheit – in der Familie keine überzeugenden Modelle für den Umgang mit Konflikten vorgelebt wurden. Konflikte zwischen den Eltern waren den Blicken der Kinder entzogen, was nicht selten bedeutete, sie wurden unter den Tisch gekehrt, oder sie wurden autoritär entschieden: der Vater brüllte, schlug die Tür zu, oder sie wurden »auf der Leidensschiene verhandelt« (H. Weg), oder man verstummte, verweigerte sich, »wenn er (der Vater, d. V.) nicht wollte, hat er gar nichts gesagt« (H. Rot), oder man argumentierte »knochenhart« (H. Wort), ohne Rücksicht auf Gefühle. »Ich habe im Elternhaus bestimmt nicht gelernt, Probleme zu artikulieren« (Fr. Landwehr), stellt eine 29jährige bedauernd fest.
Die Welt der Gefühle ist für die meisten kein Zuhause geworden. Durcheinander geratene Gefühle machen sie hilflos: »Wenn's irgendwie 'n Gefühlsproblem ist, so, wo ich gar nich' weiß, wo ich anfangen soll, und des rational nicht fassen kann, also des macht mir schon angst« (Fr. Blumer), bemerkt eine 42jährige. Emotionale Unordnung macht angst, wird als belastend, lästig, ärgerlich oder bedrohlich empfunden. Sie verursacht ein »dumpfes Frustgefühl« (H. Rot). Man möchte sie aus dem Weg haben und geht ihr aus dem Weg. Jahrelang habe sie ein emotionales Problem trotz »wahnsinnigen Drucks in der Bauchgegend« (Fr. Weich) vor sich hergeschoben, berichtet eine 43jährige und zieht daraus den

Schluß: »Ich bin, glaube ich, manchmal wahnsinnig feige« (Fr. Weich). Feige sei sie in Gefühlsangelegenheiten, weil dabei etwas geschehe, »was ich überhaupt erst einmal in Worte fassen muß, was erst einmal gar nicht als Wort da ist, dafür muß ich ja Worte finden« (Fr. Weich).

Vor diese Schwierigkeiten stellt die andere Welt, die ordentliche Welt am Computer nicht. Dort gibt es eine Sprache, eine eindeutige, dort wird man nicht alleingelassen, dort gibt es Regeln, unumstößliche Sicherheiten, dort läßt sich jedes Problem lösen, dort muß die Wirkung von Gefühlsäußerungen nicht bedacht werden, dort kann man sich »alle Emotionen erlauben, der (der Rechner, d. V.) reagiert immer gleich« (H. Wort). Muß man sich in dieser Welt, angesichts der Verunsicherungen andernorts, nicht besser aufgehoben fühlen?

Wie die Regelwelt ganz unmittelbar für ihn zur besseren Alternative wurde, schildert der 19jährige Rolf. Er war nach der Trennung seiner Eltern zu seinem Vater gezogen, um, so erhoffte er sich, nun endlich jene Zuwendung zu kriegen, die ihm dieser bislang verwehrt hatte. Aber der Vater ließ ihn im Stich, und Rolf setzte sich an den Computer: »Ich habe das nicht verkraftet, habe mich eben, wenn ich alleine war, an den Computer gesetzt, da war der Computer als Ausgleich da. Ich brauchte jemanden, aber es war niemand da. Da war der Computer sozusagen eine Ersatzmutter für mich.«

Die Regelung emotionaler Dinge ist nicht beliebt, wird hinausgeschoben; wenn sie dann aber doch erfolgt, so kann es sein, daß die formale Logik Regie führt. Dasselbe Phänomen haben Doris Janshen und Hedwig Rudolph unter den von ihnen befragten Ingenieurinnen festgestellt, die eine vergleichbare Denkschulung hinter sich haben. Die Autorinnen schreiben: »In der überwiegenden Zahl der Nennungen mischen sich zwei Züge: einerseits das Bedürfnis, sich Konflikt und Chaos nicht zu stellen, und andererseits der Drang, Unwägbares durch logische Verfahren berechenbar und kalkulierbar zu machen« (Janshen/Rudolph 1987, 266). Dieser Drang sei noch einmal durch die Aussage einer 42jährigen illustriert. Gefühlsprobleme wage sie erst dann zu bearbeiten, erzählt sie, »wenn sich 'n Problem so mehr oder weniger durch logisches Denken lösen läßt, einfach dadurch, daß man sich 'n Modell baut und dann halt so des irgendwie Schritt für Schritt immer mehr verfeinert (...), dann geh ich dran« (Fr. Blumer).

Tatsächlich können diese Schritte hilfreich sein, auch ein emotionales Knäuel zu entwirren, aber sie enthalten auch Gefahren. Eine dieser Gefahren ist, jeden menschlichen Konflikt auf ein technisches Problem zu reduzieren, für das dann eine technische Lösung gesucht wird, was sich darauf beschränkt, Ursache-Wirkungs-Zusammenhänge aufzudecken. In diesem Vorgehen steckt das Risiko der »Intellektualisierung«, ein von Anna Freud benannter Abwehrmechanismus (vgl. A. Freud 1946, 182 ff.). Das Subjekt versucht, seine Zwiste, Krisen, seine inneren Wirren ohne die dazugehörigen Gefühle zu meistern, womit dem Eigentlichen ausgewichen wird.

Die Befragten selbst sind es, die Zweifel an der Übertragung computerlogischer Ordnungscodes in ihren privaten Alltag anmelden. Sie sehen sich von diesen Codes »gefährdet«, fürchten, ihnen zu »erliegen«. Ein 30jähriger: »Vielleicht gehe ich auch an die Menschen zu logisch ran, so logisch wie an einen Computer, und das darf man nicht« (H. Süden). Sie haben erlebt, daß ihre Ordnungsversuche für andere niederschmetternd waren, daß sie beleidigten, Haß und Verweigerung auslösten, und erklären sich die Reaktionen damit, daß sie die anderen »abgehängt« (Fr. Baum), »vorgeführt«, »auseinandergenommen« (H. Wort) haben. Die Wirklichkeit in Gestalt der beteiligten anderen Menschen hat sich an ihrem Ordnungsmodell gerieben, hat aufbegehrt gegen die Macht, die es verleiht und gegen die Löcher im Fischernetz, vor allem gegen den Ausschluß der Gefühle.

Neben der widerspenstigen äußeren Realität ist es die Maschine selbst, die den Zweifel an dem von ihr verkörperten Ordnungsmodell schürt. Sie konfrontiert mit Ungeheuerlichkeiten, verschluckt Zeilen und Buchstaben, verweigert Befehle. Aus den so ordentlich konzipierten Computerprogrammen können »quallenartige Gebilde« (H. Wechsel) werden, die der Mensch nicht mehr begreifen kann und will: »Es gibt keinen Menschen mehr, der da durchblickt, und ich sage dir, es gibt auch fast keinen mehr, der sich dafür interessiert« (H. Wechsel). So gefährlich erscheinen einem KI-Forscher diese unbeherrschbaren Programme, daß »man (sie) nicht mehr anfassen kann« (H. Rot).

Für Douglas Hofstadter ist die Furcht vor unbeherrschbaren Programmen berechtigt, aber nicht weil sich die Maschinenordnung in Unordnung verkehren kann, sondern weil man die Folgen des Befehls an den Computer nicht kennt und weil man immer mehr in Sprachen höherer Stufen programmiert, bei denen man weniger weiß, was man dem Computer befohlen hat (vgl. Hofstadter 1988, 324).

Die Soziologin Regina Becker-Schmidt bietet eine andere Erklärung an. Maschinen sind dem Menschen, so ihre These, Wunschbild instinktiven Verhaltens. Instinkte kennen keine Irrtümer, keine Fehler, sie sind jenseits von Gut und Böse, ihren Codes kann bedenkenlos gefolgt werden – aber sie können auch entgleisen, bedrohlich und schrecklich werden (vgl. Becker-Schmidt 1988, 318 ff.). Entgleisende Roboter und Automaten geistern durch viele Science-fiction-Werke, warum nicht auch durch die Köpfe ihrer Erfinder?

Fazit:

Die Computerlogik als ordnendes Modell unterstützt das Subjekt bei der Sichtbarmachung und Schaffung von Ordnung, sie liefert das Kriterium, das hilft zu entwirren, und eine Sprache, um zu benennen. Sie verbindet innen und außen, ist, was ein Grenzobjekt sein muß, Mittler zur Welt, wenn sie auch nicht die ganze Welt einzufangen vermag. Daß sie das ordnende Subjekt zu manchen Aspekten der Welt in Distanz hält, begründet dessen überlegene Position, die allerdings ins Wanken gerät, wenn sich die ausgegrenzte Realität Gehör zu verschaffen vermag. So begleiten die erfüllten Ordnungsbedürfnisse auch Zweifel, ja Ängste, denn die Maschen des ausgeworfenen Netzes sind groß und – wer weiß – vielleicht ja heimlich verbündet mit dem Chaos.

Das Grenzobjekt Computer und sein Versprechen: Autopoiese

»Aber welche Hoffnung traf mich, als ich zum alten Bauern schaute und er mir sein Glas entgegenhielt. Ein fast grausames, festes Von-Mensch-zu-Mensch, ein Angewiesensein schob mich zurück ins Vertrauen. Es war zugleich die Hoffnung, dem voraus zu sein, was man zu sein gezwungen sein würde.«
Alfred Kolleritsch

Vielerlei Fähigkeiten, Bedürfnisse, Vorlieben, Gelüste, Süchte und Sehnsüchte fließen ein in die Entwicklung eines Softwareprodukts. Die Verfertigung des Produkts ist das offizielle Ziel, aber nicht nur um dieses geht es beim Programmieren. Disparat in ihren Erscheinungsformen, treffen sich die subjektiven ›Einflüsse‹ noch in einem anderen Punkt, und zwar in dem Bemühen, das eigene Ich zu suchen, zu fassen, zu festigen, zu stärken, beweglich zu halten. Die bisherigen Ausführungen sollen nun unter dem Gesichtspunkt dieses Bemühens zusammengefaßt und akzentuiert werden.
Die Subjektivitätsversuche am Computer weisen Züge auf, die im neueren Diskurs um Identität besondere Beachtung gefunden haben. Dieser über die Grenzen der Psychologie hinweg geführte Diskurs speist sich aus der feministischen Forschung (vgl. Fox Keller 1986; Benjamin 1982; Gilligan 1982; Chodorow 1985; Bilden 1989), aus der biologisch begründeten Erkenntnistheorie von Maturana und Varela (Maturana 1985; Maturana/Varela 1987a) und aus Positionen des Radikalen Konstruktivismus (vgl. Schmidt 1987), aus der Gestaltpsychologie (vgl. Portele 1989), aus Diskussionen über Individualisierung (vgl. Beck 1986; Keupp 1989) sowie aus Beiträgen zur Moderne und Postmoderne (vgl. Baier 1985; Lyotard 1988; Meyer-Drawe 1990).
In der Aura des gegenwärtigen Identitätsdiskurses will ich die Analyse der Subjektivitätsversuche am Computer ansiedeln; ich werde mich hauptsächlich auf die bereits eingeführten Autoren

Maturana und Varela stützen. Die beiden Erkenntnistheoretiker bieten mit dem Begriff der Autopoiese ein theoretisches Konzept, das auf das Wesen lebender Systeme abstellt. Theoretisch detailliert bestimmt, lassen sich diesem Konzept Kriterien entnehmen, die mir geeignet erscheinen, die Tätigkeit auch menschlicher Lebewesen, hier von Softwareentwicklerinnen und -entwicklern, dahingehend zu untersuchen, inwieweit deren Tätigkeit der Autopoiese verbunden ist.
Autopoiese bezeichnet die Fähigkeit eines lebenden Systems, sich andauernd selbst hervorzubringen. Dem Prinzip der Selbsterneuerung ist jedes Lebewesen unterworfen: »Jeder Zustand in einem autopoietischen System ist ein Zustand der Autopoiese, anderenfalls befindet sich das System in einem Zustand der Auflösung« (Maturana 1987b, 97). Autopoiese ist Ausdruck für die Herstellung von Leben. In ihrem Dienst stehen sämtliche Tätigkeiten eines Lebewesens. Sein und Tun sind eins. In diesem Sinn äußert sich auch Hannah Arendt, wenn sie schreibt, daß Menschen in ihrer ›Vita Activa‹ sprechend und handelnd nicht nur *etwas* mitteilen, sondern immer zugleich sich selbst und daß diese Art der Einschaltung in die Welt, zu der sie keine Aussicht auf Nutzen, kein Antrieb zur Leistung zwingt, »wie eine zweite Geburt ist, in der wir die nackte Tatsache des Geborenseins bestätigen, gleichsam die Verantwortung auf uns nehmen« (Arendt 1960, 165).
Wie ereignet sich die Autopoiese menschlicher Lebewesen? Menschen sind wie alle lebenden Systeme autonome Einheiten, das heißt, sie tragen die Potentialität zu ihrer Selbsterneuerung in sich, sind imstande, das ihnen Eigene und Besondere im Dienste der Autopoiese zu spezifizieren. Jede ihrer Veränderungen ist der Erhaltung der Autonomie verpflichtet; ihre Grenzen entwickeln sie im Prozeß der Selbsterzeugung (vgl. Maturana 1985, 186f.). Die Autonomie des Individuums bedeutet nicht, daß dieses nur für sich existieren könnte; seine Struktur, aus der die Möglichkeit zu empfinden, kognitiv und sinnlich wahrzunehmen, zu denken, zu handeln, sich zu bewegen entspringt, integriert das Individuum in einen sozialen Raum, auf den es für seinen Stoffwechsel angewiesen ist. Autopoiese lebt von der strukturellen Koppelung eines Lebewesens an andere lebende Systeme. Diese findet statt, wenn sich Menschen als fühlende, denkende und körperliche Wesen begegnen und so füreinander zum Medium autopoietischer

Verwirklichung werden. In ihren Interaktionen wirken sie wechselseitig »als Selektoren ihrer jeweiligen Wege struktureller Veränderungen« (Maturana 1987b, 108). Das führt dazu, daß die Zustandsveränderungen des einen Systems rekursiv die Zustandsveränderungen des anderen auslösen und so ein Bereich koordinierten Verhaltens entsteht. Dieses beinhaltet das Streben zweier oder mehrerer Individuen nach einem Konsens im Prozeß wechselweiser Interaktion, in der alle Beteiligten als voneinander unabhängige Systeme operieren und ihre Einzigartigkeit zu realisieren suchen. Sie handeln dabei nicht nach einem Input-Output-Modell; nehmen Informationen nicht einseitig auf, bilden die Welt nicht in sich ab, um auf der Basis von Weltrepräsentanzen ihr Handeln zu kalkulieren (vgl. Maturana/Varela 1987a, 145). Sie bringen die Welt vielmehr gemeinsam hervor, so wie sie sich selbst in bezug auf den anderen hervorbringen.

Im Aufeinanderbezogensein erschließen sich Möglichkeiten der Selbsterkenntnis: »Wir können uns nicht sehen, wenn wir uns nicht in unseren Interaktionen mit anderen sehen lernen und dadurch, daß wir die anderen als Spiegelungen unserer selbst sehen, auch uns selbst als Spiegelung der anderen sehen« (Maturana 1987b, 117). Den Bereich koordinierten Verhaltens, der zwischen Individuen als Ergebnis ihrer ontogenetischen, reziproken Interaktion entsteht, nennt Maturana einen »konsensuellen Bereich« oder auch einen »Bereich der Übereinstimmung« (Maturana 1987b, 108).

Eine harmonistische Konzeption von Selbsterzeugung ist mit dieser Annahme allerdings nicht intendiert. Strukturelle Koppelung kann durch Konflikte blockiert sein. Nur: Ohne strukturelle Koppelung gibt es keine Autopoiese im individuellen und gesellschaftlichen Sinn. Insofern entsteht ethische Verpflichtung. Nach Maturana und Varela »können wir im Falle eines Konflikts mit einem anderen menschlichen Wesen, *mit dem wir weiterhin koexistieren wollen*, nicht auf dem beharren, was für uns gewiß ist (auf einer absoluten Wahrheit), weil das die andere Person negieren würde« (Maturana/Varela 1987a, 264). Konflikte signalisieren die Notwendigkeit zur »Suche nach einer umfassenderen Perspektive, nach einem Existenzbereich, in dem beide Parteien in der Hervorbringung einer gemeinsamen Welt zusammenfinden« (ebd.).

Auch an nicht-lebende Systeme kann sich das menschliche Indi-

viduum koppeln (vgl. Maturana 1985, 293) – ein Gedanke, der für die hier aufgeworfene Frage nach dem Mensch-Maschine-Verhältnis von Bedeutung ist. Allerdings erfahren wir von Maturana nicht, wie er sich das Zusammenspiel zwischen lebenden und nicht-lebenden Systemen vorstellt. Diese Lücke läßt sich – zumindest im Hinblick auf Kulturobjekte – mit der These Alfred Lorenzers füllen, der zufolge die Gegenstandswelt geronnene menschliche Praxis darstellt, der wir im Gebrauch der Gegenstände begegnen. Verhaltensmuster und Lebensentwürfe werden dabei handgreiflich, ohne sich umstandslos in unseren Köpfen und Körpern abzubilden; sie initiieren vielmehr Interaktionsspiele, bei denen die Individuen ihre Vorstellungen zur Geltung bringen, wie ich es mit den Interaktionsspielen am Computer bereits zu verdeutlichen suchte. Ähnlich wie die Interaktion mit lebenden Systemen hat auch die mit kulturellen Gegenständen persönlichkeitsbildende Wirkung, wenngleich sie nicht dieselbe Dynamik erreicht, da das gegenständliche Gegenüber sich nicht verändert, es sei denn durch Einwirkung des menschlichen Interaktionspartners oder in dessen Phantasie.
Ein zentrales Gefühl im Neben- und Miteinander der Menschen ist die Liebe. Maturana und Varela verstehen unter Liebe, sich dem anderen zu öffnen und ihn anzunehmen als Fremden und Gleichen, ihn zu sehen als autonomes Wesen, das neben uns seinen Daseinsraum haben kann. Sie schreiben: »Ohne Liebe, ohne daß wir andere annehmen und neben uns leben lassen, gibt es keinen sozialen Prozeß, keine Sozialisation und damit keine Menschlichkeit« (Maturana/Varela 1987a, 266). Wo die Liebe fehlt, bringen sich Menschen nicht wechselseitig in Erscheinung, und damit geht die Möglichkeit struktureller Koppelung verloren: »Lebt man ohne Liebe zusammen, so lebt man heuchlerische Indifferenz oder gar aktive Negation des anderen« (ebd.). Ohne Liebe können wir uns selbst nicht mehr sehen, denn es fehlt uns der andere als Spiegel.
Je mehr wir in Beziehungen leben, desto vielfältiger erleben wir uns. Dafür sorgt die Einzigartigkeit des anderen, die dieser aufgrund seiner einzigartigen Ontogenese besitzt. Wechselnde strukturelle Koppelungen konstituieren unterschiedliche Auslösersituationen, die wiederum unterschiedliche Aktivitäten, Kompetenzen, Empfindungen mobilisieren. Die Herstellung neuer konsensueller Bereiche ist ein kreativer Prozeß, der sowohl

zu Variationen im vorhandenen Verhaltensrepertoire anregt als auch neue Interaktionsmodi provoziert. Verhaltensänderungen finden ihre Grenzen dort, wo die Autonomie eines Lebewesens in Frage gestellt ist. Der gefundene Konsens zwischen Individuen ist stets das Ergebnis der Geschichte ihrer Interaktionen, in denen ihr Wesen als autonome Systeme unangetastet bleibt.

Der theoretische Ansatz von Humberto Maturana und Francisco Varela ist hiermit noch nicht erschöpfend dargestellt; lediglich seine Grundzüge sind skizziert unter Betonung jener Aspekte, die der weiterzuführenden Diskussion Impulse zu geben vermögen. Ich möchte zu der vorgetragenen Position folgendes kritisch anmerken:

(1) Individuen werden hier als autonom und gleichzeitig als abhängig vom Austausch in einem Medium angesehen. Angesichts dieser Abhängigkeit von anderen erscheint es mir passender, von einer relativen Autonomie zu sprechen oder auch, mit Blick auf die Bewegung, die der strukturellen Koppelung innewohnt, von einer, wie Evelyn Fox Keller vorschlägt, »dynamischen Autonomie« (Fox Keller 1986, 89).

(2) Maturana bezeichnet lebende Systeme als Maschinen und will damit auf die Dynamik von Lebewesen verweisen (vgl. Maturana 1985, 182). Ich halte diese Bezeichnung für unpassend, auch wenn für Maturana autopoietische Maschinen nichts mit herkömmlichen Maschinen, die er allopoietische Maschinen nennt, gemein haben. Zu sehr ist der Begriff Maschine mit der Vorstellung eines mechanistischen Funktionierens ohne Chancen der Veränderung verwoben, als daß diese Bedeutung im allgemeinen Bewußtsein durch eine Neudefinition ersetzt werden könnte.

(3) Ich vermisse in der Diskussion über Autopoiese eine Auseinandersetzung mit der Frage, wie unterdrückende Macht sich auf autopoietische Organisation auswirkt. Gerhard Portele, der die Konsequenzen des autopoietischen Ansatzes für die Psychologie diskutiert, greift das Thema Macht in seinem Buch ›Autonomie, Macht, Liebe‹ zwar auf. Unter Berufung auf das Zitat von Bert Brecht »der Herr ist nur so Herr, wie ihn der Knecht es sein läßt«, vertritt er die Auffassung, daß auch Macht auf einem Konsens beruht, den er sinngemäß so formuliert: Wir handeln meist in der Gewißheit, daß wir von außen determinieren können, und üben Macht aus; ebenso tief sind wir überzeugt, daß wir nur das tun können, wozu wir von außen determiniert wurden, und gehor-

chen (vgl. Portele 1989, 193). Ich will dieser Annahme nicht ihre Plausibilität absprechen, nur sagt sie nichts darüber aus, was es bedeutet, wenn Individualität zugunsten anderer Individuen eingeschränkt wird. Wenn wir Maturana und Varela folgen, ist für die Ausübung von Unterdrückung ein Konsens nicht einmal immer nötig, denn wir müssen nicht mit allen Menschen koexistieren. Die Mächtigen können sich Ignoranz gegenüber denen leisten, über die sie Macht auszuüben gedenken, und es kann sein, daß jene, ohne einverstanden zu sein, gehorchen müssen, weil Widerstand unter bestimmten äußeren und inneren Bedingungen zumindest vordergründig noch zerstörerischer sein kann als Gehorsam. Die durch Macht verletzte individuelle Autonomie müßte nach Maturana und Varela zu einem Verfall des Individuums führen, aber wie dieser Zerfall auftritt, wie die Abtötung aussieht, wie sie sich auf die Gesellschaft auswirkt, all diese Fragen bleiben unbeantwortet.

Konservatismus allerdings, ein üblicher Einwand gegen systemtheoretische Positionen, kann Maturana und Varela nicht vorgeworfen werden. Die Existenz von Macht wird nicht geleugnet, aber möglicherweise deshalb nicht ausdrücklich thematisiert, weil das Konzept der Autopoiese nicht den Status quo realer Verhältnisse beschreibt, sondern ein anthropologischen Ansprüchen geschuldetes Ideal. Das Ideal halten die Autoren der Realität kritisch entgegen. Es ist die Folie, vor deren Hintergrund Maturana Leitlinien für eine alternative, nichthierarchische, ständig sich erneuernde Gesellschaft formuliert (vgl. Maturana 1985, 212 ff.).

Trotz der genannten Kritik ist mir das Konzept der Autopoiese als erkenntnisleitender Ausgangs- und Bezugspunkt hilfreich. Ihm entlehnt sind folgende Kriterien, anhand derer ich die Subjektivitätsversuche am Computer analysieren werde: Autonomie und Verbundenheit, prozessuale Offenheit, Kontinuität, kohärente Vielfalt (s. auch Bilden 1989, 38 ff.).

Die Begriffe isolieren Phänomene, die in Wirklichkeit nicht exakt voneinander geschieden sind, sondern zusammengehören, die einander hervorbringen und wieder zurückwirken, die sich begleiten und unterstützen. Meine Argumentation kann daher nur tendenziell diskursiv sein, Überschneidungen lassen sich nicht vermeiden.

Das Wechselspiel von Autonomie und Verbundenheit als notwendige Bedingung von Subjektivität zu sehen, diese Ansicht weicht ab von der Konzeption des abendländischen Subjekts. Nicht beides, nur das eine, die Autonomie, hat Aufnahme gefunden in diese Konzeption; sie ist gleichsam zum Markenzeichen des abendländischen Subjekts geworden. Die Idee des autonomen Subjekts hat sich von lange her entwickelt. Max Horkheimer und Theodor Adorno deuten in der ›Dialektik der Aufklärung‹ (1969) den Odysseus-Mythos als deren Ursprung an. Eggert Holling und Peter Kempin nehmen diese Andeutung auf und suchen sie am Beispiel der Polyphem-Episode in der ›Odyssee‹ zu beweisen (vgl. Holling/Kempin 1989, 17 ff.).

Odysseus und seine Gefährten sind auf der Insel der Kyklopen angekommen. Sie geraten in die Höhle des Polyphem, wo sie ein Feuer entzünden, sich an vorgefundenem Käse stärken und auf Polyphem warten, der sein Vieh weidet. Der Kyklop kehrt am Abend zurück, treibt das Vieh in die Höhle und verschließt diese von innen mit einem großen Türstein, den kein Mensch hätte entfernen können. Er fragt Odysseus nach dem Verbleib des Schiffes, und dieser antwortet unzutreffend, es sei an den Felsenklippen zerschellt. Odysseus weiß, daß das Schiff die einzige Möglichkeit ist, von der Insel wegzukommen, und vermutet wahrscheinlich, Polyphem wolle es zerstören. Nach diesem Gespräch verspeist der Kyklop zwei der Gefährten. Danach sinkt er in einen tiefen Schlaf. Odysseus ist drauf und dran, sein Schwert in die Brust des Kyklopen zu stoßen, aber er beherrscht sich. Der Tod Polyphems wäre keine Lösung gewesen. Wer hätte den Stein weggerollt?

Am nächsten Tag, als der Kyklop die Höhle verlassen hat, bemerkt Odysseus einen Balken aus Olivenholz. Er läßt ihn von den Gefährten abschaben; er selbst spitzt ihn oben zu. Dem am Abend heimkehrenden Polyphem gibt er soviel von dem mitgebrachten Wein zu trinken, daß sich dessen Sinne vernebeln. Polyphem will wissen, wie Odysseus heißt, damit er ihm ein Gastgeschenk machen könne. ›Keiner‹ sei sein Name, sagt Odysseus, und Polyphem erklärt, den Keiner wolle er zuletzt verspeisen, das sei sein Gastgeschenk. Sprach es und schlief ein. Odysseus und seine Gefährten bringen den Pfahl am Feuer zum Glühen und rammen ihn in das Auge des Kyklopen. Dieser reißt sich den Pfahl heraus und ruft die anderen Kyklopen um Hilfe: »Freunde! Keiner will mich mit List oder Stärke ermorden!« (Homer 1955, 247) Diese erwidern: »Wenn dich Einsamen wirklich keiner mit Kraft überwältigt, dann bist der Krankheit des großen Zeus, du unrettbar verfallen! Geh und bete du lieber zum Herrscher und Vater Poseidon!« (ebd.) So sprachen sie und gingen davon. Odysseus und seinen Gefährten gelingt es, aus der Höhle zu fliehen und ihr Schiff zu erreichen. Dem sie verfolgenden Kyklopen ruft Odysseus vom Schiff aus zu: »Kyklops! Wenn einer dich fragt von den sterblichen Menschen wegen der scheußlichen Blendung des Auges, so kannst du ihm melden: Das war Odysseus, der Städtezerstörer, der hat mich geblendet, jener Sohn des Laertes; in Ithaka ist er zu Hause!« (Homer 1955, 253)

In der Gestalt des Odysseus deutet sich, wie gesagt, das neue abendländische Subjekt an. Es ist dies ein Subjekt, das logisch und zielbewußt denkt und handelt. Es weiß, was es will, beherrscht seine Affekte, plant, bevor es handelt. Unerschrocken, souverän und kalkulierend geht es seinen Weg. Es beweist sich im Kampf, hat die Gefahren im Griff und kann am Ende ausrufen: Ich bin ich! Und dort ist die Welt! Dort bist du Polyphem!

Das sich mit Odysseus ankündigende Subjekt der Moderne definiert sich vom Denken her, in dessen Zentrum es selbst steht. Ich denke, also bin ich, sind starke Worte, mit denen René Descartes dieses Subjekt bestätigte. Denkend hebt sich das neuzeitliche Subjekt ab von der Welt; es ist separate Einheit, die den Dingen da draußen entgegengesetzt ist. Aus der Distanz zur Welt bezieht es seine Unabhängigkeit, die im Kampf seine deutlichsten Konturen bekommt. Der neuzeitliche Subjektentwurf huldigt der Autonomie. Autonomie verspricht Freiheit, Freiheit von Zwängen innerer und äußerer Natur, Freiheit von anderen. Die Geschichte des autonomen Subjekts ist eine Geschichte des Trennens und Abtrennens; sie ist zugleich die Geschichte der Moderne.

Aus der Perspektive des autopoietischen Ansatzes, wonach die menschliche Existenz sowohl getrennt als auch verbunden ist, widerspricht das Konzept des neuzeitlichen Subjekts dem Wesen des Menschen. Kritik an diesem Widerspruch ist nicht ausgeblieben. Das Denken des neuzeitlichen Subjekts geriet als instrumentelle Vernunft in Verruf, nicht aber der Primat der Autonomie. Das Andere der Vernunft, das Verbindende, wurde als teilnehmendes

Bewußtsein, als übergangene Sinnlichkeit, als erkennende Phantasie, als liebender Blick zur Sprache gebracht und der Vernunft kritisch entgegengesetzt. Kritik, die das eine gegen das andere setzt, bleibt jedoch in den Fängen dualistischer Denkweise. Sie windet sich aus dem Entweder-Oder nicht heraus (vgl. Meyer-Drawe 1990, 10).

Feministische Forscherinnen kritisierten den neuzeitlichen Subjektentwurf als patriarchalen Entwurf, der das, was er ausgrenzt, das Andere, der Frau zuweist und es mit dieser unterwirft, als irrational abstempelt und auf den Privatbereich beschränkt (vgl. Bilden 1989, 29). Sie plädieren für ein Sowohl-als-Auch, so mit dem Konzept der »dynamischen Autonomie« (Fox Keller 1986) oder mit dem Verweis auf die dem Menschen eigenen zweierlei Strebungen, dem Streben zum anderen, nach Bindung und Nähe und dem Streben nach Selbstbehauptung (vgl. Benjamin 1982, 437). Nach Jessica Benjamin sind beide Fähigkeiten von Lebensbeginn an bei Mädchen und Jungen miteinander verflochten, werden aber im Dienste des patriarchalen Subjektentwurfs im Verlauf der Sozialisation, insbesondere in der ödipalen Situation, polarisiert, indem das Mädchen in Richtung Gegenseitigkeit und der Junge in Richtung Autonomie gedrängt wird. Die so gepolte geschlechtsspezifische Erziehung fordert und forciert eine Spaltung, die die Subjekt-Objekt-Dialektik negiert.

»Das Subjekt ist weder nur Untertan (Sujet) noch nur Souverän (Subjekt)« (Meyer-Drawe 1990, 151), schreibt Käthe Meyer-Drawe in ihrem Buch ›Illusionen von Autonomie‹. Es ist sowohl abhängig als auch unabhängig. Das Ich, das ganz bei sich wäre, wäre nur bei sich, abgeschnitten von der Hoffnung auf ein Mensch-zu-Mensch. Im Mythos verkörpern Narziß und Echo die beiden Extreme unserer Existenz: »das bloße Sein zu sich selbst und das pure Sein durch den anderen. Beide gehen an dieser Ausschließlichkeit zugrunde« (Meyer-Drawe 1990, 116).

Das Grenzobjekt Computer eröffnet einen intermediären Erfahrungsraum. In der Interaktion mit der Maschine heben sich für Softwareentwicklerinnen und -entwickler Trennungen zwischen Ich und Nicht-Ich, zwischen innen und außen, zwischen Eigenem und Fremdem auf. Die Maschine verkörpert menschliches Denken, sie begegnet denen, die an ihr arbeiten, als Teil ihrer selbst, und zugleich ist sie Gegenstand der äußeren Welt. Sie ist vom »letzten Schrotthaufen (...) bis nahezu jemand, mit dem ich kommuniziere« (H. Weg). »Zum Beispiel frage ich ihn, ›warum ist das ein Fehler?‹ und dann rede ich irgendwie auf den ein« (Peter). Zum Kommunikationspartner wird die Maschine in der Phase ihrer Vervollständigung, eine Phase, die dazu anregt, neben algorithmischen Denkweisen auch noch anderes in die Maschine zu stecken: Erinnerungen, Wünsche, Moral, Bilder. Die Softwareentwicklerinnen und -entwickler antworten nicht nur der diskursiven Symbolik des Computers, sie entwerfen ihn in ihrer Phantasie auch als Träger emotional-sinnlicher Bedeutungen. Sie sehen sich der Maschine insofern verbunden, als sie sich in ihr als denkende und fühlende Wesen wiedererkennen, und finden sich von ihr getrennt, sobald sie ihnen als Werkzeug erscheint, ein Werkzeug, über das sie verfügen.

Das Hin und Her zwischen Nähe und Distanz setzt sich fort im Verhältnis zu den Wirklichkeitsfeldern, für die sie ihre Programme schreiben. Wieso ein Hin und Her, läßt sich fragen, geht es doch in der Softwarewelt um ein Denken, das dem des Odysseus verwandt ist, um ein Denken auf Abstand. Auch dieses Denken stützt sich auf die Kenntnis der Situation, und Erkennen verlangt Verbundenheit. Erkennen liegt im »In-der-Welt-Sein« (Heidegger) begründet, im Austausch mit dem zu Erkennenden, in der Teilnahme an Interaktion. »Es ist immer die Hauptarbeit, das rauszukriegen, wie die vorgehen« (Fr. Wollner), erklärt eine Softwareentwicklerin, und das heißt für einen Berufskollegen, der Betriebsdatenerfassungssysteme konstruiert: »Man muß also in die Betriebe wirklich reingehen und den an der Maschine fragen« (H. Wort). Oder man bildet zusammen mit den Benutzern Arbeitsgruppen mit dem Effekt, daß »bei denen ein bißchen mehr das Verständnis für unsere Arbeit geweckt (wird), und wir kriegen auch mehr Einblick in denen ihre Arbeit; das ist wahrscheinlich gegenseitig eine positive Sache« (Fr. Blau). Es kommt in der Phase der Annäherung an den Gegenstandsbereich zu verschiedenen Formen struktureller Koppelung, bei der beide Seiten ihre Besonderheiten äußern. Das provoziert Akte des Aushandelns. Ein Konsens ist nach Meinung der Softwareentwicklerinnen und -entwickler zu finden, »denn sonst, wenn das irgendwo am ›grünen Tisch‹ geplant worden ist, dann geht das oft in die Hose« (Fr. Berg). Der Benutzer muß sich am neuen Gerät »wiederfinden«. Von einem gelungenen Konsens hängt für die Befragten alles weitere ab: die Akzeptanz des Programms, dessen Funktionieren und mit diesem das Funktionieren des gesamten Arbeitsablaufs. Der Konsens ist ihnen aber auch ein ganz persönliches Bedürfnis, »denn wir wollen ja nicht an denen vorbeiarbeiten« (Fr. Blau). Sie sind angewiesen auf Zustimmung, freuen sich, wenn Benutzer sagen: »Das schaut toll aus, oder damit kann ich was anfangen« (H. Weiß).

Gegen die Verbundenheit hebt sich das Gefühl von Autonomie ab, das sich in dem Maße einstellt, als es Softwareentwicklerinnen und -entwicklern gelingt, dem Wahrgenommenen eine abstrakte Form zu geben. »Wir fühlen uns als Architekten« (H. Fest), so ein Softwareentwickler, und ein anderer: »Es macht mir unheimlich Spaß, etwas auf die Beine zu stellen« (H. Tänzer). Das entstehende Computerprogramm soll ihre Besonderheit sichtbar machen; sie suchen nach neuartigen, noch nicht dagewesenen Lösungen, nach eleganten Lösungen. Das Programmieren ist »ein Feld, wo ich einfach ausprobieren kann, wo sind meine Grenzen«, sagt der 18jährige Klaus. »Was bedeutet dir das?«, frage ich. Er: »Faszination, wenn man feststellt, was möglich ist, was mir möglich ist und was technisch möglich ist.« Das Programm als Spiegel persönlicher Möglichkeiten beglaubigt die eigene Existenz, macht einen zu einem Jemand. Eine 43jährige drückt es so aus: »Ich habe eine Bestätigung drin (im Programmieren, d. V.) gefunden« (Fr. Weich), und ein 28jähriger so: »Ich gehe aufrecht. Ich habe ein gutes Selbstbewußtsein« (H. Wort).

Das Programmieren führt in ein Wechselspiel zwischen Autonomie und Verbundenheit, im Verhältnis zur Maschine und im Verhältnis zu der zu bearbeitenden Wirklichkeit. Es ermöglicht das Wechselspiel, verlangt es zeitweise oder erlaubt es und eröffnet somit Chancen, sich als denkendes sowie als sinnlich-emotionales Wesen zu verwirklichen.

Menschen *sind* nicht nur beides: autonom und verbunden, sie haben auch entsprechende Bedürfnisse. Allerdings zeigen sich in der Intensität der jeweiligen Bedürfnisse Unterschiede, am auffälligsten geschlechtsspezifische. Während die männlichen Befragten in der Tendenz ein besonderes Interesse an Autonomie erkennen lassen, indem sie dieses Thema ausführlicher und wortreicher besprechen als die Mädchen und Frauen, engagieren sich letztere deutlich stärker bei der Beschreibung ihres Bemühens um Nähe zu den Benutzern. Dieser Unterschied verweist auf die Wirksamkeit geschlechtsspezifischer Sozialisation, die mit den Erfordernissen einer gesellschaftlichen Arbeitsteilung korrespondiert, welche die Männer in die effizient zu bearbeitende Dingwelt schickt und den Frauen als erste Aufgabe die Hege und Pflege der unberechenbaren menschlichen Natur nahelegt. Auch wenn *diese* Frauen sich solchem Verlangen ganz oder teilweise, vorläufig oder für immer entzogen haben, die diesbezüglich erworbenen Kompetenzen stehen ihnen zur Verfügung, und die Dingwelt kann sie gebrauchen.

Prozessuale Offenheit

Das Subjekt als autopoietisches System zu begreifen heißt, es als offenen Prozeß von Formationen zu betrachten, als ein Werden, welches nicht notwendig linear ist, sondern sich wahrscheinlicher in Schüben und Sprüngen, unter Einschluß zeitweiliger Stagnation vollzieht. Dieses Geschehen ist nicht in aufeinanderfolgenden Entwicklungsstadien zu fassen. Das Subjekt häutet sich nicht, um irgendwann in einer endgültigen Gestalt dazustehen: »Das Ich existiert als Kristallisationsprozeß, ohne in einem letzten Kristall seine abschließende Form zu finden« (Meyer-Drawe 1990, 122). Dieses Werden hat nur das eine Ende: den Tod des Subjekts.
Das offene Identitätsprojekt bedeutet Öffnung zum anderen hin, bedeutet Verbindung. Die Entwicklung von Computerprogrammen fordert Verbindung mit der Maschine und Verbindung zum Anwendungsfeld. Mitteilungen verschiedenster Art kommen Softwareentwicklerinnen und -entwicklern bei ihren Recherchen im Anwendungsfeld entgegen. Diese Mitteilungen treffen auf Subjekte, die über entsprechende Empfangskanäle verfügen. Zwar treten Softwareentwicklerinnen und -entwickler mit einem der Computerlogik verpflichteten Suchbild an, mit dessen Hilfe »man im Hinterkopf natürlich immer schon anfängt umzusetzen« (Fr. Baum), das auffordert zu sortieren, zu akzentuieren, auszugrenzen, doch sie sind in ihren Wahrnehmungsmöglichkeiten nicht auf das Suchbild beschränkt. Sich strikt an das vorgegebene Schema zu halten, »das hieße ja, bei voller Funktionsfähigkeit der Augen blind sein, wie ein optischer Apparat blind ist« (Flügge 1963, 50).
Die Softwareentwicklerinnen und -entwickler berichten, wie sie sich vielem, worauf sie unerwartet stoßen, nicht verschließen können und wollen: den Ängsten vor der Konkurrenz der Maschine,

der Befürchtung zu versagen, der Abneigung vor zurechtweisenden Fehlermeldungen, Eigenheiten in der Arbeitsweise, unerfüllbaren Erwartungen an die Technik, Wünschen nach einem spielerischen Gebrauch der Maschine, ungewohnten Denkweisen. Sie fühlen mit, ärgern sich, freuen sich, sind irritiert über die »ganz anderen Gedankengänge« (Fr. Berg) oder finden sie spannend. Sie vergleichen sich, entdecken Sympathien für Fremdartiges. »Wo finde ich mich wieder? Das ist eigentlich das Spannende an der Geschichte« (Fr. Licht), erklärt eine KI-Forscherin ihr Interesse an Gesprächen mit medizinischen Experten. Die verschlungenen Wege ärztlicher Diagnosefindung stellen eine besondere Herausforderung dar. Sie geben, da dicht von Spontaneität, Intuition, implizitem Wissen durchzogen, schwierigste Rätsel auf, deren Lösung verspricht, daß man zugleich sich selbst enträtselt: »Wenn ich dann erkenne, so könnte es auch ein Experte machen, dann ist das ja ein Wiederfinden von mir« (Fr. Licht).

Sich zu öffnen bedeutet, daß die Ränder des Subjekts durchlässig werden, Neues kann herein und Altes hinaus. Ungeahnte Fragen tauchen auf, Entscheidungen werden nötig; das Denken und Fühlen kommt in Bewegung, Veränderungen werden in Gang gesetzt, auch über die auslösende Situation hinaus. Ob sie ihren Niederschlag in den Programmen finden können, ist eine andere Frage. Die Anstrengungen, auch schwer formalisierbare Neuentdeckungen darin zu berücksichtigen, sind zwar oft groß, aber sie haben ihre Grenzen in den Grenzen nicht dehnbarer Kategorien und Regeln formaler Logik.

Prozessuale Offenheit gewinnt ein besonderes Gewicht für diejenigen, die in ihrem Leben neue Weichen stellen wollen oder müssen. Zwei Gruppen treten unter diesem Gesichtspunkt besonders in Erscheinung: Frauen und Jugendliche.

Frauen, die den Beruf der Softwareentwicklerin ergreifen, signalisieren mit dieser Wahl ein vorläufiges, partielles oder endgültiges Nein zu einem Lebensentwurf, der für sie in erster Linie Sorge und Dasein für eine Familie vorsieht: »Ich wußte schon mit drei Jahren, daß ich auf keinen Fall Hausfrau werden wollte« (Fr. Bach), so eine 32jährige, und eine 38jährige: »Mir fällt daheim nach einer längeren Zeit die Decke auf den Kopf (...). Man wird geistig doch nicht so gefordert, und ich glaube, das führt schon dazu, daß man auch ein bißchen abbaut« (Fr. Blau). Die Distanz zur traditionellen Frauenrolle steht in Verbindung mit dem mütterlichen Lebensmodell; entweder ist die Mutter als sich selbst zurücknehmende Frau ein abschreckendes Beispiel, »genau das, was ich nicht sein will«, »eben sehr dem Mann untergeordnet« (Fr. Landwehr), oder sie ist der Tochter als selbständige, oftmals berufstätige Frau Vorbild für ein autonomes Frauenleben.

Meine Interviewpartnerinnen wollen nicht oder nicht nur traditionellen Rollenerwartungen genügen. Sie wollen durch ihren Eintritt in die mathematisch-technische Welt ihr Ich auch Ansprüchen aussetzen, an denen sich weibliche Subjektivität gewöhnlich kaum bilden und bewähren kann. Durch Bindung ihrer Interessen an Projekte, die auf »männlichem« Territorium angesiedelt sind, wollen sie sich offenhalten für eine andere Zukunft. Ihr Ich-Ideal ist die selbstbewußte, unabhängige, fachlich kompetente Frau.

Inwieweit enthält dieses Ideal Karrierewünsche? Solche werden stärker von den 20-35jährigen Frauen geäußert als von den über 35jährigen. Diese sind dem Aufstieg nicht abgeneigt, aber sie haben mehrheitlich ungleich größere Zweifel als die jüngeren Berufskolleginnen, ob Karriere für Frauen in der Softwarebranche durchsetzbar ist. Sie schöpfen ihre Skepsis aus langjähriger Beobachtung des Karrieregeschehens, die sie den jüngeren Frauen voraushaben: »Ich hab' nicht die gleiche Chance wie die Männer. Ich kann das gleiche leisten, aber (wird leiser) des wird also nie anerkannt, des wird nie so gewertet, nie so gesehen, wie des bei 'nem Mann gesehen wird« (Fr. Blumer).

Eine Frau, die anerkannt sein will, müsse »außergewöhnlich gut sein«, »außergewöhnlich auffallen« (Fr. Blumer), und es wird befürchtet, daß das die weibliche Identität kosten könnte, wie es sich für eine 43jährige an einer Kollegin darstellt, die »ganz gezielt auf Karriere gearbeitet« (Fr. Weich) hat: »Sie hat das auf die Art und Weise unterstützt, daß sie sich nach außen gezielt männlich gegeben hat, Haarschnitt, Kleidung, das hat sie gesagt, hat damit Erfolg gehabt und hat sich gesundheitlich fast kaputtgemacht, hat sie erzählt«. Nur eine meiner Interviewpartnerinnen, eine 42jährige, hat eine Führungsposition erreicht, die sie, als sie Mutter wurde, wieder aufgegeben hat.

Von den über 35jährigen Männern werden im Unterschied zu den gleichaltrigen Frauen keine Karrierewünsche angesprochen, was nicht verwunderlich ist, da sie sich alle in Führungspositionen befinden. Sie sind Geschäftsführer, Abteilungsleiter oder mindestens Gruppenleiter.

Die 20-35jährigen Frauen hoffen zwar auf Karriere, aber auch ihre Hoffnungen sind gebrochen, gebrochen durch den Wunsch nach Familie und Kindern. Soweit sie Kinder haben wollen, fragen sie sich, wie Kinder und Beruf miteinander zu vereinbaren sind, ob sie im Beruf trotz Kindern noch als leistungsfähig gelten oder »abgestempelt und (...) von oben herab betrachtet werden« (Fr. Herzlich), ob sie halbtags arbeiten können oder den Beruf ganz aufgeben müssen. So greift auch hier die geschlechtsspezifische Arbeitsteilung. Für die gleichaltrigen Männer wirft der Wunsch nach Familie diese Fragen nicht auf. Sie steuern ihre Karriere sehr viel zuversichtlicher an oder formulieren auch ein Nein dazu, jedoch kein erzwungenes, sondern ein Nein aufgrund der Ansicht, daß Karriere ihrer Persönlichkeit nicht zuträglich sei, denn »Führungspersönlichkeiten sind, glaube ich, sehr sehr einsame Menschen« (H. Denk), so ein 28jähriger KI-Forscher.
Der Kristallisationsprozeß des weiblichen Ichs ist, sobald er eine traditionell nicht vorgesehene Richtung einschlägt, ein stets gefährdeter Prozeß. Das beweist die Macht gesellschaftlicher Verhältnisse, die nicht nach Einverständnis fragt, ehe sie weibliche Pläne durchkreuzt.
Nun zu den Jugendlichen, die sich mit Hilfe des Grenzobjekts Computer eine neue Lebensphase eröffnen. Prozessuale Offenheit ist *das* Thema der Jugend. Jugendliche stehen vor der Aufgabe, sich von ihrem kindlichen Ich loszusagen, die Konturen ihrer inneren Realität zu verflüssigen, Wünsche und Phantasien jenseits des Vorgegebenen zu mobilisieren und mit ihnen zu experimentieren (vgl. Erdheim 1984, 296f.). Das Kunststück ist zu leisten, Allmachtswünsche so an die Arbeitswelt zu koppeln, daß sie dort eine verändernde Kraft entwickeln und zugleich dem Subjekt einen identitätsstiftenden Platz sichern. Einen hohen Stellenwert von Arbeit in jugendlichen Lebenskonzepten haben Martin Baethge u. a. in einer 1988 vorgelegten Untersuchung festgestellt (vgl. Baethge u. a. 1988, 247). Rainer Zoll u. a. dagegen kommen in einer etwa zum selben Zeitpunkt durchgeführten Studie zu dem Ergebnis, daß Jugendliche, mit Ausnahme junger Frauen, zur Arbeit ein eher distanziertes Verhältnis haben (vgl. Zoll u. a. 1989, 238). Die differierenden Untersuchungsergebnisse könnten für eine ambivalente Einstellung zur Arbeit sprechen, die darauf gründet, daß Arbeit zwar Selbstverwirklichungswünsche auf sich zieht, diese aber nur ungenügend befriedigt. Disziplinierungsanforderungen und Hier-

archien, die den Arbeitsprozeß durchziehen, stehen dem Wunsch der Jugendlichen nach Größe und innerem Wachstum entgegen, sie machen eher klein und ohnmächtig.
Am Computer dagegen sind sie wer, hier können sie zum Herrn über Leben und Tod werden, wie der 18jährige Klaus in seinen Lebenssimulationen; hier können die Jugendlichen phantasieren, einen »Supercomputer« (Rolf) zu konstruieren, der spricht wie ein Mensch, können – wie es der 15jährige Peter tut – Abenteuerspiele entwickeln, in denen sie zum Helden werden, der alle Monster und gefährlichen Tiere besiegt, und zugleich können sie die Realisierung dieser Phantasien in einem Programm als Arbeit ansehen. Es sei ihm eine Freude, meint Peter, »daß ich nicht irgendwie nur da rumhocke und mir die Ohren mit irgendwelcher Heavy-Metal-Musik volldröhne, sondern daß ich eben etwas Produktives leisten kann«. Das Tun am Computer entführt in eine Schwebewelt; die Jugendlichen können testen, »was ist Arbeit, was muß man leisten« (Rolf), andererseits können sie sich im »Nicht-Alltäglichen« (Peter) suchen. So mag das Gefühl entstehen, sich in einem Möglichkeitsraum zu finden, der nach vorne hin offen ist. Jedes Programm ist »wieder so ein Nach-vorne-Schieben« (Rolf). Ob die sich am Computer bildende Identität Jugendlicher tatsächlich soviel »Möglichkeitssinn« (Robert Musil) enthält, läßt sich bezweifeln, denn immerhin werden ohne Diskussion Denkgewohnheiten und Weltbezüge herrschender Kultur eingeübt. Sich kritisch mit diesen auseinanderzusetzen aber wäre die Bedingung dafür, sich das zukünftige Leben wirklich offenzuhalten.

Exkurs:

Ein deutlicher Unterschied zeigt sich bei den an dieser Untersuchung beteiligten Mädchen. Für sie hat das Programmieren als Raum für Selbstversuche eine auffallend geringere Bedeutung als für die gleichaltrigen Jungen. Nur vorübergehend habe sie aus dem »Computern« ihr Selbstbewußtsein gezogen, berichtet die 16jährige Sabina, inzwischen sei ihr dafür Taekwondo viel wichtiger. Keines der Mädchen begreift das Programmieren als vorrangiges Hobby, es ist eines unter vielen, während es bei den befragten Jungen in der Interessenskala ganz oben rangiert. Die Pädago-

gin Silvia Miksch kommt in ihren in Österreich durchgeführten Fallstudien zu einem ähnlichen Ergebnis (vgl. Miksch 1989, 69).
Keines der Mädchen hat für den Computer Geld ausgegeben, während die Jungen sparen, um sich immer komfortablere Modelle leisten zu können. Die Mädchen bekamen ihren Computer geschenkt, benutzen den des Bruders mit oder haben eben keinen. Die Computeranlage der Jungen ist unübersehbar in den Zimmern aufgebaut, Mädchen plazieren das Gerät unauffällig oder verstauen es unsichtbar. An Computerwettbewerben nehmen Mädchen kaum teil (vgl. Miksch 1989, 64). Ihre Beteiligung an den alljährlichen Wettbewerben in Österreich nimmt vielmehr seit 1980 deutlich ab. Betrug ihr Anteil damals noch etwa ein Fünftel, so lag er 1987 bei 7%. Beim Bundeswettbewerb Informatik, der in der BRD seit 1980 durchgeführt wird, sind nur 2,2% Mädchen vertreten. Wie erklärt sich die allgemein festgestellte Distanz der Mädchen zur Computertechnik?
Wenn wir Hedwig Rudolph (1987) oder Rainer Brämer und Georg Nolte (1983) folgen, so ist sie eine Antwort auf die Diskriminierung von Frauen in naturwissenschaftlich-technischen Berufen. Rudolph kommt aufgrund ihrer Untersuchung des Ingenieurberufs zu dem Schluß, daß z. B. der Ingenieurstand die Prägung eines »Männerclubs der oberen Mittelklasse« (Rudolph 1987, 209) hat und damit einen sozialen Habitus, der Frauen und Mädchen sagt, sie brauchten sich erst gar nicht zu bemühen. »Computer ist alles auf Männer bezogen, das stört mich schon«, meint auch die 16jährige Sabina. Die Diskriminierung der Frauen steckt bereits in den Köpfen der kleinen Jungen, wie Hannelore Faulstich-Wieland und Anneliese Dick herausgefunden haben. Die Jungen fertigten Zeichnungen zum Thema ›Mädchen und Computer‹ an. Zu gut einem Drittel drückten sie darin aus, daß sie Vorurteile gegenüber Mädchen hegen und Mädchen keineswegs als gleichwertig erachten (vgl. Faulstich-Wieland/Dick 1988, 51).
Nicht anders denken die Jungen in der Umgebung der 16jährigen Brigitte: »Mädchen und Technik? Zwei Welten, die sich da begegnen. Also das höre ich jeden Tag fast, wirklich Wahnsinn. Aber irgendwie denkt man da, man muß es anders beweisen, weil irgendwie haut das nicht hin. Es ist so im Umlauf, so quasi Frauen und irgendwas Technisches, das kann sowieso nicht hinhaun.« Sie will sich von diesem Vorurteil nicht beeindrucken lassen, aber verunsichert ist sie doch, denn sie sagt: »Man sollte das 'mal er-

gründen und ein bißchen nachdenken drüber, ob das (das Urteil über die Frauen, d. V.) auf alle zutrifft.«
Den Frauen und Mädchen Technikkompetenz abzusprechen, hat eine Geschichte, die bis ins Mittelalter zurückreicht, wie die Historikerin Margot Fuchs in ihrem Aufsatz ›Technik und Geschlechterverhältnis‹ (1992) nachgewiesen hat. Das Vorurteil wirkte und wirkt subtil: als »heimlicher Lehrplan« (Rudolph 1987, 208), als zurückbleibende Nachdenklichkeit bei den Frauen, ob sie technisch nicht doch weniger begabt sind, als Wunsch, im Informatikunterricht nicht mit Jungen zusammenzusein, die sagen könnten: »Du verstehst das sowieso nicht« (Sabina). Fast unbemerkt kann es dazu beitragen, daß Mädchen vorsichtig werden.
Doch es gibt noch einen anderen Grund für das zurückhaltende Engagement von Mädchen am Computer: ihre Kritik an dieser Technik. Sie achten sehr genau darauf, wie sich das Programmieren auf Menschen auswirkt, beobachten sich selbst oder den programmierenden Vater, vergleichen ihre Erfahrungen am Computer mit ihren Erfahrungen in zwischenmenschlichen Bezügen und finden, daß sie der Kontakt zu einem »lebendigen Wesen, das von alleine antwortet« (Sabina), doch mehr reizt als der Umgang mit der Maschine, mit der »man nich' weggehen, nich' so reden (kann) wie mit 'ner Freundin«, daß es doch schöner ist, von anderen bestätigt zu werden, als durch ein Computersignal: »Da am Computer kriege ich ja, wenn ich da was richtig habe oder so, wer lobt mich denn da, da sitz ich allein da und freue mich im Stillen, still und heimlich. Dagegen, wenn ich so Sport mache, so bei den Bundesjugendspielen, da sehen das viele, und die finden das dann alle toll, und dann stehe ich halt auch mal im Mittelpunkt, das brauche ich einfach« (Susanne). Die 14jährige Susanne ist überzeugt: »Menschen, (die) sehr viel mit dem Computer zu tun haben, die können keine Konversation mehr führen.«
Wenn Mädchen zögern, den Ort am Computer zu einem Ort zu machen, wo sie ihr Ich suchen, so können sie dafür trotz des existierenden Vorurteils ihre ganz eigenen, kritischen Motive haben. Denkbar ist sogar, daß beides zusammenspielt, etwa in der Haltung: Technik ist Männersache, und so soll es bleiben.

Zurück zum Ausgangspunkt: Weil Menschen nicht isoliert existieren, Realität nicht unabhängig von ihrer Umwelt definieren können, auf Anerkennung und Konsens angewiesen sind, müssen sie sich öffnen. In einer Zeit, in der traditionelle Sinnstrukturen als Orientierungspunkte zunehmend erodieren, tritt das Erfordernis nach prozessualer Offenheit noch drängender auf als sonst. Wenn die Tätigkeit am Computer Gelegenheit gibt oder verspricht, das Ich nach vorne hin offenzuhalten, so dürfte das den Subjekten entgegenkommen, bietet ihnen die Maschine doch gleichzeitig auch Sicherheiten. So können sie sich einerseits als sich öffnende, dynamische, unbekanntes Terrain betretende Persönlichkeiten erleben und andererseits gibt es Regeln zum Festhalten.

Kontinuität

Wenn das Subjekt sich in Formationen vervielfältigt, so bedeutet das nicht, daß es sich in Beliebigkeit verflüchtigt. Es hat als gewordenes Wesen »seine Geschichte wie einen Kometenschweif bei sich« (Meyer-Drawe 1990, 23). Die Möglichkeiten prozessualer Offenheit sind von ihr vorgezeichnet, ohne determiniert zu sein. Sie realisieren sich im Rahmen von und in Reibung mit gewachsenen Perspektiven. Vergangenheit wirkt in der Einzigartigkeit autopoietischer Einheiten, aber nicht als starre Maske, nicht als unveränderbarer Kern. Sie wandelt sich in der Verbindung mit anderen, indem sie sich in deren Appelle verwickelt, ohne in diesen aufzugehen. Sie wandelt ab und verwandelt sich dabei selbst. So entsteht Kontinuität. Das Individuum ist Zeuge und Akteur, Subjekt und Objekt. Es hat die Geschichte in sich, und es holt sie aus sich hervor.

Als Grenzobjekt steht der Computer in Verbindung mit frühesten Kindheitserfahrungen. Wie die ersten Besitztümer des Kindes, die Übergangsobjekte, führt er den Erwachsenen in ein intermediäres Reich, das keine starren Trennungen zwischen innen und außen kennt. In einem solchen Zwischenbereich des Erlebens hat das Kind seine ersten erfolgreichen Versuche unternommen, innere und äußere Realität voneinander abzugrenzen und zugleich in Verbindung zu halten. An diesen Versuchen knüpfen Softwareentwickler an, wenn sie ihr Denken, Wahrnehmen, Fühlen annähern an eine Lebenswelt außerhalb mit dem Ziel, Subjektives und Objektives miteinander zu verschränken, oder auch wenn sie in der Interaktion mit der Maschine pendeln zwischen Identifikation und Abgrenzung. Äußerlich zwar kaum vergleichbar, sind das doch vertraute Situationen, die, so hat man schon einmal erfahren, erfolgreich zu meistern sind. Die kindlichen Übergangsobjekte mögen vergessen sein, aber die mit ihnen gemachten Erfahrungen bleiben wirksam, machen Mut, wiederholen sich in anderer Gestalt, und vielleicht sind *sie* es ja gerade, die das sinnlich-emotionale Erleben beim Programmieren mobilisieren, hat dieses doch auch die kindlichen Weltbezüge geprägt.

Das Entwickeln von Computerprogrammen knüpft darüber hinaus an schulisch erworbene Kompetenzen an. Daß die naturwissenschaftlichen Fächer Lieblingsfächer waren oder jedenfalls Fächer, in denen man gut war, ist für die berufliche Entscheidung wesentlich. Man hat Gefallen gefunden an der Abstraktion, an kniffligen mathematischen Problemen, an der Suche nach Gesetzmäßigkeiten, und wenn sich daraus ein Beruf machen ließ, um so besser. Einen KI-Forscher reizt an der Entwicklung von Expertensystemen dasselbe, was ihn in der Schule an der Mathematik gereizt hat, »das Spiel, das Spiel mit Zahlen, das Spiel mit Formeln« (H. Klar).

Einen anderen KI-Forscher bringt ein eher dem Spiel kontrastierender Aspekt der gegenwärtigen Tätigkeit mit dem Jungen von einst in Berührung: das Funktionale, das Zweckmäßige. Das war das, was in der Familie was galt, weshalb er seinen kindlichen Tätigkeitsdrang früh auf Nützliches konzentrierte. Für eine 43jährige lebt beim Entwickeln eines Programms das Gefühl auf, das sie als Kind hatte, wenn sie im Garten Erdbeer- und Stachelbeerstauden pflanzte. Das Programm gedeiht unter ihrer Hand wie die Pflanzen in der Obhut des Kindes, will sie sagen. Für eine andere Softwareentwicklerin hat die Computertechnik eine Ästhetik, von der sie sich bereits als junges Mädchen angezogen fühlte: »Da habe ich viel lieber Karos und Streifen gehabt als Blümchen« (Fr. Karo). Deshalb habe ihr auch Feininger »sehr gut gefallen; für den habe ich ja irre geschwärmt in meiner Jugendzeit«. Seine Bilder mochte sie, weil sie »gerade und klar« sind, und das habe ihr auch an der EDV imponiert: »Gerade bei der EDV gibt es ja auch keine – da gibt es nicht ein klein bißchen gerade und ein klein bißchen (lacht) krumm und eckig. Da gibt es eigentlich nur ein Entweder-Oder.« Im Rückblick bestätigt sich die inzwischen 50jährige als Subjekt ihres Handelns. Sie identifiziert ihren Lebensweg als so von ihr gewollt, eine Sicht, wie sie für die Erfahrung von Kontinuität unentbehrlich ist (vgl. Bilden 1989, 44 ff.).

Eine 42jährige schließlich meint: »Knöpfchendrücken hat mir schon immer gefallen« (Fr. Blumer). Sie denkt dabei nicht ans Spielen, sondern ans Steuern. Als kleines Mädchen habe sie, als sie mit ihrem Vater auf dem Flughafen stand, nicht etwa Stewardeß werden wollen, sondern Flugkapitän, und als sie zum ersten Mal mit einem Schiff fuhr, Schiffskapitän. Stewardeß wollte sie nicht sein, »die mußte ja immer nur tun, was ihr gesagt wurde«. Sie wollte »mächtig und einflußreich« sein wie der Kapitän und wünschte sich, wie er »irgendwie so was lenken (zu) können«, »'ne große Maschine« zu steuern. Unter dem Einfluß der Schule, wo sie ihre Lust an der Lösung mathematischer Probleme entdeckte, hat sich der Mädchentraum verwandelt, aus der Frau im Cockpit ist die Frau am Terminal geworden, erfüllt hat sich der Wunsch, eine Maschine zu steuern. Indem sich die Frau am Terminal erinnert, baut sie sich hinein in die Geschichte ihrer Träume, knüpft den roten Faden und sieht, daß das kleine Mädchen mächtiger sein wollte, als es der erwachsenen Frau im Berufsleben heute zugestanden wird. Ob in ihrer Entrüstung darüber das Bild der Stewardeß mitschwingt, dem sie auf keinen Fall entsprechen wollte?

Es können in der Situation am Computer auch die dunklen Flekken in der Biographie aufleben, etwa – angesichts unlösbar erscheinender Probleme – die Stimme des Vaters, die den Sohn so oft auf Grenzen hingewiesen hat, oder die vielen Stimmen der Umgebung, die dem Mädchen, das Mathematik studieren wollte, einredeten: ›Das schaffst du nie!‹ Im Thrill, den ein hartnäckiger Fehler oder gar ein Programmabsturz auslösen, kann sich in anderer Gestalt das frühkindliche Trennungstrauma wiederholen, verbunden mit der Aufforderung, alle verfügbaren Skills zu mobilisieren, um nun endlich damit fertigzuwerden. Auch im Wiederaufleben konflikthafter Erlebnisse wird Kontinuität erfahrbar. Das Konflikthafte muß nicht unbedingt die Ebene des Bewußtseins erreichen, um Reaktionen auszulösen, die darauf aus sind, aktiv zu meistern, was passiv erlebt wurde.

Des Menschen Geschichte mischt sich in seine Gegenwart, die darum nicht bloße Wiederholung ist, denn menschliche Subjektivität verwirklicht sich unter konkreten Umständen antwortend auf eine konkrete Situation an einem konkreten Ort. Weil Menschen eine Geschichte haben, entsprechen sie den »Anbietungen« (Meyer-Drawe 1990, 24) der Außenwelt in unterschiedlicher Weise. Sie antworten nicht auf alle Anbietungen, manche werden abgewiesen, und sie antworten nicht identisch. Einige Softwareentwicklerinnen und -entwickler konzentrieren sich auf theoretische Lösungen, andere auf die elegante Umsetzung der Theorie, und sie haben ihre je eigene Art, ihren Vorlieben nachzugehen. Das Zusammenspiel von Vergangenheit und Gegenwart ermöglicht Kontinuitätserfahrung, und diese wiederum eröffnet Wahlchancen. Das Wissen um die eigene Gewordenheit kann ermutigen, bereits gelegte Fäden weiterzuspinnen, vergessene wieder aufzunehmen und neu einzuknüpfen in das »Netz der Identität« (Meyer-Drawe 1990, 23), aber es kann auch darin bestärken, Fäden, welche einschnüren, herauszulösen.

Kohärente Vielfalt

Die Vervielfältigungen des menschlichen Individuums sind nicht nur im biographischen Hintereinander denkbar, sondern auch im Nebeneinander. Sie sind angelegt in der Abhängigkeit des Individuums von struktureller Koppelung an andere lebende und nichtlebende Systeme. Schon ein und dieselbe Koppelung beschert verschiedene bis widersprüchliche Stimuli, die entsprechend vielfältige Verhaltensweisen mobilisieren, und erst recht gilt dies in wechselnden Verbindungen. Der jeweils neue Rahmen, in dem ein Konsens zu suchen ist, macht mindestens Verhaltensvariationen nötig, wenn er nicht dazu auffordert, in ein neues Selbst zu schlüpfen. Menschen, die sich in Antwort auf die Welt flexibel verhalten, die auftreten als ein »vielfältiges, eher dezentral denn hierarchisch organisiertes System von Selbsten« (Bilden 1989, 42), die locker und elastisch zusammenhängen, führen ein Leben, das sich durch kohärente Vielfalt auszeichnet. Heiner Keupp spricht von einer »Patchwork-Identität« (Keupp 1989, 64), assoziiert mit diesem Begriff aber nicht klassische Patchworkprodukte, die gleichförmige geometrische Muster wiederholen, sondern eine moderne Patchworkschöpfung, den Crazy-Quilt. Dieser »lebt von seiner überraschenden, oft wilden Verknüpfung von Formen und Farben, zielt selten auf bekannte Symbole und Gegenstände« (ebd.). Die Metapher meint ein bewegliches kreatives Ich, das –

mit sich selbst und der Welt experimentierend – sich in wechselnden Situationen immer wieder auf andere und neuartige Weise hervorbringt.
Inwieweit ist im Alltag von Softwareentwicklerinnen und -entwicklern Platz für kohärente Vielfalt? Das Erstellen von Computerprogrammen bietet verschiedene Rollen an. Softwareentwickler sehen sich als Spieler, wenn sie am Computer mit neuen Ideen und Methoden rumprobieren, ein »Pingpongspiel« mit der Maschine beginnen und sich überraschen lassen, was dabei herauskommt. Sie setzen in ihrem Spiel den Zufall gegen die Regel, erleben sich wie ein Maler, der ein Bild entstehen läßt, kreativ und phantasievoll. Das Spiel kann gefährlich werden, wenn plötzlich ein Fehler auftaucht, der den Erfolg vereitelt. Jetzt ist der Abenteurer gefragt, der sich der Gefahr stellt, bereit ist, Risiken einzugehen, sich unerschrocken in schwindelnde Höhen zu begeben und der dabei all seine Skills zu mobilisieren weiß, um unbeschadet zu landen. Aus den Spielern und Abenteurern können Ordner werden, die sich nun darin gefallen, den Zufall zu bannen, in die Dinge das Ideenkleid formaler Logik zu weben.
Eine Rolle wächst aus der anderen hervor, nicht zwingend, nur der Möglichkeit nach. Die den einzelnen Rollen eigenen Orientierungen und Handlungsweisen können sich wechselseitig ergänzen, unterstützen, können aber auch für sich existieren. Ob sie zusammenwirken oder nicht, ihr Gebrauch läuft darauf hinaus, ein Produkt zu verfertigen, das Computerprogramm. Jeder Softwareentwickler ist daher ein Homo faber, ein herstellendes Wesen. Das Produkt eint alles Tun, in ihm drückt sich das Spiel, das Abenteuer, die Ordnung aus; es bestätigt eine kohärente Existenz.
Mehr als alle anderen lieben Jugendliche das Jonglieren mit verschiedenen Selbsten. Sie schaffen sich dafür erweiterte Möglichkeiten. Der 18jährige Klaus programmiert Computerbilder, Fraktale, in denen für ihn zwei kontrastierende Welten ineinander übergehen: die künstlerische, sinnlich-emotionale Welt in die formal-logische. »Gerade bei diesen Fraktalen, da verschwimmen wirklich die Welten, weil (...) irgendwo ist es Kunst, aber es ist trotzdem erzeugbar durch Mathematik, durch Regeln. Fraktale sind irgendwo was Kreatives in dem Rechner drin, das ist die Grenzwelt.« Diese erlaubt Klaus, von einem Augenblick auf den anderen ein anderer zu sein: »Das ist immer so das Hin- und

Herwanken, glaube ich, zwischen extremer Gefühlsbetonung und Logik der Wissenschaft, der Wissenschaftsmensch und der Gefühlsmensch halt.« Den fließenden Rollenwechsel liebt auch der 15jährige Peter; er programmiert sich Computerspiele, in denen er abwechselnd die Rolle des Klerikers, des Magiers, des Druiden übernimmt, und wenn er will, schlüpft er schnell zurück in die Rolle des Programmierers. Er amüsiert sich über die Leute, die ihn einordnen wollen: »Bei verschiedenen Leuten habe ich verschiedene Images, also bei den einen bin ich jetzt der totale Freak, und bei den anderen bin ich irgendwie mehr so der Rollenspieltyp. Und ich bin eigentlich eine Mehrcharakterperson.« Etwas später sagt er: »Ich bin also so eine Art Allrounder.«

Es dürfte typisch für Jugendliche sein, daß sie sich Spielfelder am Bildschirm schaffen, in denen sie sich wahlweise als der oder der erleben können. So haben sie den Beweis, daß sie auf nichts festgelegt sind, daß ihnen alles offensteht. Auch Zoll u. a. haben dieses Bedürfnis unter den von ihnen befragten Jugendlichen festgestellt. In der Studie heißt es: »Auffallend ist die Abneigung vieler Befragter gegen ein Festgelegtwerden auf eine Lebensform, ihre Ablehnung einer fixierten, gleichsam eindimensionalen Identität. Sie reklamieren für sich das Recht auf Veränderung, auf ein Ausprobieren verschiedener Lebensformen und versuchen, ihre eigene Biographie ein Stück weit offenzuhalten« (Zoll u.a. 1989, 221).

Das Spektrum an Persönlichkeitsfacetten, die sich beim Programmieren zeigen und verwirklichen können, hat etwas von einem Crazy-Quilt. Es verknüpft wie dieser nicht nur Harmonisches, sondern schillert und schimmert vieldeutig. Aber: Es gibt auch die Geometrie in Form der Regeln. Um sie herum darf sich die Vielfalt ranken, aber sie darf ihr nicht in die Quere kommen.

Fazit:

Wir treffen an den Produktionsstätten instrumenteller Rationalität auf Subjektivitätsversuche, die den Stempel der Autopoiese tragen. Das mag verwundern, da in diesen Versuchen auch Verhaltens- und Erlebnisformen zum Zug kommen, die von dieser Art Rationalität nicht intendiert sind, nicht zu ihrem Konzept gehören, ja, ihr fremd sind. Instrumentelle Rationalität fragt nur nach den kognitiven Fähigkeiten des Menschen; sie ist gleichgültig gegenüber dessen Emotionalität, dessen Leiblichkeit und dessen Geschichte. Die Autopoiese dagegen will beides, und es zeigt sich, nicht irgendwo, sondern in den Kathedralen instrumenteller Rationalität: Das Verlangen ist nicht ohne Chance.

Die Ansprüche der Autopoiese wirken gegen die Fragmentierung des Subjekts. Im Prozeß der Selbsterneuerung kommt das Subjekt in allem zum Vorschein, was es ist und was es bewegt. Auf der Autopoiese ruhen individuelle und gesellschaftliche Existenz. So kann sich auch instrumentelle Rationalität nicht von ihr lossagen; sie muß mit ihr Arrangements treffen, sogar noch dort, wo sie produziert wird. Das Arrangement beinhaltet nicht nur ein bloßes Nebeneinander; instrumentelle Rationalität ist in ihrer Anwendung auf die besonderen Qualitäten der Autopoiese angewiesen. Für die Entwicklung eines Computerprogramms über einen bestimmten Gegenstandsbereich reichen analytisch-strukturierende Fähigkeiten nicht aus. Um sich die Besonderheit des Gegenstands zu erschließen, sind auch andere Seiten des Subjekts gefragt, so zum Beispiel Empathie und sinnlich-emotionale Nähe. Außerdem verlangt das Programmieren innovative Kompetenzen, die sich dann um so wahrscheinlicher bilden, wenn die Subjekte nicht nur streng logisch denken, sondern auch ihre Phantasie, ihrer Intuition und Spontaneität folgen. Darüber hinaus ist die instrumentelle Rationalität der Autopoiese insofern verpflichtet, als diese die Loyalität der Subjekte sichert. Dem autopoietischen Mechanismus entsprechen Bedürfnisse.

Gleichzeitig existiert zwischen instrumenteller Rationalität und Autopoiese ein Konfliktverhältnis, denn letztere treibt ihrem Charakter nach über jede Beschränkung hinaus. Wo sich instrumentelle Rationalität in ihrem Bestand gefährdet sieht, setzt sie Grenzen im Interesse ihrer Selbsterhaltung. Im Unterschied zu einem autopoietischen Wesen, das dadurch lebt, daß es sich verändert, kann sich instrumentelle Rationalität nicht verändern. Sie bildet ein geschlossenes, starres System, das »überlebt«, indem es sich gegen Veränderung immunisiert. Autopoietische Ansprüche, die sich gegen dieses Überlebensprinzip richten, werden abgewiesen – mit Erfolg, denn die instrumentelle Rationalität hat in der Computerwelt das letzte Wort. Im Konfliktfall wird – solange das Machtverhältnis so funktioniert – auf Kosten der Autopoiese entschieden. Konfliktstätte ist das Subjekt.

Die andere Erfahrung: Abstraktion von Subjektivität

»Alles, was wir aufhören zu lieben,
wird uns geschlachtet.«
Anita Pichler

Die Vielfalt der Bezüge, mit denen sich Softwareentwicklerinnen und -entwickler zur Technik ins Verhältnis setzen, überraschte mich. Nein, so konnte ich feststellen, die Maschinenlogik stülpt sich nicht besitzergreifend über das gesamte Denken und Tun des programmierenden Subjekts. Die Subjektivitätsversuche am Computer folgen nicht nur den Regeln dieser Logik. Meine Aufmerksamkeit richtete sich auf die verschiedenen Facetten des Sich-selbst-Hervorbringens in der Softwareproduktion. Formale Logik, so kristallisierte sich heraus, muß die Selbsterneuerung des Subjekts nicht nur dulden, sie ist sogar auf die Qualitäten der Autopoiese angewiesen. Trotzdem versucht sie, die Ansprüche der Autopoiese zu begrenzen. Es steht an, darauf genauer einzugehen.

Die Begrenzungsversuche der Maschinenlogik werden von den Softwareentwicklerinnen und -entwicklern als Fragmentierung ihrer Subjektivität erfahren, was sie in Worten, aber noch eindrucksvoller in Bildern ausdrücken, die sie auf meine Bitte hin nach Beendigung des Interviews anfertigten. Ihre Subjektivität ist, da diese ihrer Möglichkeit nach ständig über die Vorgaben formaler Logik hinaustreibt, permanent gefährdet, jedoch gibt es Situationen, in denen sich die Gefährdungen verdichten. Solche Situationen entstehen, wenn ein Programm unter Zeitdruck fertiggestellt werden muß, wenn während des Programmtests ein Fehler auftaucht oder das Programm abstürzt.

Die fragmentierte eigene Subjektivität

Nachfolgende Überlegungen stützen sich hauptsächlich auf die von den Softwareentwicklerinnen und -entwicklern gezeichneten und kommentierten Körperbilder, die Antworten geben auf die Frage: Was von mir ist beteiligt, wenn ich programmiere? Ich messe den Bildern und den an sie geknüpften Worten einen hohen Erkenntniswert zu, denn es ist davon auszugehen, daß sie (der Intention der Frage folgend) ein Gesamturteil zur Arbeitssituation enthalten. Auch ist das Bild in seiner Aussagekraft in manchem den Worten voraus. Der Psychologe Wolfgang Tunner charakterisiert das Bild so: »Vieles wird eines, und es wird um eins mehr« (Tunner 1990, 22). Das Bild drückt auf einmal aus, was Worte, wenn sie in diskursiver Weise gebraucht werden, nur nacheinander mitteilen, und dabei kann es geschehen, daß das Ganze sich verflüchtigt, denn, so Tunner: »Das Ganze ist mehr als die Teile, und es ist auch früher als sie (...)« (Tunner 1990, 2). Aneinandergereihte Wörter spiegeln in ihrer Summe nicht zwingend das Ganze.
Darüber hinaus kann in Bildern Gestalt annehmen, was Worte noch nicht oder prinzipiell unvollkommen mitzuteilen vermögen: das Diffuse, Latente, Widersprüchliche, schwer Sagbare, das Unbewußte. Im Bild zum Ausdruck gebracht, wird es der Sprache vielleicht doch zugänglich, kann durch sie ergänzt und vertieft werden.

Die Dominanz des Geistes und das Zurücktreten des Leibes und der Gefühle

Die Bilder werden von Köpfen beherrscht; sie zeigen entweder nur Köpfe, oder die Köpfe sind überproportional groß. Die Köpfe sind am differenziertesten dargestellt. Das signalisiert Wichtigkeit. Die Worte bestätigen es. »Der dicke Kopf da oben«, so eine 43jährige, »das ist das Nachdenken, das Konzentrieren« (Fr. Weich). »Der Kopf ist gefragt in erster Linie« (H. Weg), erklärt ein 41jähriger, und eine 38jährige meint: »Das Wesentliche spielt sich im Kopf ab« (Fr. Blau). Für eine 29jährige ist »Softwareentwicklung eigentlich reine Kopfarbeit« (Fr. Landwehr).
Der Kopf ist primär bedeutsam als Sitz des Gehirns. Äußerungen

»Der dicke Kopf da oben«
(Softwareentwicklerin, 38 Jahre)

Gehirn und Bildschirm in einem symbiotischen Verhältnis
(Softwareentwickler, 30 Jahre

Das schwarze Loch: Symbol des Gehirns und Symbol der Persönlichkeit (Klaus, 18 Jahre)

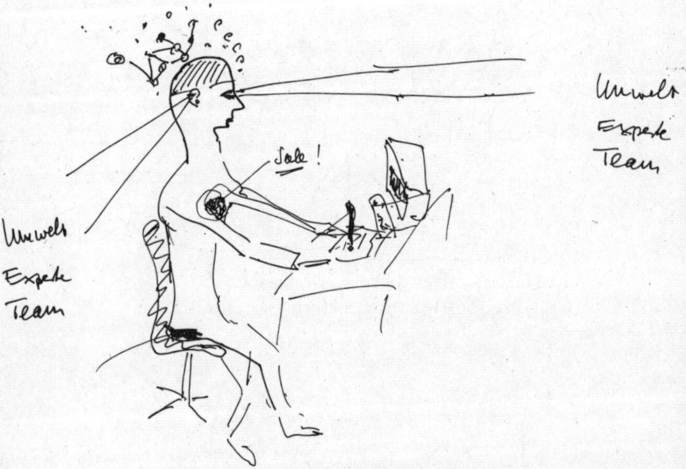

Um das Gehirn herum funkt und spukt es (KI-Forscher, 46 Jahre)

wie: »Das Gehirn steht in der Mitte« (Rolf), oder: »Ich bin vor allem mit meinem Gehirn gefordert« (Fr. Baum), drücken exemplarisch aus, wovon die Softwareentwicklerinnen und -entwickler ausnahmslos überzeugt sind: »Das Gehirn ist der wichtigste Teil« (H. Fest). Einige beschränken sich gemäß dieser Überzeugung darauf, sich selbst nur noch als Geist darzustellen. Der 18jährige Klaus malt rasch entschlossen eine kleine schwarze Scheibe und kommentiert: »Dieses Bild stellt das schwarze Loch unter meiner Schädeldecke dar.« Das schwarze Loch ist in seinen Augen »massivste Masse, kompakteste Masse«, Symbol seines Gehirns und zugleich Symbol seiner Persönlichkeit.

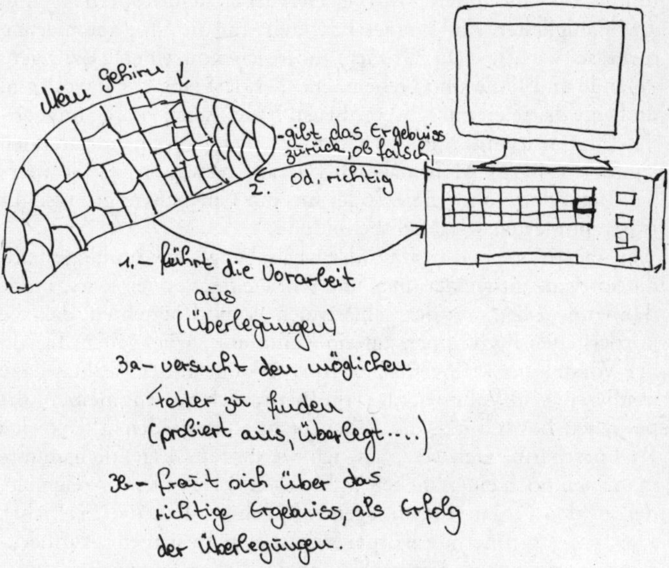

Gehirn-Maschine-Interaktion (Brigitte, 16 Jahre)

Die Dominanz des Geistes wird unterstrichen, indem sich Hinweise auf Aktivität in der Kopfregion konzentrieren. Um Kopf und Gehirn herum funkt und spukt es auf vielen Bildern von Gedankenblitzen, Sternchen, Punkten, Pfeilen, mathematischen Zeichen, Algorithmen, »Agenten«. Die Beanspruchung des Gehirns ist für eine 23jährige deutlich zu spüren: »Ich merk' richtig, wie es rattert. Also, da ist schon das Gefühl, daß sich da etwas tut« (Fr. Grüner).

Der Körper tritt, bis auf einige wenige als Werkzeug nutzbare Körperteile, auf den Bildern augenfällig hinter den Geist zurück.

Häufig sind verkümmerte Körper zu sehen, Körper, die nur als Strichmännchen angedeutet oder leere Hülsen sind, Körper, die nach unten konturloser werden, in eine Linie münden, Körper, dünn und klein unter übermächtigen Köpfen. Zu sehen sind auch Menschen, deren Brust und Bauch im Kopf aufgehen und deren Arme und Beine wie Fliegenbeine an den »Kopfmenschen« hängen. Was in verkümmerter Gestalt erscheint, hat geringere Bedeutung. »Also, die anderen Körperteile (neben dem Kopf, d. V.) und ihre Fähigkeiten sind meines Erachtens für die Programmierung nicht so wichtig« (Fr. Grüner), höre ich von einer 23jährigen. »Hände und Füße sind Nebensache«, erklärt eine Berufskollegin, und eine dritte meint, Körper, Brust, Bauch seien »völlig unwichtig. Sitzt halt mit rum, weil man es nicht auseinandertrennen kann« (Fr. Berg). Mehrmals wird darauf verwiesen, daß körperlich Behinderte ohne Beine oder mit nur einem Arm genausogut programmierten wie Nichtbehinderte.
Was überflüssig herumsitzt oder herumhängt, wird ruhiggestellt; die Softwareentwicklerinnen und -entwickler verweisen auf müde Beine und Füße, auf den schlafenden Po und berichten, daß die körperlichen Funktionen auf ein Minimum zurückgehen. Der in der Vorstellung kleingemachte Körper kann in der Realität dazu tendieren, sein Volumen zu vergrößern: »Ich bin mit meiner körperlichen Form durch die Arbeit nicht so zufrieden«, klagt eine KI-Forscherin, »ich setze an, ich werde fett. Eigentlich müßte man auch noch einen dicken wabbeligen Bauch hier hinzeichnen, der zu den Negativfolgen irgendwie gehört, Bauch« (Fr. Licht). Der sich vergrößernde Körper sichert sich zwar mehr Aufmerksamkeit, aber keine Sympathie. Er wird abermals zurückgewiesen. Auf einem Bild besitzt ein zusammengeschrumpfter Körper überlange Arme. Die Geste scheint zu sagen: Dieser Körper braucht Schutz. Ist er in Gefahr?
Auf anderen Bildern gibt es unterhalb des Kopfes oder Gehirns überhaupt keinen oder nur einen unvollständigen Körper. Auch das ist eine Weise, das Schattendasein des Körpers sichtbar zu machen. Wenn ich angesichts der weggelassenen Körperlichkeit frage »Was ist mit dem Rest des Körpers?«, bekomme ich Antworten wie: »Der ist unwichtig da (beim Programmieren, d. V.), der spielt keine Rolle« (Fr. Bach), »der fällt da einfach weg« (Fr. Weich). Die Körper sind in unterschiedlicher Höhe auseinandergetrennt: ab Kopf, ab Schulter, ab Taille. Eine Softwareentwick-

Schützende Arme um einen zusammengeschrumpften Körper
(Softwareentwicklerin, 42 Jahre)

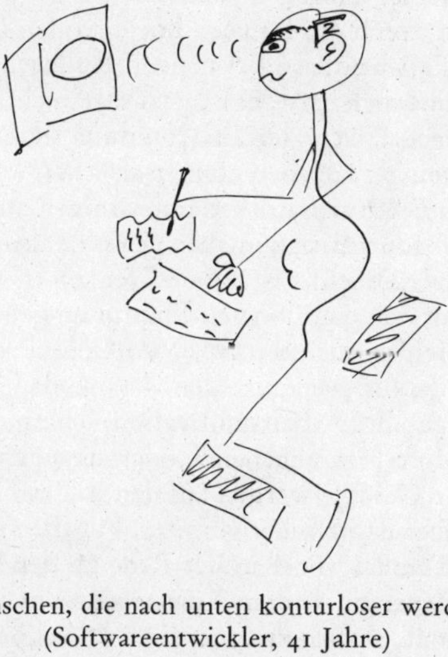

Menschen, die nach unten konturloser werden
(Softwareentwickler, 41 Jahre)

Der Kopffüßler an der Maschine
(Softwareentwickler, 45 Jahre)

lerin erklärt: »Was unterhalb von 'n Schultern liegt, also Brust, Bauch, Beine, Füße (Pause), das hat alles nix mit meinem Beruf zu tun.« »Was ist damit während der Arbeit?« will ich wissen und erfahre: »Des ist eigentlich nicht vorhanden« (Fr. Blumer). Der Körper wird nicht nur nicht gebraucht, er verschwindet, ist nicht mehr existent. »Es ist nichts mit dem Körper« (H. Süden). Ein Körper, der nicht ist, kann auch keine Bedürfnisse haben. Es wird, so schildert eine Softwareentwicklerin, als befremdlich empfunden, wenn der aus der Erfahrung entschwundene Körper sich doch bemerkbar macht, wenn er Hunger anmeldet oder Temperaturempfindlichkeit. »Es war oft so bei meinen Kollegen«, berichtet sie, »daß ich den Eindruck hatte, es ist jetzt regelrecht verboten, Hunger zu haben (lacht), wenn ich am Computer sitze. Also die haben das auch viel weniger zugeben können als ich. (...) Ich weiß nicht, ich hab' so den Eindruck, das gilt unter Informatikern als unfein, auch leibliche Bedürfnisse zu haben (Pause), also auch zu frieren oder zu schwitzen. Wichtig ist nur das Denken« (Fr. Blumer).
Wie steht es mit den emotionalen Empfindungen? Wo Brust und Bauch fehlen, fehlen auch die Orte, wo Gefühle symbolisch verankert werden. Nur wenige reden davon, daß Gefühle sie zu Ideen inspirieren, ihre Arbeitsmotivation sichern, sich im Zug von Erfolg oder Mißerfolg angenehm oder unangenehm einstellen. Angesprochene Gefühle werden auf den Bildern in der Brust, im Herzen, im »Sonnengeflecht« verortet. Für die meisten aber sind Gefühle kein Thema, weder in der Rede zu den Bildern noch in diesen selbst. Wer von seinem Körper getrennt ist, scheint auch von seinen Gefühlen getrennt zu sein. »Ja, schöner wär's schon,

Was fehlt, ist unwichtig
(Eva, 16 Jahre)

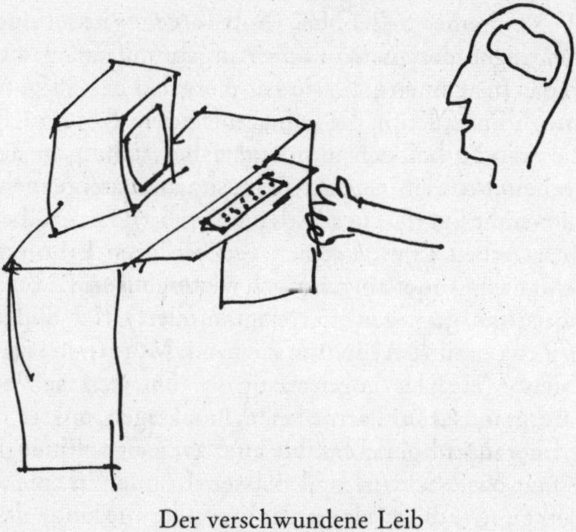

Der verschwundene Leib
(Andreas, 18 Jahre)

wenn der untere Teil (Oberkörper und Beine) noch stärker da wäre« (Fr. Blumer), überlegt eine 42jährige. Der »untere Teil« ist allenfalls in der Kommunikation mit Arbeitskollegen und -kolleginnen »ein bißchen da«. So richtig präsent aber ist er erst nach der Arbeit: »Wenn ich nach Hause komme, dann merke ich, jetzt taut die untere Hälfte auch wieder auf« (Fr. Blumer).
Doch nicht immer taut sie auf. Es kann sein, daß der Geist seine beherrschende Rolle über den Arbeitstag hinaus behält: »Das ist ein Problem, daß man abends nicht abschalten kann« (H. Wort). Andere drücken dasselbe so aus: »So 'n Teil vom Kopf, 'n Teil vom Verstand, da arbeitet's irgendwo weiter« (Fr. Blumer). Oder: »Wenn ich mich ins Bett leg' (Pause), das geistert dann schon immer noch im Kopf rum« (Fr. Landwehr). Auch Jugendliche werden von ihren Programmen verfolgt. Eine 16jährige: »Ja, also, meine Freundin und ich, wir haben zu Hause zum Teil schon noch überlegt, was hätte da jetzt zum Beispiel falsch sein können (...). Hätten wir das doch so versucht, vielleicht wäre es dann gegangen. Irgendwie kann man das nicht, zu einem bestimmten Zeitpunkt, meinetwegen wenn die Schule um ist, da kann man irgendwie nicht gleich abschalten« (Brigitte). »Es passiert schon manchmal«, so eine 27jährige, »daß man nicht mehr weiß, wie man nach Hause gekommen ist« (Fr. Berg).
Daß berufliche Aufgaben Menschen in ihre Privatheit hinein begleiten, ist keine Seltenheit. Softwareentwicklerinnen und -entwickler tragen aber nicht nur die Aufgabe mit nach Hause, sondern auch das Instrument, das sie zur Aufgabenbewältigung brauchen, nämlich ihren Kopf. Sie haben mit ihrem Kopf ihr Produktionsmittel ständig bei sich und sind daher ständig in der Lage, weiterzuarbeiten, ob sie in der U-Bahn sitzen, spazierengehen oder in der Badewanne liegen. Dieses Phänomen boykottiert die Reproduktion der Arbeitskraft. Freizeit verliert ihren Erholungswert, wenn es »oft nachts oder abends noch weitergeht« (H. Weiß), wenn »beim Fernsehen geistig weiterprogrammiert« (H. Süden) wird oder »das Zeug natürlich bis zum nächsten Morgen in irgendeiner Art und Weise« (H. Klar) gegenwärtig ist. »Du, jetzt ist Wochenende!« (Fr. Berg) müsse ihr Partner manchmal sagen, um sie aus ihren Gedanken herauszuholen, erzählt eine 27jährige. Einen KI-Forscher versetzt das Nicht-mehr-loslassen-Können in eine »permanente Aufregung«, die er als »nicht besonders gesundheitsförderlich« (H. Rot) empfindet.

Die Dominanz des Geistes ist nicht nur von außen andrängendes Schicksal, ihr entsprechen auf seiten der Softwareentwicklerinnen und -entwickler innere Bereitschaften. Da ist die Lust am Denken, aber auch das Bedürfnis, ungelöste mathematische und technische Probleme nicht ungelöst zu lassen. Das Risiko geistiger Überbeanspruchung besteht daher immer, solange ein Programm nicht fertig ist. Es verstärkt sich unter Zeitdruck und erst recht, wenn ein Fehler auftaucht oder wenn während des Programmtests mit Fehlern gerechnet werden muß. Dennoch äußern die befragten Softwareentwicklerinnen und -entwickler zwiespältige Gefühle, wenn sie sich bewußt machen, wie sehr ihr Kopf beim Programmieren gefordert ist.
Die überlegene Position des Geistes zu Lasten von Körper und Gefühl, wovon die Befragten in Bildern und Worten berichten, verweist auf die kartesianische Tradition. Für René Descartes (1596-1650) ist der Mensch vor allem Geist. In seinen ›Meditationen über die Grundlagen der Philosophie‹ schreibt er: »Ich bin, ich existiere, das ist gewiß. Wie lange aber? Nun, solange ich denke. Dann vielleicht könnte es sogar geschehen, daß ich, wenn ich ganz aufhörte zu denken, alsbald auch aufhörte zu sein (...). Ich bin also genau nur ein denkendes Wesen (...)« (Descartes 1960, 23). Ausdrücklich distanziert er sich von seinem Körper. »Ich bin nicht jenes Gefüge von Gliedern, das man den menschlichen Körper nennt (...)« (ebd., 24); auf seine Körperlichkeit glaubt er verzichten zu können:

»Da ich ja einerseits eine klare und deutliche Vorstellung meiner selbst habe, sofern ich nur ein denkendes, nicht ausgedehntes Wesen bin, und andererseits eine deutliche Vorstellung vom Körper, sofern er nur ein ausgedehntes, nicht denkendes Wesen ist – so ist, sage ich, soviel gewiß, daß ich von meinem Körper wahrhaft verschieden bin und ohne ihn existieren kann« (ebd., 70).

Das Geist-Körper-Verhältnis kartesianischer Prägung ist, wie Werner Kutschmann in seinem Buch ›Der Naturwissenschaftler und sein Körper‹ darlegt, zum Ideal der sich im 16. und 17. Jahrhundert herausbildenden wissenschaftlichen Persönlichkeit geworden, in deren Nachfolge auch Softwareentwicklerinnen und -entwickler stehen. Noch in den Anfängen neuzeitlicher Wissenschaft, im Sensualismus der italienischen Renaissance, stützte sich Erkenntnis auf den menschlichen Körper als Orientierungsmaßstab und Leitbild (vgl. Kutschmann 1986, 15). Die Wissenschaft der Neuzeit setzte gegen diese Tradition die Forderung nach leibfreier Naturerkenntnis, die zum methodologischen Imperativ wurde. In der wissenschaftlich fundierten Wahrnehmung und Bearbeitung von Wirklichkeit triumphierten hinfort objektive, reproduzierbare Methoden über das welterschließende Vermögen des Leibes. Einhergehend mit dem Verlust seiner erkenntnisfördernden Bedeutung, taucht der Körper des erkennenden Subjekts ab »in die Stummheit einer unauffälligen Begleitung« (Kutschmann 1986, 408). Aus ihm wurde ein Körper, von dem eine 16jährige sagt: »Er wird irgendwie übersehen« (Brigitte).

Die Zerstückelung des Menschen und die Funktionalisierung seiner Teile

> »Sie sehen den Körper als beweglichen Mechanismus, die Teile in ihren Gelenken, das Fleisch als Polsterung des Skeletts. Sie gehen mit dem Körper um, hantieren mit seinen Gliedern, als wären sie schon abgetrennt.«
> *Max Horkheimer/Theodor W. Adorno*

Es gibt neben der Dominanz des Geistes noch etwas, was bei der Betrachtung der Körperbilder sofort ins Auge sticht: die Zerstückelung der Menschen. Auf vielen Bildern sind nur Körperteile zu sehen, herausgelöste Teile, manchmal durch Nervenstränge untereinander verbunden, manchmal freischwebend, meist hierarchisch angeordnet. Kopf oder Gehirn stehen in der Rangliste unumstritten ganz oben, dann folgen in abgestufter Wichtigkeit Augen, Hände, Mund und Ohren, seltener Beine, Füße, Wirbelsäule.

Der analytische Blick, den Softwareentwicklerinnen und -entwickler auf die Welt richten, findet sich in den Zeichnungen wieder als Blick auf sich selbst. So wie sie sich zeichnen, scheinen sie sich zu erleben, »irgendwie schon getrennt«, sagt der 15jährige Frank. Auch die »ganzen Menschen« auf den Bildern erscheinen dem betrachtenden Auge oft zerstückelt, etwa wenn der Blick nur von einzelnen Teilen angezogen wird, weil diese deutlich – durch überproportionale Größe oder besondere Markierung – vom restlichen Körper abgehoben sind.

Die Zerstückelung geht noch weiter. Die einzelnen Körperteile

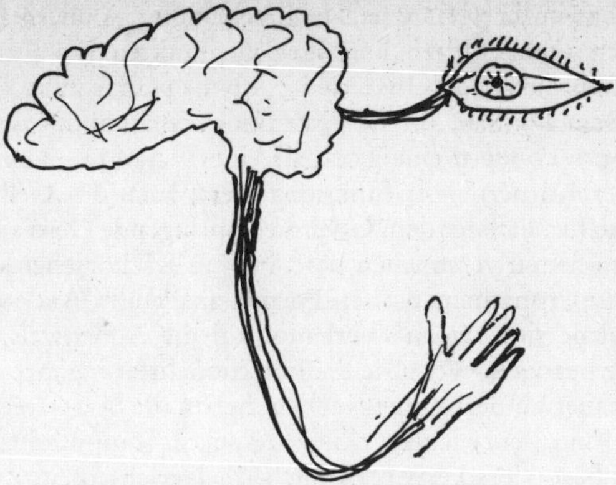

Der Mensch, reduziert auf Gehirn, Auge, Hand
(Rolf, 19 Jahre)

Der analytische Blick auf sich selbst
(Softwareentwicklerin, 31 Jahre)

treten nicht in ihrer Ganzheit in Erscheinung, sondern fast ausschließlich unter Nützlichkeitsgesichtspunkten. Es interessiert nicht, so teilt sich in den Bildern mit, ob die Hände zupacken oder zärtlich sein können, ob sie rauh oder weich sind, feingliedrig oder robust, sondern einzig, ob sie eine Tastatur bedienen können. Jeder Körperteil ist funktionalisiert, auch das Gehirn. Als Zeichen dafür, daß der dem Gehirn entspringende Geist sich nicht nach allen Seiten verströmen darf, hat ein KI-Forscher sein Gehirn mit einer mathematischen Formel ausgefüllt. Andere Köpfe und Gehirne sind, wenn überhaupt auf die Außenwelt, auf die Maschine bezogen. Wenn sie die Funktionalisierung ihres Geistes noch genauer zu bestimmen suchen, heben die Softwareentwicklerinnen und -entwickler einige Aspekte computerbezogenen Denkens besonders hervor, nämlich: Zielgerichtetheit, Zweiwertigkeit, Regelhaftigkeit, Kausalität, Abstraktion. Einzelne sehen durch das am Computer geforderte Denken andere geistige Möglichkeiten beeinträchtigt: »Eine Maschine lebt nach Regeln, der Computer denkt nach Regeln. Und ich möchte eben auch das Durchbrechen von Regeln haben. (...) Und das ist im Beruf nicht die Möglichkeit, ich kann nicht dem Computer sagen, jetzt laß mal alle Fünfe gerade sein. Für den werden fünf immer ungerade sein« (H. Wort).

Nur wenige Bilder erzählen von eigenwilligen Gedankenwelten auf seiten der Softwareentwicklerinnen und -entwickler; intuitives, kreatives, spielerisches, experimentierendes, non-konformes Denken, von dem die Befragten im Verlauf des Interviews berichten, wird auf den Bildern kaum zum Ausdruck gebracht. Das spricht dafür, daß sich in den Bildern das Gesicht der Norm zeigt, wogegen Denkformen jenseits der Norm als das nicht ganz so Ernsthafte, eher als Privatvergnügen Einzustufende erscheinen könnten.

Festgelegt auf Zweckhaftigkeit sind auch die restlichen Körperteile, einzelne Sinnesorgane und Gliedmaßen. Sie werden von den Befragten als Mittel zum Zweck oder als Werkzeug bezeichnet. Die Hand ist das Mittel, »um dem Computer zu sagen, was ich ihm sagen will« (Rolf). Diese Hand darf sich nicht spontan bewegen; die einzige gestattete Bewegung ist das Tippen. Zu spüren sind von dieser Hand kaum mehr als die Fingerspitzen.

Das Auge muß kontrollieren, registrieren, überblicken. Nicht das staunende, schauende, erkennende Auge ist gefragt, sondern ein

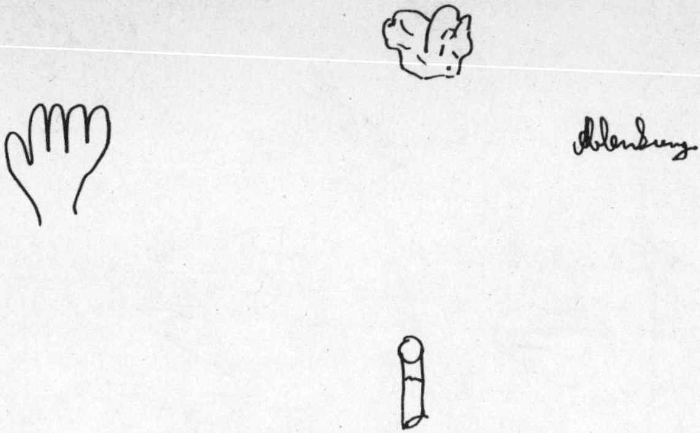

Der in Stücke aufgelöste Mensch
(Frank, 15 Jahre)

Auge, das Daten und Symbole erfaßt, das sich beschränkt auf Lesen und Ablesen. Sowenig wie der Geist darf auch das Auge schweifen, es muß festhalten. Das Auge auf den Bildern hat wie der Geist nur einen Bezugspunkt: die Maschine. Es hat die Maschine als konkrete vor sich, blickt in den Bildschirm, oder es hat sie als vorgestellte im Kopf; wie dem auch sei, es hängt am Zügel der Maschinenlogik.
Anders als das »wilde Auge« (Johannes Flügge), das den Gegenstand seiner Anschauung umspielt, ihn ergänzt und verwandelt, sucht das fixierende Auge das Sichtbare nur ab. Es sucht systematisch nach dem, was Aufschluß geben kann für die Beantwortung vorher bestimmter Fragen. Die Genauigkeit des fixierenden Blicks geht auf Kosten von Offenheit, auf Kosten von Hingabe; sie baut statt dessen auf Distanz. Mehr als alle anderen Sinne ist das Sehen ein Fernsinn; Riechen, Schmecken, Tasten tendieren zur Verschmelzung mit der Außenwelt. Das Sehen vermag die gesehenen Dinge voneinander sowie den Sehenden von den Dingen zu trennen. Das fixierende Auge braucht die Distanz, weil es nicht nur begreifen, sondern auch beherrschen will. Ein Softwareentwickler redet von dem »hypnotischen Blick, den man auf den Computer richtet, damit er auch das tut, was man will« (H. Weg), und lacht dazu. Vielleicht ist das kein zufälliges Lachen, vielleicht soll das Lachen relativieren, vielleicht ahnt oder weiß er, daß das fixierende Auge von seiner eigenen Macht eingefangen ist. Um zu

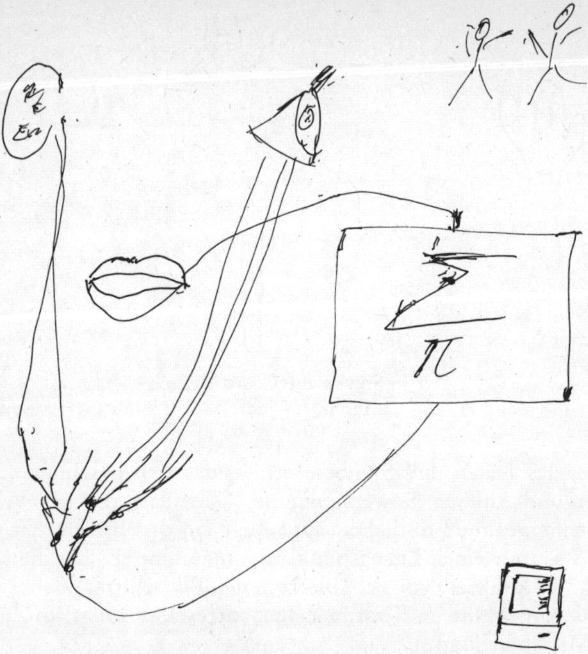

Die mathematische Formel beherrscht das Gehirn
(KI-Forscher, 28 Jahre)

beherrschen, muß das Auge sich selbst beherrschen; um zu verfügen, muß es sich selbst fügen.

Das Auge gilt unter den Softwareentwicklerinnen und -entwicklern als unentbehrliches Sinnesorgan; zu den Ohren gibt es geteilte Ansichten. Auf den Bildern tauchen die Ohren seltener auf als die Augen. In den Kommentaren zu den Bildern wird das Hören häufig als nicht so wichtig oder als nicht so interessant bezeichnet. Nur zwei Interviewpartnerinnen, einer 16jährigen Gymnasiastin und einer 31jährigen KI-Forscherin, sind die Ohren genauso unverzichtbar wie die Augen. Ihnen sagen auch die Ohren, ob sie bzw. die Maschine richtig funktionieren, und das spielt sich nach Auskunft der KI-Forscherin so ab: »Wenn man was geschrieben hat, dann macht das ratter-ratter, rutt-rutt, und dann geht es runter, und dann geht es auf die Platte. Dann weiß

Das Auge starr auf die Maschine gerichtet
(Softwareentwicklerin, 32 Jahre)

man, daß der Lesekopf da hingeht, und dann weiß man oftmals, ob das in Ordnung ist oder nicht« (Fr. Herzlich). Die Ohren nützen als Kontrollorgane natürlich nur, wenn sie sich ganz auf die Maschine konzentrieren. Wenn sie auch noch woanders hinhören, werden sie hinderlich: »Da wünsche ich mir manchmal, ich könnte auf Durchzug schalten, daß ich nichts mehr höre« (Fr. Blau). Die Ohren sind als fixierendes Organ weniger geeignet als die Augen. Sie lassen sich weniger gut in eine Richtung lenken, neigen zum Schweifen, sind empfänglicher für vorbeiziehende Reize und dadurch leichter abzulenken. Ihre Unzuverlässigkeit mindert ihre Brauchbarkeit als Werkzeug.

In den Bildern und Worten offenbart sich so etwas wie ein »Benutzerverhältnis« (Rudolf zur Lippe 1983) zum eigenen Körper. Entsprechend schnurren die Körper zusammen auf das Funktionale, auf den Kopf, auf ein Gehirn, auf nur ein Auge, nur ein Ohr, nur einen Arm, eine Hand, einen Finger. Ein Softwareentwickler, der seinen Kopf zuerst mit Ohren versehen hat, streicht diese wieder mit den Worten: »Mit den Ohren arbeite ich an und für sich nicht, weil die Maschine auch nicht spricht (kichert in sich hinein), kann ich wieder wegstreichen« (H. Knapp).

Die weggestrichenen Ohren
(Softwareentwickler, 39 Jahre)

So wie Softwareentwicklerinnen und -entwickler die Welt und ihre Programme nach Zwecken und Mitteln ordnen, ordnen sie ihre Körper. Sie sehen ihre Körperteile als Instrumente, die einzig dazu da sind, dem Geist zu dienen: »Diese Sinneswahrnehmungen gehen irgendwie im Kopf zusammen, werden gefiltert, ausgesondert und kommen dann irgendwo in das Denkzentrum« (H. Denk). Dieses steht seinerseits im Dienst der Maschinenlogik; ist also im Verhältnis zu dieser auch nur ein Mittel. Und falls dem Körper insgesamt überhaupt eine Bedeutung zugemessen wird, so ereilt ihn dasselbe Schicksal. Er wird zu einem dienstbaren Objekt wie die Hand oder das Auge: »Der Körper ist wesentlich als Nahrungszuträger für den Kopf, außerdem hängen die Hände dran« (H. Denk). Jegliches Eigenleben ist diesem Körper ausgetrieben; er führt das Dasein eines »stummen Dieners«.
Ein dienstbarer Körper ist auch ein zeitlich verfügbarer Körper. So erfahren es Softwareentwicklerinnen und -entwickler vor dem Bildschirm: »Der Bildschirm oder die Maschine diktiert Ihnen ja das Tempo« (Fr. Karo). Die Signale auf dem Bildschirm drängen, treiben an, provozieren: »Ich sitze davor und denk mir, na ja, jetzt muß ich was machen« (Fr. Blumer). Vor dem Bildschirm sitzend, erzählt die Softwareentwicklerin, fühle sie sich ungleich mehr zur Eile angetrieben als vor dem Schreibtisch. Auf dem Schreibtisch liegen die Dinge gleichgewichtig nebeneinander, das ausgedruckte Programm neben diesem und jenem Buch. Nichts drängt sich vor. Man hat Zeit, sich zu entscheiden, wohin man

greift. Die blinkende, piepsende und surrende Maschine dagegen wartet nicht auf eine Entscheidung; sie schiebt eine Mitteilung nach der anderen auf den Bildschirm und will augenblicklich bedient werden.
Die so agierende Maschine ist ganz das Produkt des »kollektiven Kult(s) der Geschwindigkeit« (Nowotny 1989, 152), der sich der okzidentalen Rationalität verdankt, welche Geschwindigkeit zu ihrem Fortschrittsprinzip erkoren hat. Die Computertechnik steht mit einem bislang ungekannten Beschleunigungspotential an der Spitze dieses Fortschritts. ›Tempo! Tempo!‹ lautet die Aufforderung an diejenigen, die an und mit ihr arbeiten. Diese Aufforderung läßt sich rechtfertigen mit den Gesetzen des Marktes, die nur dem Schnelleren ökonomischen Gewinn in Aussicht stellen. So kommt es, daß sich der Zeitdruck verstärkt, wenn die Rentabilität gefährdet ist, weil die Konkurrenz dasselbe Produkt schneller auf den Markt zu bringen droht oder weil die für ein Projekt veranschlagte Zeit zu knapp kalkuliert wurde. Der nahende Abgabetermin verursache, wie ein Softwareentwickler sagt, einen »wahnsinnigen Druck« (H. Tänzer) – keine seltene Erfahrung nach Ansicht eines Berufskollegen: »Ich habe noch kein Projekt mitgemacht, das nicht im Streß endete« (H. Weg).
Nicht immer ist es die Schnelligkeit, die Zeitstreß auslöst. Die Maschine kann auch zu langsam sein, »da werden Sie genauso wahnsinnig, als wenn sie zu schnell ist« (Fr. Karo). »Warum?« frage ich und höre als Antwort: »Ja, weil ich praktisch nicht in dem Tempo arbeiten kann, wie ich das möchte, sondern weil das abhängig ist von der Maschine. Die Maschine hat halt viel zu tun und sagt ›Du bist noch nicht dran!‹« (Fr. Karo) Lange Antwortzeiten (z. B. bedingt durch Überlastung des Rechners) unterbrechen den Fluß der Zeit; sie versetzen das Subjekt an der Maschine in eine Position der Ohnmacht: »Wenn solche Tage waren, wo es ewig lange gedauert hat, es hat mich wahnsinnig gestört, weil ich habe was eingegeben, ich habe jetzt drauf gewartet, daß etwas passiert, ich wollte weitermachen, und es passierte nichts« (Fr. Weich). Wartenlassen hat nach Helga Nowotny mit Machtausübung zu tun. Es wird über die Zeit des Wartenden verfügt, indem dessen Zeit unbesetzt bleibt (vgl. Nowotny 1989, 148). Wer wartet, ist in seiner Aufmerksamkeit gebunden: »Ich kann ja nicht einfach abschalten, ich muß ja mit meinen Gedanken dabeibleiben, um den nächsten Schritt ausführen zu können« (Fr. Weich).

Ob die Maschine zu schnell ist oder zu langsam, in jedem Fall fordert sie jederzeitige Verfügbarkeit. *Sie* setzt die Zeit gegen die Zeit des Subjekts. Und dieses kann so sehr in den Bann der Maschine geraten, daß es sein Zeitgefühl verliert: »Ich habe es schon öfters gehabt, daß ich hier (daheim, d. V.) angerufen habe und gesagt habe, in einer halben Stunde bin ich da, und dann bin ich fünf Stunden später gekommen« (H. Wort). Die Maschinenzeit kann einen – ungeachtet äußerer Gründe – auch innerlich festhalten. Das unfertige oder fehlerhafte Produkt kann nur schwer aus der Hand gelegt werden. Man bzw. frau will sehen, daß das Programm funktioniert, will den Erfolg, der in vielerlei Weise bestätigt, die schöpferische Leistung, die Meisterung des Thrills, die Herrschaft über die Maschine, die Zugehörigkeit zur technischen Elite. Dennoch wird die Negation der Eigenzeit konflikthaft erlebt. Auch wenn er oft selbst alles daran setze, einen Termin einzuhalten, so ein Softwareentwickler, denke er am Ende stets: »Nein, ich will nicht mehr, ich bin fertig im Kopf damit. Ich will das nicht mehr machen, ich will was anderes, was ganz anderes machen, Schafe hüten meinetwegen« (H. Wechsel).

Die Funktionalisierung des menschlichen Subjekts geht mit dessen Erstarrung einher. So offenbaren es die Bilder; sie zeigen exakt im rechten Winkel aufgerichtete Oberkörper, bewegungslose Köpfe und Gesichter, auf einen Punkt hin fixierte Augen. Starr, steif, statisch, bewegungsarm, ruhiggestellt lauten die Worte, mit denen die Befragten das bildhaft Ausgedrückte kommentieren. Die Maschinenlogik ist für die erstarrten Körper zum ausschließlichen Bezugspunkt geworden. Nur noch auf diese hin ausgerichtet und mit deren Ansprüchen identifiziert, ist das Wechselspiel von Nähe und Distanz unterbrochen, das dem Subjekt im Verhältnis zu dieser Logik dynamische Autonomie gewährt. Keinen Abstand mehr zur Maschine finden zu können heißt, um so mehr Abstand zu haben zu sich selbst, und zwar zu jenen Aspekten des eigenen Daseins, die nicht maschinennutzbar sind.

Als anstrengend und anspannend empfinden die Befragten die Funktionalisierung ihrer Person. Es belastet sie sowohl die zweckgerichtete Nutzung einzelner Körperteile als auch die Stilllegung anderer. Das Auftauen des stillgelegten unteren Teils am Feierabend bewirke »so'n großes Ausatmen«, einhergehend mit dem Gefühl »so, jetzt bin ich wieder frei« (Fr. Blumer), berichtet

Starr und steif vor der Maschine
(Sabina, 16 Jahre)

eine 42jährige. Das Ausmaß der vorangegangenen Belastung lassen die Worte einer Berufskollegin ahnen: »Das ist wirklich, als wenn da ein Mantel runterfällt, da ist eine Anspannung da, aber die war nicht nur im Kopf da, die war im ganzen Körper da, die ich tagsüber gar nicht gemerkt habe; die ich abends erst – und es hat eine Weile gedauert – der Heimweg, unabhängig, wie lang der war, hat meistens nicht gereicht zum Abschalten. Da ist dann irgendwas runtergefallen, das Runterfallen war ein schönes Gefühl« (Fr. Weich).

Der Körper des dienstbaren Subjekts wird zu einer »Gliedermaschine« (Descartes 1960, 22), die zuverlässig funktioniert,

»die aus Knochen, Nerven, Muskeln, Adern, Blut und Haut so eingerichtet und zusammengesetzt ist, daß, auch wenn gar kein Geist in ihr existierte, sie doch genau dieselben Bewegungen ausführte, die mein Körper jetzt unwillkürlich ausführt und die also nicht vom Bewußtsein ausgehen« (Descartes 1960, 77).

An die Stelle des expressiven Leibes, der in Mienenspiel, Gestik und Haltung seinem Innern vielfältig Ausdruck gibt, tritt der zweckgerichtete Körper, der für Descartes in seiner Zusammensetzung mit einem Leichnam vergleichbar ist. Man wird erinnert an die starren und steifen Körper auf den Bildern der Softwareentwickler und kann sich fragen, ob sich in ihnen noch mehr ausdrückt als Stillegung, nämlich das Gefühl, nicht mehr lebendig zu sein.

Jung, gesund, ohne Probleme und ohne Geschlecht

> »Wenn die neuen Ingenieure sich im Souterrain umschauten, tauchte bei manchem die Frage auf, was wohl aus ihnen werden würde, wenn sie einmal das dreißigste Lebensjahr erreichen. Weil sie noch so jung waren, konnten sie diese Frage leichtnehmen und sich der Meinung eines ihrer Kollegen anschließen: ›Ein alter Computeringenieur erhält entweder das Gnadenbrot oder wird zu Hundefutter verarbeitet‹.«
>
> *Tracy Kidder*

Die Köpfe, die ganzen oder zerstückelten Gestalten auf den Körperbildern wirken alterslos oder jung. Alt oder älter ist niemand. Ist das ein Zufall? Die Äußerungen der Softwareentwicklerinnen und -entwickler sprechen für ein Nein. Stolz verkündet der Leiter der Softwareabteilung eines internationalen Elektrokonzerns: »Wir haben also eine sehr homogene Mannschaft (...); das Durchschnittsalter der Mitarbeiter liegt so bei 30/32 Jahren, also eine sehr, sehr homogene Gruppe« (H. Fest). Wer älter ist, spürt ein Unbehagen.

Eine 42jährige berichtet davon, daß sie eine Kollegin sehr bedrohlich erlebe, doch warum, das könne sie sich nicht erklären: »Ich hab' 'n viel größeren Einfluß und viel festeren Stand, und sie kann mir nix tun, und trotzdem schafft sie's irgendwo, mir so 'ne Angst zu machen« (Fr. Blumer). Aber dann fällt ihr ein, daß die Kollegin fast 20 Jahre jünger ist als sie, so jung wie die anderen im Team, während sie selbst die älteste ist: »Die anderen sind, sind eigentlich, äh, ihr (Pause) altersmäßig viel näher als mir (Pause) und (Pause) ja, daß ich da auch oft (Pause), na ja, manchmal so'n bißchen Außenseitergefühl habe, wenn die so miteinander reden über irgendwelche neuen Popsongs oder auch über Sport, da merk' ich halt, also zu der Generation gehöre ich nicht mehr« (lacht leicht). Die stockende Rede läßt vermuten, daß es ihr schwerfällt, sich ihre Schwierigkeiten mit der Altersdifferenz einzugestehen.

In der Softwarebranche zählt Jugendlichkeit. Die Branche selbst hat ein junges Image, das dem Anspruch korrespondiert, sich fortwährend zu erneuern, fortwährend mit neuen, jungen Produkten zu überraschen, die noch schneller, noch leistungsfähiger sind. Sowenig wie die Produkte veralten sollen, sollen die Menschen alt werden. Ein 27jähriger rechnet sich noch eine Galgenfrist aus: »Solange ich nicht 45 bin, brauche ich mir keine Sorgen machen, ob ich arbeitslos werde« (H. Wort). Ein 41jähriger fühlt schon sein Ungenügen: »Ich merke, daß ich es nicht mehr so bringe« (H. Wechsel).

Wer als zu alt befunden wird, dem droht Ausgrenzung; nicht nur in Form von Arbeitslosigkeit. Ausgrenzung kann auch heißen, innerhalb des Betriebs außer Betrieb gesetzt zu werden. Das ist das Schicksal der sogenannten »Frühstücksdirektoren«, die für eine 42jährige Softwareentwicklerin eine abschreckende Zukunft verkörpern. In den Augen der Unternehmensleitung zu alt geworden, kriegen Frühstücksdirektoren »zwar ihr Gehalt weiter, aber sie ham nich mehr die Verantwortung, den Einfluß, die Entscheidungsmöglichkeiten, die se früher hatten, und ich hab' oft erlebt, daß die Leute des halt dann menschlich sehr, sehr schwer weggesteckt ham« (Fr. Baum).

Unerwünscht und störend ist die Tatsache des Alterns, weil sie im Widerspruch steht zu der Vorstellung eines jederzeit verfügbaren Subjekts. Mit zunehmendem Alter wird die Gesundheit brüchiger, der Körper erzwingt vehementer Aufmerksamkeit für seine Befindlichkeit, reagiert deutlicher auf Überbeanspruchung, verweigert sich ständiger Verfügbarkeit, zeigt sich eigen-sinniger (vgl. Schachtner 1988). Wer seinen Körper instrumentell gebrauchen soll, darf davon nichts spüren. Die Möglichkeit von Krankheit wird bei der Terminplanung, so ein Softwareentwickler, nicht einkalkuliert, ja nicht einmal geahnt: »Dann haben wir uns halt einen kurzen Termin gezogen und kamen in Schwierigkeiten, von denen wir beide nichts ahnen konnten, wegen unverhoffter Krankheiten« (H. Wechsel). Nach überstandener Krankheit wurde der Körper erst recht in die Pflicht genommen, 440 Überstunden innerhalb von zwei Monaten wurden gemacht.

Ebenso wie eine widerspenstige Körperlichkeit können der Maschinenlogik widerspenstige Gefühle hinderlich werden, etwa Gefühle und Gedanken um diese Gefühle, die aus dem Privatleben hereindrängen: »Daß einem private Gedanken dann plötzlich wieder durch den Kopf kommen, das ist mir dann überhaupt nicht recht. Ich merke dann, das stört dich jetzt in deiner Konzentration und bin dann ärgerlich, denke mir, jetzt weg damit, weil die Arbeitszeit ist nicht dafür da, das zu lösen« (Fr. Blau). Die störende Privatheit muß ausgeblendet werden, denn »wenn der (Softwareentwickler, d. V.) sich geistig mit seinen Problemen auseinandersetzt, kann er nicht geistig arbeiten« (H. Tänzer). Der Kopf muß frei sein. Wer »sein Hirn und seinen Geist mit etwas anderem vollgestopft hat«, bringt »höchstens noch die halbe Leistung« (H. Tänzer). Als Beleg für seine Ansicht erwähnt der Leiter einer Softwarefirma eine problematische Liebesaffäre, in die ein Mitarbeiter und eine Mitarbeiterin verwickelt sind, was dazu führe, »daß die Arbeit dieser beiden um ungefähr 50-70% sinkt« (H. Tänzer). Noch problematischer wirkten sich Scheidungen aus: »Mitarbeiter, die in Scheidung leben, die kann man vergessen« (H. Tänzer).
Die Subjektivität des Subjekts wird zum Störfall, wo sie sich den Ansprüchen und Verheißungen der neuen Maschine entgegenstellt. Sie muß übergangen, vergessen, verschwiegen, abgeschaltet, bekämpft werden. Auf den Bildern ist das Unerwünschte nicht zu sehen; die dargestellten Personen sind jung oder alterslos, fit, leistungsstark und allenfalls um die Lösung eines technischen Problems besorgt. Sie sind darüber hinaus überwiegend geschlechtslos. Maschinenlogik fragt nicht nach dem Geschlecht. Das spiegelt sich in den Bildern wider. Daß das Geschlecht trotzdem wirksam ist, zeigte die Analyse der Praxis des Programmierens.
Am ehesten noch deutet sich in den Bildern der Mädchen und Frauen ein Geschlecht an. Zwei Frauen haben ihre Weiblichkeit nicht nur angedeutet, sondern ausdrücklich betont durch sorgfältig gezeichnete Frisuren, schön geschwungene Lippen, lange Wimpern. Ich wurde zuerst nicht klug aus diesen Bildern, weil sie kaum einen Bezug zum Programmieren aufweisen. Die Frauen haben sich zwar darauf beschränkt, nur einen Kopf zu zeichnen, aber dieser könnte auch zu einer Verkäuferin, einer Krankenschwester, einer Lehrerin gehören. Doch vielleicht erschließt sich gerade über den fehlenden Tätigkeitsbezug der Sinn des Bildes;

Betonte Weiblichkeit als Protest?
(Softwareentwicklerin, 23 Jahre)

vielleicht muß die demonstrativ zur Schau gestellte Weiblichkeit als Protest gegen deren Negation verstanden werden, vielleicht wollen diese Frauen sagen, daß sie in ihrer Tätigkeit als Frauen präsent sind, dies als Antwort auf das Vorurteil der Unverträglichkeit von Weiblichkeit und Technik. Von einer der beiden Frauen wissen wir, daß sie dieses Vorurteil täglich in Gestalt ihres Chefs vor Augen hat, der – um sein Vorurteil zu retten – ihr ihre Weiblichkeit abspricht. »Mein Chef sagt immer, ich zähle nicht zu den Frauen«, denn sein »Motto ist: Frauen in so einem Beruf, das ist ein bißchen heikel« (Fr. Grüner).

Fazit:

Die Maschine hat, sobald sie eine materielle oder immaterielle Realität annimmt, Wirkung auf den Menschen, denn dieser ist »ein bedingtes Wesen in dem Sinne (...), daß Jegliches, ob er es vorfindet oder es selbst macht, für ihn sofort eine Bedingung seiner Existenz wird (...)« (Arendt 1960, 133). Softwareentwicklerinnen und -entwickler erfahren die Maschine auf verschiedene Weise als Faktor ihrer Existenz. Sie sehen sich von ihr zu mannigfaltigen Subjektivitätsversuchen angeregt, unterstützt, ja gefordert, und gleichzeitig bringt sie sie in Situationen, in denen das Gegenteil verlangt wird: Abstraktion von Subjektivität. In dem Maße, wie dieses Diktat durchschlägt, werden die Menschen der Maschine ähnlicher.

Zuviel mit dem Computer gespielt
(Susanne, 14 Jahre)

Eine 32jährige Softwareentwicklerin findet, daß die die Tastatur bedienenden Hände »von selber zucken sozusagen, also motorisch fast«; einmal in Bewegung gesetzt, »wissen (sie) schon von selbst, wo es langgeht« (Fr. Bach), wie Maschinenteile. Eine 14jährige hat ihrer Figur ein Brett vor die Stirn gemalt und erklärt: »Also das Bild sagt aus, daß das Mädchen zuviel mit dem Computer gespielt hat«, davon habe sie ein »Schafsgeschau« bekommen, das Mädchen könne nicht mehr eigenständig denken, könne »keine eigenen Entscheidungen mehr treffen«, »sie ist halt praktisch wie ein halber Roboter schon« (Susanne).
Ausschließlich konzentriert auf die normativen Ansprüche der Maschine, schwinden die Möglichkeiten, diese auch als Träger präsentativer Bedeutungen zu entwerfen, die das Subjekt sinnlich-

emotional ansprechen. Die diskursive Symbolik steht im Vordergrund und mit ihr sprachsymbolische Interaktionsformen. Das streng gerichtete Denken verdrängt das spielerisch experimentierende, die Regel den Zufall, die Maschinenzeit die Eigenzeit, die Ohnmacht die Macht. Das Subjekt wird in den Rhythmus der Maschine eingespannt, bis schließlich die Maschine dem Körper und dem Geist die Initiative für die Bewegung abnimmt und nicht mehr das Subjekt »dem Werkzeug den Takt angibt, sondern nach dem Takt der Maschine gewissermaßen tanzt« (Arendt 1960, 133). Daß es so kommen kann, hängt damit zusammen, daß der Mensch ein lebendiges und somit veränderbares Wesen ist. Nur er ist in der Lage, sich anzupassen: »Die Maschine kann nur bestimmte Dinge, und da muß ich mich natürlich danach richten« (H. Wechsel). Die Maschine läßt nicht mit sich reden. Die »stellt einfach Bedingungen« (Klaus). Aber: Je mehr sich das Subjekt der Maschine anpaßt, je mehr es sich wandelt, um so mehr verliert es seine Wandlungsfähigkeit, weil es der Maschine ähnlicher wird, einem toten Ding, das sich nicht verändern kann. Die Lebendigkeit des Menschen wird in dem Maße vernichtet, als sie zur Voraussetzung seiner Zurichtung wird.

Die Abstraktion von Subjektivität ist, wenn wir der Arbeitswissenschaftlerin Gertraude Krell folgen, kein außergewöhnliches Phänomen in der Arbeitswelt. Sie korrespondiert der Idee des ›One Best Way‹, der zu Lasten der Vielfalt menschlicher Praxis auf gleichförmiges Funktionieren setzt und auf den hin man die Arbeitenden im Interesse ökonomischer Rentabilität zu orientieren trachtet (vgl. Krell 1984, 164ff.). Ähnlich argumentiert Michel Foucault, der im Hinblick auf industrielle Lohnarbeit schreibt: »Die gemessene und bezahlte Zeit muß auch eine Zeit ohne Fehl und Makel sein, eine Zeit guter Qualität, in welcher der Körper ganz seiner Pflichttätigkeit hingegeben ist« (Foucault 1976, 194). Die Disziplinierung des Körpers speist sich nach Foucault nicht nur aus ökonomischen, sondern auch aus Machtmotiven. »Die Disziplin fabriziert (...) unterworfene und geübte Körper, fügsame und gelehrige Körper (...) so können wir sagen, daß der Disziplinarzwang eine gesteigerte Tauglichkeit und eine vertiefte Unterwerfung im Körper miteinander verkettet« (Foucault 1976, 177).

Das Besondere an der Situation von Softwareentwicklerinnen und -entwicklern ist, daß das, was sie einerseits reduziert, die formale

Logik, andererseits ein kreatives Subjekt erfordert. Reduktion und Kreativität sind zwei Seiten derselben Medaille.

Die fragmentierte Subjektivität des anderen

»Ich will immer warnen und wehren: Bleibt fern.
Die Dinge singen hör ich so gern.
Ihr rührt sie an: Sie sind starr und stumm.
Ihr bringt mir alle die Dinge um.«

Rainer Maria Rilke

Eine KI-Forscherin erinnert sich an ihren ersten Kontakt mit einem japanischen Medizinprofessor, dessen Wissen sie in ein Expertensystem transferieren wollte: »Also, er hat erst einmal nur gelacht, wo ich ihm erzählt habe, was wir da jetzt zusammen machen« (Fr. Licht). Sie wollte von ihm »über einen medizinischen Bereich eine Hierarchie haben, eine strikte Hierarchie« (Fr. Licht), wollte wissen, wie er Schritt für Schritt zu einer Diagnose kommt, aber er hat nur gelacht.

Das Bemühen um Nähe zu den Benutzern, das die Softwareentwickler überwiegend als ein ihnen wichtiges Anliegen schildern, schließt Konflikte mit der Benutzerseite nicht aus. Es wird davon berichtet, daß der medizinische Experte »mit der logischen Struktur in Schwierigkeiten gekommen ist manchmal« (Fr. Wollner), daß »die gemeinsame Sprache ein großes Problem (ist)« (H. Wechsel) oder daß »teilweise zwei Sprachwelten miteinander kämpfen« (Fr. Baum). Benutzer wiederum bemängeln, wie Fritz Böhle und Helmuth Rose in ihrer Befragung von Bedienern computergestützter Werkzeugmaschinen festgestellt haben, daß Programmierer »hochnäsig« sind, »Theoretiker« (Böhle/Rose 1989, 12 ff.), die die Erfahrung des Facharbeiters mißachten.

Mit Verkürzungen ihrer Subjektivität müssen Benutzer rechnen, sobald sich diese als sperrig oder gar als unvereinbar mit der Maschinenlogik erweist. Den von mir interviewten Softwareentwicklerinnen und -entwicklern ist bewußt, daß sie mit ihren Programmen Wirklichkeiten schaffen, neue Wirklichkeiten, die die Subjektivität der davon betroffenen Menschen teilweise ignorieren, manchmal ganz ausschalten. Sie kommen auf diese Tatsache ausführlich zu sprechen. Ausgehend von ihren Schilderungen, werde ich im folgenden verschiedene Arten computerbezogener Fragmentierungen unterscheiden und fragen, wie diese zurückwirken auf die Subjektivität der Softwareentwickler. Ich beanspruche nicht, das gesamte Spektrum der den Benutzern zugefügten Fragmentierungen zu erfassen, dazu hätte ich auch sie befragen müssen. Die Benutzerseite ist nur insoweit thematisiert, als sie sich in der Erfahrungswelt der Softwareentwicklerinnen und -entwickler wiederfindet.

Von Ausgrenzung Bedrohtes

Von Ausgrenzung bedroht sind in den Augen der Softwareentwicklerinnen und -entwickler Ängste und Verunsicherungen der Benutzer, deren Wünsche nach individueller Arbeitsplatzgestaltung sowie bestimmte Kompetenzen.

Ängste und Verunsicherungen

Die bevorstehende Einführung von EDV-Technik in einen Arbeitsbereich mobilisiert häufig Ängste vor Verdrängung. Die Maschine könnte einen ersetzen, wird befürchtet. »Ich habe auch Fälle erlebt, wo die Leute wirklich Angst vor hatten« (Fr. Baum), erzählt eine Softwareentwicklerin. Sie erwähnt ein Projekt zur Computerisierung journalistischer Tätigkeit, das Setzer, Drucker und Layouter in einem Zeitungsverlag überflüssig machte, falls sie nicht, so schränkt sie ein, für andere Aufgaben herangezogen werden konnten: »Das war eines der Paradebeispiele dafür, daß es sehr sehr viel Negatives ausgelöst hat.«

Angst machen kann auch die Erwartung, von der Maschine aus einer wichtigen Position verdrängt zu werden, die sich einem jahrelang angesammelten Erfahrungswissen verdankt: »Das ist oft gar nicht 'nen genau faßbares Wissen, des is' einfach 'n Fingerspitzengefühl, des is' 'ne Erfahrung, wenn da irgendwas nich' läuft, was mach ich denn dann, und wo guck ich hin, und wo könnte der Fehler sein, und wie reagiere ich« (Fr. Baum). Arbeitsplaner haben für solches Wissen ein Notizbuch, »das nach fünfzehn Jahren Arbeit erheblichen Umfang hat und einen unschätzbaren Wert, wo der sich auch absolut drin auskannte und wo der auch unheimliche In-

formationen rausziehen konnte« (H. Wort). Dieses Wissen macht ihn zur »Informationsquelle für den ganzen Betrieb«. Die Computerisierung eines Arbeitsablaufs erfordert es, solches Wissen auf die Maschine zu übertragen, d. h., es muß offengelegt werden.
Die Maschine beansprucht, den Menschen als Wissensträger abzulösen; individuelles Wissen soll transparent und allgemein zugänglich werden, »jeder soll sich auf Tastendruck anschauen können, was bisher nur er (der Arbeitsplaner, d. V.) wußte« (H. Wort). Der 27jährige Softwareentwickler, der sich in die Situation eines Arbeitsplaners versetzt, findet: »Das ist natürlich ein Problem von der persönlichen Seite aus gesehen« (H. Wort). Er kann sich vorstellen, daß dieser denkt: »Lieber verbrenne ich das Buch, als daß ich es aus der Hand gebe.« Mit der Veröffentlichung und Enteignung seines Wissens steht auf dem Spiel, was ihn »als was Besonderes auszeichnet« (Fr. Baum). Mehr noch: Aus dem Akteur droht ein Maschinenbediener zu werden. Er habe selbst erlebt, erzählt der 27jährige, daß sich ein Arbeitsvorbereiter, der »25 Jahre lang derjenige war, der alles wußte«, nach Einführung des Systems vorzeitig in den Ruhestand versetzen ließ: »Der hat es nicht verkraftet« (H. Wort).
Neben der Angst, verdrängt zu werden, gibt es nach Ansicht der Softwareentwicklerinnen und -entwickler Ängste und Ängstlichkeiten in bezug auf Verantwortung. Ärzte sind einer KI-Forscherin zufolge verunsichert, weil sie nicht wissen, wer bei Benutzung eines medizinischen Expertensystems die Verantwortung trägt. Wer ist verantwortlich, wenn ein System eine falsche Diagnose stellt und der Arzt sie übernimmt? Und was ist, wenn ein Arzt die Diagnose des Systems verwirft, die sich hinterher als richtig erweist? Mit diesen ungeklärten Fragen werden die Ärzte bislang allein gelassen.
Neuartige Verantwortungsprobleme stellen sich auch dem Werkzeugmeister, der eine Maschine programmiert, die weiterläuft, wenn er nach Hause geht. Er trägt die Verantwortung für ein Geschehen, von dem er räumlich getrennt ist, das seinen Sinnen entzogen ist. Er wird nachts aufwachen, vermutet ein Softwareentwickler, und sich fragen: »Habe ich die Maschine richtig eingestellt, oder macht die jetzt nur noch Ausschuß?« (H. Knapp) Für meinen Interviewpartner steht fest: »Die Arbeit selbst wird nerviger werden, nervenaufreibender werden durch den Einfluß der EDV.«

Es schlagen den Softwareentwicklerinnen und -entwicklern Ängste und Verunsicherungen entgegen, die sie zwar verstehen, meist als berechtigt anerkennen, aber oft nicht berücksichtigen können. Sie dürfen sie nicht daran hindern, Programme zu entwickeln, die vielleicht genau die mit Angst erwartete Situation herbeiführen: »Wenn eine Autofirma eine neue Fertigungsstraße für Autos baut, wo vorher geschweißt worden ist von Schweißern, die Arbeit jetzt von Schweißrobotern übernommen wird, dann kann ich nicht entscheiden, daß die Schweißer aber trotzdem noch daneben stehen, weil das heißt schlichtweg, daß da demnächst kein Schweißer mehr ist, sondern ein Schweißroboter« (H. Wort).

Wünsche nach individueller Arbeitsplatzgestaltung

»Manchmal müssen wir die (Sachbearbeiter im Bankgewerbe, d. V.) auch bremsen und sagen, wie ihr das euch vorstellt, so kann man das nicht realisieren«, erklärt eine Softwareentwicklerin und fährt fort: »Das sind ja Leute, die haben jetzt von der EDV keine Ahnung und die stellen sich mitunter auch Lösungen vor wie der kleine Fritz den Atomkrieg, da muß man die bremsen und sagen, das ist eigentlich nicht machbar, oder es ist aus Kostengründen nicht vertretbar« (Fr. Blau). Auch kann nicht auf jeden Sonderwunsch eingegangen werden; »wenn ein Programm aus lauter Ausnahmen besteht, dann müßten es eigentlich lauter einzelne Programme sein; dann muß man trotzdem einen gemeinsamen Nenner finden« (Fr. Karo).
Die Wünsche der Benutzer stoßen auf technische und ökonomische Grenzen, die kaum trennbar ineinanderspielen. Technische Standards entsprechen dem ökonomisch Wünschenswerten. Die aus der Perspektive der Rentabilität angestrebte Rationalisierung eines Arbeitsfeldes hat ihr Pendant in einer rationalisierten Programmierung, die sich beispielsweise darin ausdrückt, »Schleifen« zu bilden, d. h. die strukturellen Gerüste verschiedener Tätigkeiten einander so anzunähern, daß sie identisch erledigt werden können, oder so zu programmieren, »daß die einzelnen Module, die man macht, daß die möglichst auch wieder verwendbar sind für andere Problemstellungen« (H. Zeit). So konzipierte Technik beinhaltet notwendig ein Absehen von Besonderheiten, von Individualität zugunsten von Formalisierung und Standardisierung im

Interesse effizienter, kostenminimierender Aufgabenerledigung. Das technisch Machbare ist dem Benutzer schmackhaft zu machen, man muß »zumindest versuchen, den Benutzer unter Umständen etwas zu überreden, ob es ihm so nicht besser gefällt« (H. Weiß), wohl wissend, daß von der Akzeptanz des Programms mit abhängt, ob sich die erwarteten Rationalisierungseffekte einstellen.
Über welche Wünsche im einzelnen droht sich die Computertechnik hinwegzusetzen? Welche Wünsche werden von Sofwareentwicklerinnen und -entwicklern als gefährdet oder als zu vernachlässigende angesehen?

Wünsche nach Entscheidungsspielräumen

Eine typische Wirkung des Einsatzes von EDV ist die Verregelung von Arbeitsprozessen, wodurch sich Entscheidungsspielräume verengen. Der Programmbenutzer »muß sich an die Schritte halten, die der Programmierer sich 'mal ausgedacht hat« (H. Knapp). Man kann nicht mehr, so stellt es sich für eine Softwareentwicklerin dar, »von sich aus was tun (...), man muß drauf warten, daß die Anlage etwas sagt, daß eine Maschine etwas anfordert« (Fr. Weich). Die Programmvorgaben hindern daran, andere Prioritäten bei der Erledigung von Arbeitsaufgaben zu setzen, als vorgesehen. Der an der Maschine Arbeitende kann nicht plötzlich entscheiden: »Der Auftrag ist jetzt wichtig, der muß zuerst drankommen, das System entscheidet für mich, in welcher Reihenfolge das durchläuft, und ich habe keine Möglichkeit, aus irgendeinem Grund besonders dringliche Sachen doch noch vorzuziehen« (H. Wort).
Die Programmbenutzer bestätigen die Softwareentwickler in ihren Annahmen, wie aus einschlägigen Untersuchungen hervorgeht. »Bei der konventionellen Drehbank ist«, so ein Werkzeugmeister, »der Mann die Steuerung; an den CNC-Maschinen drückt er auf den Knopf, dann läuft das Programm ab« (zit. nach Böhle/Milkau 1987, 104). Der Mann an der Maschine beklagt sich, daß er während des Bearbeitungsvorganges nicht mehr entscheiden könne, die Schnittgeschwindigkeit zu reduzieren, um den Verschleiß eines Werkzeugs hinauszuzögern (vgl. ebd., 109).
Strikt an die Regeln der Maschine gebunden, geht es, so eine Softwareentwicklerin, nicht mehr darum »zu agieren, sondern zu reagieren, zu reagieren auf das, was die Maschine von mir verlangt« (Fr. Weich).

Wünsche nach eigenem Arbeitsrhythmus

In dem Maße, wie eine Tätigkeit an den Vorgaben eines Computers hängt, ist auch der Arbeitsrhythmus tangiert. Eine Softwareentwicklerin bedauert, daß sie die mit ihren Produkten Arbeitenden in eine Situation bringt, in der sie »die Geschwindigkeit nicht mehr selbst bestimmen können, sondern bestimmt werden« (Fr. Weich). Zwar könne man auch am Bildschirm träumen, überlegt sie, aber dem stehen neuartige Kontrollmöglichkeiten entgegen, die die Computertechnik eröffnet: »Es gibt sehr wohl die Möglichkeit, und die wird umgesetzt bei Firmen auch, wo Antwortzeiten gemessen werden, wo Leute daran gemessen werden, wie lange sie für welche Tätigkeit brauchen und wer in der Abteilung jetzt die Schnellste ist oder der Schnellste« (Fr. Weich). Die von der Maschine ausgehende Aufforderung lautet: ›Schnell Schnell!‹ Andererseits läßt die Maschine warten. Programmbenutzer geraten in denselben Zwiespalt wie die Softwareentwicklerinnen und -entwickler, in dieselbe gängelnde Abhängigkeit. Eine Softwareentwicklerin, die den Triumph der Maschinenzeit über die Eigenzeit des Programmbenutzers sehr betont, kann dasselbe in ihrer Tätigkeit, wie sie sagt, nur »schwer verkraften« (Fr. Weich), und wahrscheinlich ist ihr gerade deshalb die Situation des anderen so nah.

Wünsche nach Transparenz und Kontrolle

Mit Einführung eines EDV-Systems können Aktenordner, Karteikästen, das Papier auf dem Schreibtisch und in den Schubläden verschwinden. Das ›papierlose Büro‹ gilt als technische Errungenschaft. Doch eine Softwareentwicklerin vermutet, daß es möglicherweise nicht den Bedürfnissen der arbeitenden Menschen entspricht, denn der Arbeitsprozeß verliert an Transparenz. Man kann nicht mehr »in irgend'ner Kartei nachgucken oder in irgend'nem Zettelkasten oder in irgend'ner Akte, weil's die Akte in Papier, die anfaßbare Akte für den Sachbearbeiter, nicht mehr gibt« (Fr. Baum). Alle Daten und Zusammenhänge sind unsichtbar gespeichert, und der Zugriff auf sie erfordert spezielle Kenntnisse. Wenn dieser, warum auch immer, mißlingt, ist der Arbeitsprozeß blockiert. Das Innere der Maschine ist für den Sachbearbeiter eine Blackbox, wenn es sich ihm verweigert, ist er ohnmächtig; er kann dem Kunden am Bankschalter kein Geld auszahlen oder dem Versicherungsnehmer am Telefon keine Auskunft erteilen.

Die Annahme der Softwareentwicklerin, daß Menschen sich ungern auf eine schwer durchschaubare Maschine verlassen, findet durch die Beobachtungen einer Berufskollegin Unterstützung. Diese berichtet von widerspenstigen Banksachbearbeitern, die »versuchen, das Ganze ein bißchen zu unterlaufen, und versuchen dann, weiter auf Papierbasis zu machen« (Fr. Blau). Aber damit hätten sie auf Dauer kein Glück: »Das wird natürlich dann von der Revisionsabteilung unseres Hauses überprüft, wenn so ein Produkt dasteht, was etliches gekostet hat, dann muß das auch konsequent angewendet werden. Und letzten Endes ist auch aus revisorischen Gründen dann eines Tages die Papierlösung nicht mehr zugelassen« (Fr. Blau).

Wünsche nach Kommunikation

Die Computerisierung eines Arbeitsfeldes reduziert nach Überzeugung einer Softwareentwicklerin zwischenmenschliche Kontakte. Enttäuschend wird das, so glaubt sie, für jene sein, die in Erwartung solcher Kontakte einen bestimmten Beruf ergriffen haben: »Mir tun die Leute leid, also gerade wenn sie etwas älter sind, weil denen das sicher schwerer fallen muß, die diesen Beruf erlernt haben, der ihnen Spaß gemacht hat, wo ein Kontakt auch da war zwischen Menschen mehr als jetzt, weil die Maschine halt dazukommt« (Fr. Weich).

Der Vermutung reduzierter Kommunikation entsprechen Untersuchungsergebnisse aus dem Benutzerbereich. Die Arbeitspsychologin Christel Kumbruck hat in Arbeitsämtern festgestellt, daß nach Einführung des Arbeitsvermittlungssystems CoArb Vermittlungsvorschläge immer seltener persönlich unterbreitet wurden, obwohl der persönliche Kontakt nach Auffassung der Arbeitsvermittler zu besseren Vermittlungserfolgen führt (vgl. Kumbruck 1990, 72 f.). Doch die Konkurrenz um Stellen, bewirkt durch die überregionale Transparenz der Stellenangebote, zu der die EDV verhalf, ließ ihnen keine Zeit für persönliche Vorladungen. Sowohl die Nähe zu den Arbeitssuchenden als auch zu den Arbeitgebern trat in den Hintergrund »gegenüber der technisch-formal zu lösenden Aufgabe, die formalisierten Qualifikationsprofile der Stellen- und Bewerberangebote zusammenzuführen« (ebd., 73). Auch Journalisten finden, wie eine Studie ergeben hat, daß unter der Verlagerung ihrer Tätigkeit an den Bildschirm persönliche Kontakte zu Kolleginnen und Kollegen leiden (vgl. Prott 1984, 239 ff.).

Der Arbeitspsychologe Helmuth Rose weist darauf hin, daß mit der Zurückdrängung der Begegnung von Mensch zu Mensch auch Körpersprache zurückgedrängt wird: »Mit computergestützten Geräten und Anlagen lassen sich eben keine Blicke und Gesten tauschen« (Rose 1984, 226). Die Behinderung körperlichen Ausdrucks beeinträchtigt den Ausgleich zwischen Spannungs- und Entspannungszuständen und damit die Abfuhr von Stauungen. Ängstliche Beklemmungen, Verstimmungen »ohne Grund« und Depressionen können Folgen dieser Beeinträchtigungen sein.
Mit Blick auf all das, was sich mit der Computerisierung der Arbeit verändert, meint der Geschäftsführer einer Softwarefirma: »Der Arbeitsplatz wird eigentlich qualitativ – glaub' ich zumindest – mit der EDV abnehmen« (H. Knapp). Vielfalt werde sich reduzieren, die Kontinuität der Erfahrung werde unterbrochen: »Wenn jemand Benutzer von einer EDV-Anlage ist, kann er eben nicht mehr so arbeiten, wie er früher gearbeitet hat, kann seine Arbeit auch nicht mehr so organisieren, wie er sie zu organisieren gewohnt war, sondern muß sie so organisieren, wie das Programm ihm des zu organisieren übrigläßt« (H. Knapp). Was diese Einsicht für sein Gespräch mit einem Benutzer bedeute, frage ich, und er antwortet: »Gar nichts (Pause), ich kann das Programm ja wegen ihm nich' ändern« (H. Knapp).

Ausgeklammerte und gefährdete Kompetenzen

Ganzheitliches Wahrnehmen

Der Arzt »sieht einen Fall, und auf einmal klickt es« (Fr. Wollner). Er weiß, was dem Patienten fehlt, vielleicht, so fragt sich ein KI-Forscher, ist es gar kein analytisches und sukzessives Denken, das den Arzt zu einer Diagnose befähigt. Zwei Kolleginnen, die schon länger (eineinhalb und dreieinhalb Jahre) an medizinischen Expertensystemen arbeiten, zweifeln nicht daran, daß Ärzte gleichzeitig in verschiedene Richtungen denken, daß sie verschiedene Symptome auf einmal wahrnehmen und auf verschiedene Diagnose- und Therapiemöglichkeiten beziehen. Eine KI-Forscherin bezeichnet das als »paralleles« (Fr. Licht) Denken. Von Ärzten auf einem Kongreß hörte sie: »Wir haben das sofort und schnell parat, das ist alles eine einzige Assoziation, dann ist das schon klar« (zit. nach Fr. Licht).

Das Erkennen eines Phänomens setzt nicht unbedingt voraus, dieses in all seinen Einzelheiten zu kennen: »Ich kann durch Sehen oder Fühlen einen Kristall als ›regelmäßigen‹ Körper erkennen, ohne (...) seine Grenzflächen gezählt zu haben; ein Gesicht kann mir vertraut sein, ohne daß ich jemals eigens die Farbe der Augen wahrgenommen habe« (Merleau-Ponty 1966, 30). Expertensysteme, aber auch übliche Computerprogramme, wie am Beispiel von CoArb festgestellt (vgl. Kumbruck 1990, 356), drängen ganzheitliche Sichtweisen zurück. Sie fragen jedes Detail separat ab, zwingen in ein Nacheinander, was sich Menschen mühelos auf einen Blick erschließt. Die Ärzte auf dem Kongreß stöhnten: »Es ist so langweilig, ihr könnt euch das nicht vorstellen, das ist wie so ein schulmeisterliches, wie wenn du selbst als Schüler behandelt werden würdest, die Systeme machen unheimlich langsame sukzessive Schritte« (zit. nach Fr. Licht). Angesichts der eigenen Fähigkeit, mehreres parallel wahrzunehmen und zu verarbeiten, sind die Nutzer medizinischer Expertensysteme mit den Antwortzeiten der Systeme höchst unzufrieden. Sie erwarten Antwortzeiten, so ein KI-Forscher, »am liebsten unter einer Sekunde, bis drei Sekunden akzeptieren sie noch, bei fünf Sekunden werden sie schon ungeduldig« (H. Rot).

Um ganzheitliches Wahrnehmen technisch nachzuahmen, müßte man nach Auffassung einer KI-Forscherin »viele solcher Maschinen haben, die dann untereinander funktionieren (...), viele Mengen von Maschinen müßten wir haben, die dann jeweils für ganz kleine Bereiche zuständig sind« (Fr. Herzlich). Doch sofort verwirft sie diese Idee wieder, indem sie erklärt, »das Wissen, was dem Arzt zur Verfügung steht auf der Basis, wo er die Entscheidung trifft, ist ja viel umfassender als das, was man in die Maschine reinbringen kann. (...) Das ist also viel, viel kleiner, viel weniger« (Fr. Herzlich).

Kontextdenken

Analytisches, sukzessives Denken beruht auf hierarchischen Regeln, in ganzheitlichen Sichtweisen spielen solche allenfalls eine untergordnete Rolle. Nach fast einhelliger Meinung der KI-Forscher bildet die Regelstruktur eines Expertensystems den ärztlichen Entscheidungsprozeß nur ungenügend ab: »Ich meine, Entscheidungsprozesse in der Medizin sind halt nicht einfach durch diese Wenn-Dann-Regeln zu machen« (H. Klar). Ja, es sei nötig, daß Ärzte »trotz der Regel, die sie vielleicht wissen, vernunftsweise aber ganz anders reagieren« (Fr. Herzlich). Sie können das, weil sie ein »Umweltwissen« haben, also das, was um die einzelnen Symptome herum liegt, wahrnehmen. Der Arzt »sieht auch diesen Rand, er läßt nicht irgendwie was raus (...), er denkt viel umfassender, viel breiter« (Fr. Herzlich). Ein Expertensystem aber drängt ihn dazu, sein Blickfeld einzuengen, seine Aufmerksamkeit auf bestimmte Phänomene zu konzentrieren. Das kann nach Auffassung der KI-Forscherin zu »zwar plausiblen, aber doch vielleicht falschen Entscheidungen führen« (Fr. Herzlich). Mit ihren Bemerkungen über die Wahrnehmungsweise des medizinischen Experten spricht sie die menschliche Fähigkeit an, den äußeren Horizont eines Phänomens mitzusehen und ihn als Informationsquelle zu nutzen.

Nach Hubert und Stuart Dreyfus, Philosophieprofessor der eine, Computerwissenschaftler der andere, ist es unmöglich, »ausschließlich mit Hilfe von Regeln, die in einer Situation relevanten Fakten über die Realität auszuwählen« (Dreyfus/Dreyfus 1986, 143). Man muß, so fordert Hubert Dreyfus (1985) in seinem Buch ›Die Grenzen künstlicher Intelligenz‹, die Dinge vielmehr im Kontext ihrer Umgebung sehen, um sich ihren Sinn zu erschließen. Erst im Umkreis begleitender Gesten und Blicke klärt sich, wie ein Wort, ein Satz gemeint ist, »die Expressivität des menschlichen Körpers hat also in erster Linie die Funktion einer laufenden Kommentierung (...)« (Dreitzel 1983, 181).

Hubert Dreyfus beruft sich mit seiner Forderung auf Merleau-Ponty, der schreibt: »Stets liegt das Etwas der Wahrnehmung im Umkreis von Anderem, stets ist es Teil eines ›Feldes‹. Nie vermöchte eine schlechthin homogene Fläche, auf der durchaus nichts wahrzunehmen wäre, Gegenstand einer Wahrnehmung zu werden« (Merleau-Ponty 1966, 22). Ein roter Fleck dient Merleau-Ponty zur Veranschaulichung seiner These: »Dieser rote Fleck dort auf dem Teppich dankt sein eigentümliches Rot dem Schatten, der über ihn hingleitet, seine Qualität in ihrem Erscheinen steht in bezug zum Spiel des Lichts, ist Moment einer bestimmten räumlichen Konfiguration« (Merleau-Ponty 1966, 23). Die schillernde Realität, die eine Erscheinung im Spiel des Lichts bekommen kann, erschließt sich nur dem, der dem Spiel zu folgen vermag. Ein Computer stößt hier auf prinzipielle Grenzen, denn Kontexte widersetzen sich der Formalisierung. Sie sind beweglich, verändern sich, und sie enthalten Qualitäten, die sich nicht in exakten Definitionen übermitteln, sondern erspürt werden wollen von einem leiblichen Wesen.

Intuition

Die plötzlichen »Klick-Erlebnisse« des Arztes beim Anblick eines Patienten sind für die KI-Forscherin kein Zufall. Es klickt von irgendwoher. »Der (der Arzt, d. V.) weiß gar nicht genau woher, vielleicht von einer total anderen Abteilung (...), vielleicht liegt da irgendeine Infektion vor, die noch nie da war, die er aber noch aus einer Zeit kennt, als er 'mal weiß ich wo war, und das ist natürlich im Expertensystem nicht drin« (Fr. Wollner). Ärzte handeln vor dem Hintergrund ihrer Erfahrungen, die ihnen nicht unbedingt bewußt sein müssen, sie folgen ihrer Intuition. Diese speist sich aus Erfahrung, und sie ist vor allem dann von unentbehrlichem Wert, wenn sich das, was es zu erkennen gilt, unscharf und vieldeutig darbietet.

Die Bedeutung von Intuition in ärztlichen Entscheidungsprozessen erklärt möglicherweise auch das Lachen des japanischen Arztes, als er aufgefordert wurde, sein Vorgehen bei der Diagnosefindung in Regeln auszudrücken. Als Japaner könnte er doppelt irritiert gewesen sein, denn in Japan wird der gefühlsmäßigen Erfassung von Meinungen und Situationen ein besonders großer Raum eingeräumt. Der Zen-Buddhismus fordert und fördert diese Haltung, indem er das Satori (die Erleuchtung) als Ziel ausgibt, das gerade nicht durch analytisch-logisches Denken, sondern durch Einfühlung zu erreichen ist. Dieser kulturelle Hintergrund macht verstehbar, weshalb der japanische Arzt, der sein Wissen in Regeln explizieren sollte, dies als »Beugung der Wahrheit« (Fr. Licht) empfand.

Auch Terry Winograd und Fernando Flores verweisen auf die erkenntnisleitende Bedeutung der Geschichtlichkeit des Menschen. Sie sehen durch diese Geschichtlichkeit, welche eingebunden ist in den Rahmen nationaler und kultureller Geschichte, das Vorverständnis geformt, das Menschen in eine Situation hineintragen, wodurch sie erst bedeutungsvoll wird (vgl. Winograd/Flores 1989, 55 ff.). Das Vorverständnis ist notwendige Voraussetzung dafür, »daß wir etwas erfahren, daß uns das, was uns begegnet, etwas sagt« (Gadamer 1967, 106), daß wir verstehen. Diese Annahme zu bestätigen, war das Anliegen des Computerwissenschaftlers Joseph Weizenbaum, als er eine Geschichte erzählte, die ihm selbst widerfahren ist. Auf einer Straße in New York hatte ihn ein Passant angesprochen und gefragt: »Sind Sie Jude?« Nachdem Weizenbaum das bejaht hatte, fragte der andere weiter: »Wie spät ist es?« Weizenbaum schloß aus den beiden Fragen, daß auch der andere Jude war, und er verstand dessen Vorgehen, weil er wußte, daß Juden gegenüber Nicht-Juden mißtrauisch sind, dies als Ergebnis ihrer jahrhundertelangen Verfolgung.

Das Vorverständnis ist Kontext des Interpreten und verhilft diesem sowohl dazu, sein Gegenüber in einem Kontext zu sehen, als auch dazu, Botschaften aus dem Kontext des anderen treffend zu interpretieren. Ein Computer kann Vorverständnisse nur in dem Maße berücksichtigen, wie sie explizit formuliert werden können, d. h. mit dem von ihm selbst verkörperten Vorverständnis in Übereinstimmung gebracht werden können. Vorverständnisse aber enthalten Bestandteile wie sinnliche Erlebnisse, zwiespältige Gefühle, Ahnungen, die sich nur schwer in Sprache, geschweige denn in einer exakten ausdrücken lassen. Zum anderen sind Menschen die Inhalte ihrer Vorverständnisse nicht jederzeit zugänglich, es bedarf dazu inspirierender Situationen. Dieses Phänomen hat einen KI-Forscher dazu veranlaßt, Wissen nicht mehr situationsungebunden abzufragen, sondern Ärzte mit konkreten Fällen zu konfrontieren, die ihr Wissen mobilisieren sollten. Er berichtet, auf diese Weise sehr viel mehr erfahren zu haben als durch fallunabhängige Wissensakquisition. Aber nicht alle denkbaren Fälle können durchgespielt werden. Die Explikation von Vorverständnissen findet außerdem darin ihre Grenze, daß dies ein nie endender Prozeß wäre. Ein Vorverständnis zu beschreiben heißt, dies in einer Sprache zu tun, die ihrerseits ein Vorverständnis widerspiegelt, das seinerseits Wurzeln hat und so fort.

Intuitives, erfahrungsbezogenes Wissen läßt sich nach Ansicht der KI-Forscher teils schwer, teils überhaupt nicht in formal-logische Kategorien übertragen. Die Erfahrungen, die sich Menschen im Verlauf ihres Sozialisationsprozesses angeeignet haben, das sind Dinge, gesteht ein KI-Forscher, »vor denen wir einfach fassungslos dastehen« (H. Rot). Wo Expertensysteme zum Einsatz kommen, werden intuitive Erkenntnisprozesse und Problemlösungen, so wird vermutet, zurückgedrängt. Daß diese Problematik für die Anwendung von Computerprogrammen generell gilt, dafür sprechen sowohl die Untersuchungsergebnisse von Kumbruck als auch die von Böhle und Rose. Ihr Erfahrungswissen ignoriert zu haben war das, was die Facharbeiter an CNC-Maschinen den Softwareentwicklern vorwarfen (vgl. Böhle/Rose 1989, 12). Kumbruck wiederum stellte fest, daß nach Einführung von CoArb der Stellenwert von Intuition, von Fingerspitzengefühl in den Entscheidungsprozessen der Arbeitsvermittler abnahm (vgl. Kumbruck 1990, 119).

Erkennen durch Dialog

Darin, wie Merleau-Ponty die Wahrnehmung eines roten Flecks auf dem Teppich schildert, klingt an, daß zum Erkennen ein Akt des Produzierens gehört. Noch deutlicher wird das in einem Beispiel von Hugo Kükelhaus, der bekannt geworden ist durch die Konstruktion eines Versuchsfeldes zur Entfaltung der Sinne bei der Expo '67 in Montreal. Kükelhaus versetzt uns in einen dunklen Raum, in dem eine weiße Kugel aufgehängt ist:

»Solange der Raum dunkel ist, können wir die Kugel selbstverständlich nicht sehen. Nähern wir uns ihr aber von einer Seite her mit einer Kerze, so tritt sie mit dem der Kerze zugewandten Teil allmählich aus der Dunkelheit heraus – zunächst wie eine Sichel, dann wie ein Halbmond –, während sich der übrige Teil kontinuierlich verschattet, bis sich seine Umgrenzung im Ungewissen verliert. Die Kugel schwebt gleichsam in einer Lösung von Dunkelheit und kommt dadurch als Kugel zur Erscheinung, daß sie aus dieser Dunkelheit auftaucht, um gewissermaßen wieder darin verschwinden zu können. Wenn wir jetzt umgekehrt die Kugel von allen Seiten her gleichförmig ausleuchten, so erscheint sie nicht mehr als das, was sie ist – ein plastischer Körper –, sondern als flache Scheibe« (Kükelhaus 1979, 36 f.).

Mit Hilfe des Lichts treten wir mit der Kugel in eine Art Dialog. Das Licht spricht das Objekt flackernd näherkommend an, und dieses antwortet, zeigt mehr und mehr von sich, aber doch nicht alles. Teile der Kugel bleiben im Dunkeln, das Auge muß arbeiten, muß, um sich das ganze Objekt vorzustellen, das Sichtbare mit dem Ungewissen in Beziehung setzen. Je mehr wir durch das Nebeneinander von Gewißheit und Ungewißheit gezwungen sind, einen Gegenstand mit unseren Gedanken und unserer Intuition zu umkreisen, diese und jene Perspektive einzunehmen, je mehr wir ihn mit unseren Blicken befühlen, mit Assoziationen spielen, Vergleiche ziehen, desto mehr sehen wir.

Was in bezug auf Gegenstände gilt, gilt erst recht in der Begegnung mit Menschen, zumal das menschliche Gegenüber ungleich vielfältiger agiert: in Worten, Blicken, Gesten, in Körperhaltungen und -bewegungen. Das sichtbar Werdende bleibt auch hier angebunden an Unscharfes und Unbekanntes. Was sich zeigt, ist nur ein Teil einer Person, der sich fortsetzt in unsichtbaren oder nur verschwommen sich abzeichnenden Motiven und Wünschen. Wer verstehen will, muß Deutliches und Undeutliches zueinander ins Verhältnis setzen. Die Annäherung an die Besonderheit einer Person kann nur tastend geschehen; auch deswegen, weil diese auf die Annäherung reagiert, manche ihrer Mitteilungen vielleicht verstärkt, andere abschwächt oder zurücknimmt, neue hinzufügt. Erkennen verlangt dieses suchende, abwartende, abwägende »Vorwärtsgehen in einem Feld von Unsicherheit« (Kükelhaus 1979, 37).

Für eine Softwareentwicklerin in einer Bank erfordert die Beratung eines Kreditkunden einen Berater, der auch Unausgesprochenes sieht, der Ängste spürt und darauf eingehen kann, der das Gespräch in Abhängigkeit davon gestaltet, was sich ihm nicht nur in Worten, sondern auch in Gesten und Blicken mitteilt, ja, oft nur andeutet, »was man halt raushört« (Fr. Grüner). Ein solches Gespräch hat und braucht nach ihrer Überzeugung seine Dynamik: »Da können zehn Leute kommen und sich eine Wohnung kaufen, und jedes Gespräch läuft ganz anders ab, drum ist das, denke ich, von einem Computer nicht zu ersetzen«, denn »der Computer kann halt nicht auf die Menschen eingehen« (Fr. Grüner).

Eine KI-Forscherin verweist auf die Möglichkeiten eines Arztes, in der Begegnung mit einem Patienten dadurch Einsichten zu gewinnen, daß zwischen beiden ein dynamischer Dialog entsteht, in dessen Verlauf der Patient seinen Gesichtsausdruck wechselt, vielleicht blasser wird, in der Art seines Redens und Schweigens ausdrückt, wie er sich fühlt. Das sei kein »hartes Datenmaterial« (Fr. Herzlich), aber der Arzt könne aus den mehr oder weniger klaren Informationen wichtige Schlüsse ziehen. Ein Berufskollege stimmt ihr, ohne es zu wissen, zu, wenn er sagt: »Es ist einfach überwältigend, wie Menschen (...) unscharfes Wissen oder Unsicherheiten bewältigen können, dadurch daß sie die richtig einschätzen« (H. Rot).

Die beiden befragten Frauen halten es für ausgeschlossen, daß der Computer den Menschen in solchen Fähigkeiten ersetzen könnte;

der männliche Kollege hofft auf den technischen Fortschritt. Tatsächlich erscheint es denkbar, Computer zu konstruieren, die den Gegenstand ihres Interesses mit Hypothesen umkreisen, Annahmen treffen, sie wieder verwerfen, daran lernen und neue Hypothesen kreieren, also sich suchend und ausprobierend Wissen erwerben. Zweierlei aber ist einem Computer nicht möglich: Er kann sich nicht einlassen auf ein Spiel zwischen Schärfe und Unschärfe, kann nichts in der Schwebe lassen, denn er ist angewiesen auf eindeutige Zustände. Und: Er besitzt keinen Leib, der ihm als Erkenntnisquelle dienen könnte, in den Wissen, wie Merleau-Ponty sagt, »hineinschnappt« (Merleau-Ponty 1966, 275).

Es sind hauptsächlich die KI-Forscher und -Forscherinnen, die von den Schwierigkeiten reden, bestimmte menschliche Kompetenzen in einen Computer zu integrieren, obwohl sich diese Problematik nicht nur im Bereich medizinischer Diagnose und Therapie stellt, sondern allgemein in Anwendungsgebieten von Computersystemen, wie die wenigen einschlägigen Studien erkennen lassen. Bei einem Arzt treten möglicherweise die diskutierten Kompetenzen deutlicher in Erscheinung, da sie – trotz herandrängender Apparatemedizin – als wichtige Berufsqualifikationen gelten. Dieselben Kompetenzen in Büro und Fabrik werden nicht in ihrem Wert erkannt und daher in stärkerem Maße schon vor Einführung der EDV-Technik von standardisierten Arbeitsabläufen an den Rand gedrängt, so daß sie der Wahrnehmung leicht entgehen oder als zu vernachlässigende eingeschätzt werden.[1]

Insofern, als seine Ängste, Wünsche, Fähigkeiten bei der Entwicklung eines Computersystems ignoriert werden, ignoriert werden müssen, findet das Subjekt kein Gehör. Es wird beschnitten in dem, was nicht maschinisierbar ist. Seine Wirklichkeit ist zu biegen, »hinzubiegen«, »in eine Hierarchie zu pressen« (Fr. Licht). Der Vorgang ist vergleichbar mit der Anlage eines französischen Gartens (vgl. H. Böhme/G. Böhme 1983, 36 ff.). Auch hierbei wird – in diesem Falle die äußere Natur – zugerichtet,

1 Es sei darauf hingewiesen, daß die Begrenztheit der Maschinenleistung von den Softwareentwicklerinnen und -entwicklern stets im Hinblick auf die idealen menschlichen Möglichkeiten konstatiert wird, hinter denen der konkrete Mensch zurückbleiben kann. In der Praxis könnte es geschehen, daß die Maschine zu besseren Entscheidungen gelangt als der Mensch. Das aber macht die Grenzen der Maschine nicht unproblematischer.

zugeschnitten, an ein Modell angepaßt. Die Planierung des Geländes, der Ausgleich von Unebenheiten tilgt die »natürliche« Besonderheit. Wege sind wichtiger als das Gelände, denn sie geben dem Garten seine geometrische Figur. Die Form ist wie in Computerprogrammen das grundlegende Stilprinzip; ihr hat sich das Einzelne, hier die Blüte, der Baum, die Hecke, dort der Blick auf den Patienten, den Arbeitssuchenden, zu fügen. Der dem Arzt oder Arbeitsvermittler abverlangte reduzierte Blick, reduziert auch den, auf den dieser Blick fällt. Und Sofwareentwicklerinnen und -entwickler nehmen diese Blicke vorweg.

Rückwirkende Effekte

In dem Maße, wie Softwareentwicklerinnen und -entwickler die Subjektivität anderer beschneiden, beschneiden sie sich auch selbst, und zwar in jenen Bezügen, die sich auf das Auszugrenzende richten oder richten könnten.
In der Anfangsphase eines Projekts ist die Gelegenheit – so es überhaupt zu einem Kontakt mit einer konkreten Außenwelt kommt –, Vielfalt zu entdecken und sich mit ihr in Berührung zu bringen, groß, denn es geht darum, umfassende Kenntnis über einen Gegenstandsbereich zu erlangen, und noch ist nicht entschieden, was sich in Maschinensprache überführen läßt. Es gibt Spielräume, größere dort, wo geforscht wird, und kleinere in der kommerziellen, den Gesichtspunkten von Zeit und Geld unterworfenen Softwareproduktion. Freilich: Je eindeutiger sich für einen Softwareentwickler schon in der Phase des Knowledge-Engineering abzeichnet, daß bestimmte Wünsche und Arbeitsmuster der Maschinenlogik widersprechen, desto mehr dürfte er, um sich Schwierigkeiten zu ersparen, versucht sein, solche Wirklichkeiten auszublenden, es sei denn, er wird von diesen aufgrund persönlicher Erfahrungen und Sensibilitäten besonders angesprochen. Die Logik im Kopf mag ihn dazu bringen, Widerspenstiges auszulassen, aber das heißt noch lange nicht, daß dieses ihn ausläßt.
Endgültig entscheiden sich die Chancen der Realität in der Phase der Transformation. Trotz allen Bemühens können sich wahrgenommene Wirklichkeitsfacetten gegen eine Maschinisierung sperren, was ihre Ausklammerung zur Folge hat. Das den Wissensakquisiteur mit dem Ausgeklammerten Verbindende wird be-

deutungslos; kognitive, emotionale, sinnliche Bezüge sind durchzuschneiden.
Dem Mann an der Maschine soll das, was programmiert wird, nützen, aber wenn etwa deutlich wird, »der hat ganz andere Gedankengänge« (Fr. Berg), denen eine Softwareentwicklerin, verpflichtet auf die Vorgaben der Computerlogik, nicht folgen darf, dann kann sie ihn zwar verstehen, aber diese »anderen Gedankengänge« dürfen keinen Raum in ihrer Tätigkeit einnehmen; sie muß von ihnen absehen, muß das andere Denken vergessen. Dasselbe widerfährt Sympathien, die nicht übersetzbaren Wünschen gelten, der Anteilnahme an Ängsten, die übergangen werden müssen, der Neugier auf Unbekanntes. Nicht allein der Andere wird partiell stillgelegt, auch das Erkenntnissubjekt muß sich Empfindungen versagen. Die Fragmentierung des Erkenntnisobjekts hat seine Entsprechung in der Fragmentierung des Erkenntnissubjekts.
Der Herrschaftsanspruch formaler Logik verlangt die Trennung: Mitgefühl, Teilnahme, Empathie dürfen nicht stören. Das Widerspenstige muß das Fremde bleiben, das einen nichts angeht. Um seinen Eigen-Sinn gebracht, gerinnt der Andere in der Vorstellung des Softwareentwicklers zu einem Faktor effizienter Planung, zu einem gesichtslosen Funktionsträger: »Da steht eine Person, die hat kein Gesicht, das ist irgendeine Person (...), die irgendeine Funktion in sich vereinigt« (H. Wechsel). Und vielleicht, so erwägt ein 18jähriger, bekommt die maschinengerechte Subjektivität sogar die stärkere Realität. Er hält es für denkbar, »daß man nur noch real existiert und anerkannt wird, wenn man als Datensatz in einem Rechner existiert« (Klaus).
Aus dem konkreten Anderen wird unter dem Zepter des ausgrenzenden Blicks der abstrakte Andere. Das ist kein Mensch mehr aus Fleisch und Blut, der auf die Sinne eines Softwareentwicklers wirkt, den dieser hören und riechen könnte, dessen körperliche Nähe ihm allerlei Regungen entlocken könnte, der etwas in ihm zum Klingen brächte. Leib und Sinne werden als Erkenntnisorgane überflüssig. Die sie stimulierenden Reize sind ihnen entzogen; für sie gibt es kein Betätigungsfeld. Zwischen den Softwareentwickler und den Werker, den Arzt, den Patienten hat sich die Regel geschoben. Sie boykottiert eine Perspektive, die dem Anderen seine Einzigartigkeit bestätigen möchte zugunsten einer autozentrischen Haltung, die das Interesse am Anderen von den

eigenen, d.h. maschinengerechten Möglichkeiten her bestimmt (vgl. Fox Keller 1986, 126). Nähe zum Anderen existiert nurmehr insofern, als dieser so ist, wie er sein soll.
Die Distanz zwischen Softwareentwicklerin bzw. Softwareentwickler und Programmbenutzern kann bewirken, daß letztere der Computerisierung Widerstand entgegensetzen, daß sie das Ganze unterlaufen, weiter auf Papier arbeiten, daß sie behaupten, »die Programme sind nicht gut genug« (H. Fest), oder sie »per se nicht akzeptieren« (H. Weg), daß sie sagen: »Was soll der ganze Schmarrn?« (Fr. Berg). Ein Softwareentwickler generalisiert: »Die meisten Anwender wollen nix mit EDV zu tun haben« (H. Knapp). Wenn man sich vergegenwärtigt, daß das Programm oder System seinen Machern oft zum Spiegel ihrer selbst wird, verwoben ist mit Gefühlen, Phantasien, ästhetischen Ansprüchen, kann man sich denken, wie sehr solche Abneigung sie als schöpferische Wesen negiert.
Abgekoppelt von der Nähe zum anderen, besteht für Softwareentwicklerinnen und -entwickler das Risiko, zweifach verneint zu werden. Einmal ist es der fragmentierende Blick, der auch sie fragmentiert, und darüber hinaus kann es sein, daß sie verneint werden in ihrem Produkt, ein Produkt, das auf Abneigung stößt, weil es die Besonderheit seiner Nutzer ignoriert. Dieses Produkt verliert seinen Charakter als Grenzobjekt, es vermittelt nicht mehr zwischen innen und außen, es steht zwischen dem Subjekt und der Welt.

Drohender Welt- und Ichverlust

Ein Mann steht als Angeklagter vor Gericht. Auf die Frage nach seinen Personalien antwortet er: »Ich heiße Harry Johns, geboren am 6. April 1917 in New York.« Der Anwalt der Klägerin interveniert: »Der Beklagte spricht die Unwahrheit, er ist durchaus nicht geboren.« Weder die vorgelegte Geburtsurkunde noch der Hinweis auf den im Gerichtssaal anwesenden Bruder sowie auf die Goldpokale, die Harry Johns als Rennchampion errungen hat, können den Anwalt beeindrucken. Stanislaw Lem erörtert in seiner futuristischen Erzählung ›Gibt es Sie, Mister Johns?‹ (1976) die Frage menschlicher Identität unter Bedingungen des Verlustes einzelner seiner Teile.

Der Anwalt beginnt, den Streitfall darzulegen: »Vor zwei Jahren erlitt der Beklagte bei einem Autorennen in der Nähe von Chicago einen Unfall und verlor ein Bein. Damals wandte er sich an unsere Firma. Die Cybernetics Company erzeugt bekanntlich Arm- und Beinprothesen, Kunstnieren, Kunstherzen und andere Ersatzorgane. (...) Vier Monate später wandte er sich neuerlich an uns, diesmal bestellte er Prothesen zweier Arme, eines Brustkorbs und eines Genicks.« Der Beklagte blieb, da er sich nicht gut bedient fand, den Preis für die Prothesen schuldig. Der Anwalt fährt fort: »Als die Schuld des Beklagten auf 29 863 Dollar angestiegen war, klagten wir auf Rückgabe aller bezogenen Prothesen. Jedoch das Staatsgericht wies unsere Klage mit der Begründung ab, daß ihn der Entzug der Prothesen um das weitere Dasein gebracht hätte. Zu jener Zeit war nämlich von dem ehemaligen Mister Johns nur noch die eine Gehirnhälfte übrig.« Der Beklagte ist empört: »Was heißt ›ehemaliger Johns‹?« Für den Anwalt gibt es Harry Johns nicht mehr, »denn die irdischen Überreste dieses bekannten Rennchampions ruhen verstreut an verschiedenen Autobahnen in ganz Amerika«. Im Gerichtssaal befindet sich seiner Meinung nach nur noch ein »Prothesengefüge«, ein »materieller Gegenstand, der behauptet, sich selbst zu gehören«, in Wirklichkeit aber Eigentum der Firma Cybernetics ist, nun – da auch die zweite Gehirnhälfte ausgetauscht worden sei – unbestrittener als je zuvor. Im Namen der Firma ersuche er das Gericht, dieser die vollen Eigentumsrechte an der von ihr hergestellten Maschine zu übertragen. Da aber beweist sich die Leistung der maschinellen Grunderneuerung; scharfsinnig wirft der Beklagte ein: »(...) Entweder ich bin eine Maschine, dann darf diese Verhandlung gar nicht stattfinden, da eine Maschine in einem Gerichtsverfahren nicht Partei sein darf, oder ich bin keine Maschine, sondern eine Person, und was für Rechte auf mich beansprucht dann irgendeine Firma?«

Die Situation spitzt sich zu. Der Beklagte bittet, daß sein Bruder als Zeuge gehört wird. Der Anwalt erhebt Einspruch. Der Bruder sei nicht der Bruder. Dieser sei Opfer eines Flugzeugabsturzes geworden, und die Firma habe im Auftrag der Witwe einen neuen Bruder hergestellt. Richter: »Einen neuen – was?« Anwalt: »Einen neuen Bruder, und damit einen neuen Ehemann der ehemaligen Witwe.« Der Beklagte pfiffig: »Na und? (...) Meine Schwägerin hat doch den Kaufpreis bar bezahlt.« Richter: »Bitte um

Ruhe! In Anbetracht der Notwendigkeit einer Überprüfung zusätzlicher Umstände durch das Gericht – wird die Verhandlung vertagt.«

›Gibt es Sie, Mister Johns?‹

Angesichts dieser Geschichte stellt Käthe Meyer-Drawe die Frage: »Ab wann ist die Person nicht mehr sie selbst?« (Meyer-Drawe 1990, 29) Wie sehr darf sie reduziert sein, ehe sie als nicht mehr existent zu betrachten ist? Keine einfache Frage, wenn man davon ausgeht, daß das Ich nicht in einem Kern zusammengezogen ist, sondern sich über sich selbst hinweg verstreut, daß »der Mensch als Ganzes in jedem seiner Glieder lebt« (Kükelhaus 1979, 35). »Leib, Brust und Kopf sind in jedem Finger. Die Menschen sind ganz in Hand und Fuß, im Antlitz und in jedem Auge«, schreibt die Schriftstellerin Anita Pichler (1989). Der Verlust einzelner Teile, die Ausschaltung einzelner Fähigkeiten bedeutet demnach nicht gleich das Ende des Ichs, aber das Ich ist als Ganzes betroffen; es fehlen Teile, in denen das Ganze zum Ganzen wird. Das verletzt – aus autopoietischer Sicht betrachtet – die Autonomie des Subjekts, die Fähigkeit, sich aus eigener Kraft zu erneuern, denn diese stützt sich nicht auf einzelne Teile, schon deswegen nicht, weil ein Teil ins andere wirkt. Die Hand dient, indem sie greift, auch dem Begreifen. Merleau-Ponty hat es folgendermaßen ausgedrückt:

»Das Wort ›hart‹ erregt eine Art Starre im Rücken und Hals, und erst sekundär projiziert es sich in das Seh- oder Hörfeld und nimmt da als Zeichen oder Vokabel Gestalt an. Ehe es Anzeige eines Begriffs ist, ist es zunächst ein meinen Leib ergreifendes Geschehnis, und seine Wirkung auf meinen Leib umschreibt seinen Bedeutungsbereich« (Merleau-Ponty 1966, 275).

Wenn Softwareentwicklerinnen und -entwickler bei ihrer Tätigkeit von ihrem Leib absehen oder ihn einseitig zu nutzen gezwungen sind, wird davon auch ihr Denken und Fühlen berührt. Das fixierende Auge sieht anders und anderes als das schweifende; es prüft, registriert, schließt aus, was seine Interessen nicht tangiert, die Gedanken in eine unbeabsichtigte Richtung lenken könnte. Wer sich von seinem Leib ganz oder teilweise verabschiedet,

schneidet sich ab von Erfahrungen, Einsichten, die Spürsinn verlangen. Er begrenzt sich in seinen möglichen Bezügen zu der ihn umgebenden Welt. Der in der Vorstellung des Softwareentwicklers zum abstrakten Anderen gewordene Benutzer schließt keine Gefühle auf. Die nur noch als diskursives Symbol ins Gesichtsfeld tretende Maschine zieht keine sinnlich-symbolischen Interaktionsformen auf sich.
Die Fragmentierung des eigenen Ichs und die Einschränkung struktureller Koppelung an die äußere Welt gehen Hand in Hand. Ohne vielfältige Interdependenzen zwischen einem Lebewesen und seinem Milieu gibt es, mit Maturana und Varela gesprochen, kein »natürliches Driften«. Was dieser Terminus meint, illustrieren die Autoren anhand von Wassertropfen, die von einem Berggipfel rollen:

»Einige Tropfen werden geradewegs hinunterfließen; andere werden Hindernisse auf ihrem Weg antreffen und ihnen infolge ihrer geringen Unterschiede an Gewicht und Impuls auf verschiedene Weise ausweichen, indem sie zu der einen oder der anderen Seite hintendieren. Vielleicht wird die Windrichtung sich ändern und die Tropfen hierher oder dorthin ablenken, vielleicht werden die Spuren vorangegangener Tropfen den Grund für den Weg der nachfolgenden verändert haben – usw. usw. (...). Dieses Driften ist das Ergebnis der unterschiedlichen individuellen Interaktionsweisen der Tropfen mit den Unregelmäßigkeiten des Bodens, den Winden und allen sonstigen Faktoren« (Maturana/Varela 1987a, 119).

Die nachgezeichneten Wege der Tropfen ergeben ein Muster, das sich verzweigt, neuartige Wendungen nimmt, immer vielfältiger wird, solange die Tropfen im Fluß sind. Auch das Innenleben des menschlichen Ichs bekommt ein reichhaltiges Muster, wenn dessen Gefühle, Gedanken, Körperempfindlichkeiten in einem regen Austausch mit der Außenwelt stehen, wenn sie fließen dürfen.
Aus den starren Kategorien formaler Logik erwachsen dem natürlichen Driften Grenzen. Dem Fluß menschlicher Lebensäußerungen wird Einhalt geboten, sobald diese Kategorien als Orientierungspunkte in Kraft treten. Das Subjekt am Computer wird zurückgerufen. Innere und äußere Realität dürfen sich nur mehr partiell verschränken, nur mehr in den Aspekten, die maschinenkonform sind. Von individueller Besonderheit ist zu abstrahieren. Wenn Softwareentwicklerinnen und -entwickler solche nicht mehr zeigen dürfen, finden sie in ihrem Gegenüber, sei es die Maschine oder der Benutzer, auch keinen Spiegel, der ihnen ihre

Einzigartigkeit bestätigen könnte. So wie sie zur Welt in Distanz geraten, geraten sie auch zu sich selbst in Distanz.
Jede Beeinträchtigung der Selbsterzeugung in der strukturellen Koppelung an die äußere Welt birgt die Gefahr, daß menschliches Leben zerfällt. Einen eindrucksvollen empirischen Beleg für das Angewiesensein auf Austausch liefert ein im Rahmen der Astronautentests durchgeführtes Experiment, von dem Kükelhaus berichtet. Die das Experiment inspirierende Frage lautete: »Wie lange erträgt es ein Mensch, keinerlei Auseinandersetzungen mit einer ihm entgegenstehenden Welt zu haben, völlig isoliert von jeglicher Reizeinwirkung zu sein?« (Kükelhaus 1979, 41 f.) In ein unterirdisch angelegtes zimmergroßes Bassin, das mit Wasser gefüllt war, dessen Temperatur der Körpertemperatur des Menschen entsprach, wurde eine Versuchsperson gebettet, und zwar so, daß sie sich bewegungslos verhielt. Die Person wurde künstlich beatmet, sämtliche Körperoberflächen wurden mit einem isolierenden Material umwickelt, um taktile Reize auf die Haut zu unterbinden. Absolute Dunkelheit und Lautlosigkeit eliminierten die noch verbliebenen Reize.
Kükelhaus schildert die Effekte des Experiments:

»Bereits nach wenigen Minuten stellten sich panikartige Halluzinationen ein. Nach etwa sechs bis acht Minuten kam es zu derart extremen Angstzuständen, daß der gesamte Hormonhaushalt des Organismus durcheinandergeriet. Nach zehn bis fünfzehn Minuten schließlich mußte man den Versuch abbrechen, weil sich das Blut aufzulösen begann. Die weißen Blutkörperchen vermehrten sich, die Hypophyse stellte ihre Funktion ein, und die Hormonausschüttung wurde gestoppt – kurz, nach zehn Minuten Prozeßlosigkeit begann sich der Organismus zu zersetzen« (Kükelhaus 1979, 42).

Die Fragmentierung des Softwareentwicklers in bestimmten Phasen seiner Tätigkeit bringt diesen noch nicht in eine Situation, die mit der Versuchsperson identisch wäre, doch sie scheint sich ihr anzunähern.

Die amerikanische Soziologin Arlie Hochschild referiert in ihrem Buch ›Das gekaufte Herz‹, das sich mit dem instrumentellen Gebrauch menschlicher Gefühle in bestimmten Berufen befaßt, eine Szene aus dem in San Francisco aufgeführten Theaterstück ›Das Komitee‹. Ein Mann betritt die Bühne. Er gähnt und reckt sich, setzt seinen Hut ab, dann seine Perücke, seine Brille. Er entfernt seine Nase und anschließend seine Zähne. Er befreit sich von seinem Lächeln und legt sich zum Schlafen hin – »ein Mensch, der endlich ganz ›er selbst‹ ist« (Hochschild 1990, 154).
Die Szene erinnert an die Mitteilung einiger Softwareentwicklerinnen und -entwickler, daß ihnen nach anstregenden Arbeitstagen, nach Tagen, die sie wieder einmal nicht zu sich selbst hatten kommen lassen, so sei, als würde etwas von ihnen abfallen. Der Streß, die Anspannung falle ab wie ein Mantel, und sie fühlen: »Jetzt bist du wieder normal, jetzt bist du entspannt, jetzt bist du privat« (Fr. Weich), »jetzt bin ich frei« (Fr. Blumer).
Es kann aber auch – und davon wird häufiger berichtet – anders ausgehen; es kann sein, daß, nachdem der Streß abgefallen ist, nichts mehr von einem übrig ist, daß man »am Boden zerstört, fertig, kaputt, total ausgelöscht« (Fr. Herzlich) ist. Man »hängt erschöpft in den Seilen«, will nichts anderes mehr als die »Flügel hängen lassen, nichts denken, nichts tun, völlig ausgebrannt, so ist das Gefühl dann« (H. Wort). »Ja, es ist furchtbar«, so eine dritte Stimme, »ganz schlimm ist das, daß ich meine, ich kann einfach nicht, ich krieg also physische Allergien sozusagen, wenn ich nur dran (an das Programmieren, d. V.) denke manchmal« (H. Weg). Von Burnout spricht ein 27jähriger, was sich für ihn auch körperlich bemerkbar mache, »der ganze Körper (ist) total ausgepowert«, denn »man hat da (ins Programm, d. V.) alles reingepowert« (H. Wort).
Kaputt, ausgebrannt und ausgepowert, kann man sich zu nichts mehr in Beziehung setzen, »man (hat) eigentlich für andere Dinge keine Lust, also z. B. ein Buch lesen, also man kann sich auch nicht auf Zeitungen konzentrieren« (H. Tänzer); »ich kann im Moment nicht auf ein Rockkonzert gehen oder auf ein Jazzkonzert, ich bin also Jazzfan (...), ich kann da nicht hingehen, ich halte das nicht aus« (H. Weg). Das geschwächte Ich will allenfalls betäubt werden: »Was dann noch hilft, ist, daß man sich hinhaut,

die Glotze anmacht und sich berieseln läßt« (H. Tänzer). Oder man geht nach der Arbeit sofort ins Bett, greift vielleicht vorher noch zum Alkohol: »Ich mache die Augen zu und trinke ein Bier in Ruhe (...), und man kommt dann dazu, daß man zuviel trinkt. Das ist bei uns auch eine Berufskrankheit« (H. Wort). Außenreize werden nicht mehr vertragen, »kein Geräusch, nichts«; man wünscht sich bloß »Ruhe, einfach Ruhe« (H. Wort).

Für seine private Umgebung sei er zuweilen, so findet ein 41jähriger Softwareentwickler, »ein ziemlich unleidliches Wesen« (H. Tänzer). Mit allen Kräften damit beschäftigt, das bedrohte Ich zu stabilisieren, »kann man keine anderen Leute um sich haben, die einen stören« (H. Tänzer). Und falls man sie um sich haben muß, »kann man (mit denen aber) nicht noch gleichzeitig reden«. Für die 14jährige Susanne macht es einen großen Unterschied, ob ihr in der Softwarebranche tätiger Vater den ganzen Tag am Computer arbeitet oder mit einem Kunden beschäftigt ist. Im ersten Fall passiere es öfter, daß es ihm, wenn er nach Hause kommt, »einfach nicht möglich (ist), eine Konversation zu führen; dagegen, wenn er 'mal einen Tag gehabt hat, wo er einen Kunden hatte, mit dem ist er halt irgendwo am Abend zum Essen gegangen, hat mit dem geredet und so, dann kommt er heim, ist ganz fröhlich, weil er halt 'mal einen Tag nicht vor dem Computer gehockt ist« (Susanne).

Das sich selbst entgleitende Ich entfernt sich von seiner Familie, von seinen Freunden und Bekannten: »Ich will eigentlich mit niemandem etwas zu tun haben. Also, andere Leute besuchen, mit denen dann reden, oder wenn man Besuch hat, mit denen zu reden, weil die andere Phase, daß man sich mit sich selber beschäftigt, auch nicht erfüllt werden kann, wenn man immer mit anderen Leuten reden muß« (H. Tänzer).

Der Zustand des fragmentierten Softwareentwicklers hat Ähnlichkeiten mit dem von Margaret Mahler beschriebenen autistischen Syndrom bei Kindern. Es ist typisch für autistische Kinder, daß sie sich ihrer menschlichen Umgebung verweigern; es scheint, als ob sie »die äußere Realität neben ihrer eigenen stereotypen eingeschränkten ›Realität‹ als unerträgliche Quelle der Beunruhigung erleben« (Mahler 1972, 76). Das autistische Kind kämpft gegen jede Forderung nach menschlichem Kontakt; es will in Ruhe gelassen werden. Autismus ist nach Mahler ein Mechanismus, die lebendige Welt, die an Gefühle und Sinne appelliert, aus-

zuschalten (vgl. ebd., 75). Sie erklärt sich diesen Mechanismus mit einem rudimentären Ich, das seine ganzen Kräfte auf sich konzentrieren muß, um sein beschnittenes Dasein zu meistern.
Auch der Rückzug des Softwareentwicklers dient dem Schutz eines kleinen und schwach gewordenen Ichs; »ich habe da halt Selbstschutzmechanismen« (H. Tänzer). Ein anderer meint, es sei nötig, »irgendwo da Grenzen aufzubauen« (H. Wort). Glücklich machen die Grenzen nicht, sie erzeugen »Kummer«, »Unzufriedenheit« (H. Tänzer) sowie Angst vor Isolation; »ich wurde halt eben nach einer gewissen Zeit nicht mehr eingeladen« (H. Weg).
Die von der Maschinenlogik erzwungene Abtrennung von den Mitmenschen wirft ihre Schatten über die auslösende Situation hinaus. Man kann auch im Privaten nicht mehr, was man eigentlich möchte und im Interesse der Wiederbelebung dessen, was verschüttet ist, auch sollte.
Diese Unfähigkeit, sich im Zustand innerer Leere auf andere einzulassen, empfinden Männer und Frauen. Nur letztere müssen es, so sie Familie haben, trotzdem.[2] »Ne Pausenzeit, 'ne Umbruchzeit« (Fr. Baum) gibt es für sie nicht, erzählt eine 43jährige mit einer 4- und einer 6jährigen Tochter, »die Kinder lassen ein'm kein Raum (...), die sind dann voll da mit ihren Forderungen«. Was noch ginge, sei, dem Sohn ein warmes Essen zu machen, meint eine 42jährige. Dagegen falle es ihr schwer, ihm Zuwendung zu geben oder sich geistig auf seine Probleme einzustellen. Die Nichtbeachtung der eigenen Bedürfnisse rächt sich, »ich werde ungeduldiger, ich werde reizbarer« (Fr. Baum). Schnell kann es passieren, daß es »irgendwie crasht« (Fr. Herzlich) oder »daß wir uns nur noch mit Brüllen und Unfug unterhalten gegenseitig, also dann ist eigentlich höchste Eisenbahn« (Fr. Baum) – sich als Mutter zusammenzunehmen, geht aus dem weiter Gesagten hervor. Das Du wird, vor allem wenn es an das ausgepowerte Ich auch noch Forderungen stellt, zur zusätzlichen Belastung.
Einige meiner männlichen Interviewpartner mutmaßen, daß sie Teile ihres Ichs nicht nur situativ verlieren, sondern dauerhaft: »Ich befürchte augenblicklich, daß ich durch die Arbeit Defizite erleide in den anderen Bereichen« (H. Tänzer). Ein 46jähriger er-

2 Von den dreizehn befragten Frauen haben lediglich vier ein bis zwei Kinder. Vier Frauen sind verheiratet, vier leben mit einem Freund zusammen und fünf leben alleine. Es ist zu überlegen, ob die hohe berufliche Beanspruchung etwaige Kinderwünsche zurückdrängt.

wähnt eine Midlife-crisis, »wo ich gemerkt habe, was für Defekte ich eigentlich habe mit Gefühlen oder im Umgang mit Menschen« (H. Rot). Überraschen mag es, daß ein 27jähriger erklärt: »Ich merke das schon bei meiner Arbeit, daß ich geistig irgendwo platt werde« (H. Wort).[3] Ein 32jähriger vergleicht sein Dasein als Softwareentwickler mit dem eines Gratwanderers: »Und wenn du auf dem Grat so hingehst, dann kannst du gerade dein Gleichgewicht halten, aber wenn von außen irgendwo ein Stoß kommt, dann fällst du schon runter« (H. Wechsel).
Ab wann eine Person nicht mehr sie selbst sei, habe ich eingangs mit Käthe Meyer-Drawe gefragt. Die Antwort konnte nicht eindeutig ausfallen, so wenig eindeutig wie es das Schicksal eines Wanderers auf einem gefährlichen Grat ist.

Schmerzen als Ich-Rebellion

»Im Schmerz ist es anders, sagte der Krämer,
er erinnert einen daran, wer man ist,
wie wenn man im Schlaf gezwickt wird.«
Marguerite Duras

Ohne daß ich danach gefragt hätte, ist in den Interviews immer wieder von körperlichen Schmerzen die Rede. Für eine 31jährige, die noch keine zwei Jahre als KI-Forscherin tätig ist, steht fest: »Das Rückgrat und das Sitzfleisch, die leiden brutal darunter, unter der Tätigkeit (...). Ich glaube, daß mein Rückgrat schon ganz schön kaputt ist und ja auch sonst einiges körperlich« (Fr. Licht). Der nicht in Anspruch genommene Leib macht sich wenn überhaupt schmerzhaft bemerkbar, »also man merkt es (das Leibliche, d. V.) überhaupt nicht, bis es einem dann schrecklich wird« (Fr. Bach). Die Schmerzen entstehen im Rücken und in der Kopfregion als Kopfweh, Augen- und Ohrenschmerzen. Alle Altersgruppen sind von ihnen betroffen, schon Jugendliche klagen, »es geht ziemlich auf die Ohren« (Sabina), oder »manchmal tun einem die Augen weh, und Kopfschmerzen kriegt man gelegentlich (...), da tut einem das Gehirn weh, weil das Gehirn nicht mehr mitkommt« (Rolf). Bei einigen älteren Softwareentwicklerinnen und

3 Demnach hätte sich der Geist durch sich selbst gestraft, dadurch, daß er sich über alles andere erhebt.

-entwicklern ist der Schmerz bereits chronisch geworden, »ich habe immer Rückenschmerzen« (H. Weg), »ich habe immer leicht Kopfschmerzen, so leicht ein bißchen« (Fr. Karo).
Die empfundenen Schmerzen werden zurückgeführt auf das statische Sitzen, die standardisierte Bewegung, das starre Schauen und Denken, kurz: auf die Gerichtetheit des gesamten Seins. Neben diesen Gründen könnte es – der Psychoanalytiker Kurt Eissler entwickelt diese Idee in seinem Aufsatz ›Die Seele des Rekruten‹ – noch einen anderen »Schmerzgrund« geben.
Eissler betrachtet den Schmerz als eine Form der Ich-Behauptung. Er hat Soldaten der amerikanischen Armee untersucht, denen, wie Softwareentwicklerinnen und -entwicklern zu bestimmten Zeiten, der Entzug ihres Ichs droht. Sie müssen sich ritualisierten Prozeduren unterziehen, die darauf angelegt sind, sie auf Kosten ihrer Identität für militärische Befehle gefügig zu machen.
Die Veränderungen des psychischen Apparates rufen neuartige Körperempfindungen hervor, deren Hauptmerkmal der Schmerz ist. Eissler hat in seiner Studie den Eindruck gewonnen, »als sei der Soldat für sein Wohlergehen auf den Schmerz geradezu angewiesen (...)«, und er erklärt sich das mit der unter den Soldaten grassierenden »Angst, zur Maschine oder zum Automaten zu werden« (Eissler 1982, 24). Der Schmerz wirke dieser Angst entgegen, spürt man sich doch gerade im Zustand des Schmerzes besonders intensiv. Er ist ein untrügliches Lebenszeichen. Eissler: »Der Schmerz ist für ihn (den Soldaten, d. V.) der letzte Strohhalm, an den er sich klammern kann; er bildet die letzte Zuflucht, die ihm noch zu sagen gestattet: ›Mich gibt es‹« (ebd., 25).
Denselben Sinn haben die autoaggressiven Handlungen autistischer Kinder. Bei diesen Kindern ist zu beobachten, daß sie mit dem Kopf gegen die Wand schlagen, daß sie sich selbst beißen, verletzen, verstümmeln. Mahler nimmt an, daß die Kinder schmerzunempfindlich sind, doch wenn sie nichts empfinden würden, könnten die Aggressionen nicht die Effekte haben, die ihnen Mahler zuschreibt. Ihre These: »Autoaggressive Manipulationen scheinen diesen Kindern zu helfen, ihren Körper zu fühlen; einige dieser Handlungen dienen entschieden dem Zweck, das Bewußtsein für die Grenzen des Körper-Selbsts und das Gefühl der Einheit, wenn nicht der Identität, zu schärfen« (Mahler 1972, 77).
Auch Softwareentwicklerinnen und -entwickler fühlen den

Schmerz am stärksten, wenn sich ihr Ich aufzulösen droht. Diese Erfahrung machen sie weniger in der Phase angestrengten Arbeitens an der Maschine als unmittelbar danach, wenn sie »am Boden zerstört« sind, zu nichts mehr in der Lage sind, kein Leben mehr in sich spüren. Diesem Zustand des Ich-Zerfalls versucht eine 29jährige zu entgehen, indem sie sich in Arbeitspausen bewußt ihrem Körper zuwendet: »Es ist einfach so'n Feststellen, daß er da is', ich schau mich an (...), schau meine Hände an oder mach' irgendwie so was – steh' auf, lauf' rum, also such' dann auch irgend ... irgend 'ne Bewegung« (Fr. Landwehr). Den Sinn ihres Tuns begründet sie so: »Es ist eigentlich teilweise wirklich dann so'n Rückmelden beim Rest des Körpers, ›ja, okay, ich bin wieder da‹«. Der Schmerz könnte dieselbe Funktion haben. Allerdings birgt er das Risiko, daß neben ihm alle anderen Empfindungen verblassen, daß man per Schmerz nur ein verarmtes Ich zu fassen kriegt.

Die Provokation fordert Antwort

»Ich habe oft, oft ist wieder übertrieben, aber manchmal (...) habe ich so das Gefühl, daß ich fertig bin, so fertig mit dem Ganzen, daß ich es nicht mehr sehen kann« (H. Weg) – Worte eines 41jährigen Softwareentwicklers, die fallen, als er sich im Interview vergegenwärtigt, wie sehr die Maschine zuweilen sein Leben beschneidet. Mit Blick auf die beim Programmieren erfahrenen Fragmentierungen äußern sich die Softwareentwicklerinnen und -entwickler überwiegend kritisch bis ablehnend zu ihrer Tätigkeit. »Wenn es nur noch um die Logik geht, nicht mehr um den Menschen, dann ist es knallhart« (Klaus), sagt ein 18jähriger Gymnasiast, und eine 31jährige teilzeitbeschäftigte KI-Forscherin erklärt: »Ob ich acht Stunden meines Lebens einfach diesem Beruf widmen möchte, das weiß ich nicht, ich glaube nicht« (Fr. Herzlich).

Bei allen Befragten gibt es ein Wissen über die möglichen Einschränkungen ihrer Subjektivität an der Maschine, Einschränkungen, die ein ständiges Risiko darstellen und von Zeit zu Zeit zur erlebten Realität werden. Nicht immer erreicht das Wissen die Ebene reflexiver Bewußtheit, nichtsdestotrotz wird es in den Körperbildern ausgedrückt, auch jene tun das, die Verkürzungen verneinen oder sich mit ihnen arrangieren.

Dem Wissen antworten – teils auf der gedanklich-sprachlichen, teils auf der Handlungsebene – Versuche, mit den Gefährdungen umzugehen. Als Antwort werte ich Reaktionen, die als aktive Leistungen des Ichs zu identifizieren sind. Diese sind unschwer auszumachen, wenn die Softwareentwicklerinnen und -entwickler selbst ihr Handeln als Ausgleich oder Gegengewicht bezeichnen; aber auch dann will ich ein Handeln als Antwort auf die Gefährdungssituation auffassen, wenn sich der Zusammenhang theoretisch erschließt.

Einen Sonderfall stellen die befragten jungen Mädchen dar. Versuche, mit den von der EDV-Technik ausgehenden Gefährdungen umzugehen, kann ich bei ihnen nicht entdecken. Das dürfte daran liegen, daß das Programmieren für sie eine Aktivität von nur untergeordneter Bedeutung ist. Anfangs mögen die Mädchen genauso begeistert programmiert haben wie die Jungen, aber zum

Zeitpunkt des Interviews war ihnen schon wieder vieles andere viel wichtiger oder mindestens genauso wichtig geworden: Bücher, Taekwondo, Musik, Theater, Kino, Briefmarken, Politik, Schwimmen, Tanzen, Jungen, Radfahren, Mode und vor allem Freundinnen. Das Spektrum ihrer Interessen ist auffallend weiter gespannt als das der männlichen Altersgenossen. Programmieren zählt nicht zu den attraktivsten Aktivitäten. »Ach, das ist ein Hobby unter anderen« (Claudia), tut eine 16jährige meine Frage nach dem Stellenwert des Computers in ihrem Interessenspektrum ab. Die Mädchen sitzen in größeren zeitlichen Abständen und deutlich kürzer am Computer als die Jungen. Sie weisen ihm einen so geringen Stellenwert in ihrem Alltag zu, daß er ihrem Ich kaum gefährlich werden kann.

Anders als die von der industriesoziologischen Forschung bislang erfaßten Widerstandsformen wie Absentismus, Fluktuation, Sabotage münden die von mir festgestellten Reaktionen auf erfahrene oder befürchtete Ich-Bedrohungen nicht in offenen Widerstand. Sie steuern nicht den offenen Konflikt an, vielmehr sind sie als Maßnahmen zu begreifen, die den Konflikt überflüssig machen oder umgehen. Nicht selten werden verschiedene Formen des Umgangs mit Gefährdungen nebeneinander praktiziert.

Anpassung

Unter Anpassung verstehe ich eine aktiv betriebene Angleichung des Denkens und Handelns an das Maschinenmodell, einhergehend mit der Ausblendung oder gar Ausstoßung maschinenferner Außen- und Innenwelten. Zu unterscheiden davon sind Prägungen bzw. Verstärkungen bestimmter Persönlichkeitszüge oder Weltsichten durch die Maschine, die als solche erkannt und problematisiert werden.

Anpassung hat den Vorteil, daß keine Verluste befürchtet werden müssen und so auch die Sorge für Ersatz entfällt, mindestens muß beides nicht eingestanden werden, was nicht ausschließt, daß es sich als handlungsleitendes Motiv – beispielsweise in Freizeitaktivitäten – Geltung verschafft.

Kein Platz für Mystik oder Die überflüssige Seele

»So etwas wie Seele halte ich nicht für notwendig, um das menschliche Gehirn zu erklären; ich halte den Begriff Seele für überflüssig« (H. Fest), bemerkt ein 45jähriger Softwareentwickler und leitet mit diesem Satz eine subtile Annäherung an obige These ein. Der Begriff Seele bringe »keinen zusätzlichen Erkenntnisgewinn«, denn »man kann Seele nicht definieren; man kann nicht sagen, was Seele ist, und man kann es dem anderen auch nicht übermitteln – damit ist der Begriff überflüssig« (H. Fest). Die Menschen verwendeten ihn, um Unvorstellbares, Rätselhaftes zu bezeichnen, »für das Mysteriöse braucht man Begriffe wie Seele«. Beschränkte sich mein Interviewpartner zunächst auf die Problematisierung des Begriffs Seele im Zusammenhang mit geistigen Leistungen, so scheint er in der weiteren Argumentation diese Problematisierung zu generalisieren. Er fragt: »Ja, warum soll ich bei Menschen was Mystisches sehen?« und fährt fort: »Ich betrachte den Menschen als ein biologisches System, bestehend aus mehreren Komponenten, und eine wichtige Komponente ist das Gehirn, was die Subsysteme entsprechend steuert. Alles drüber hinaus ist eigentlich Spekulation.« Diesem Menschenbild zufolge ist der Mensch ein ausschließlich rational gesteuertes Wesen; daß in seinem Verhalten auch Gefühle, Intuition, Sinnlichkeit eine Rolle spielen, wird nicht in Betracht gezogen. Wurde das alles mit dem Begriff Seele ad acta gelegt? So ist es offenbar, denn er sagt: »Ich habe immer den Eindruck, daß die Technik einem Modelle anbietet, die einem das dann auch für den Menschen erleichtern«, sich menschliches Verhalten zu erklären, ist gemeint. Wenn die Technik als Erklärungsmodell ausreicht, scheint es nichts Menschliches zu geben, was nicht in Technik materialisiert werden könnte.

Vorgangspläne statt Partys

Bei dieser Form der Anpassung wird nicht behauptet, die Maschinenlogik könne Wirklichkeit lückenlos simulieren, aber man lehnt es ab, mit der »anderen« Wirklichkeit in Berührung zu kommen. Ein 28jähriger KI-Forscher berichtet, daß das von ihm vorzubereitende Expertensystem zur Diagnose von Diabeteserkrankungen in einem sehr unsicheren Wirklichkeitsbereich operieren müsse. Das sei ihm nicht geheuer. Er meint: »Also Wissen, das ziemlich unsicher ist, damit möchte ich persönlich weniger zu tun haben, sondern lieber mit Ja/Nein« (H. Denk).

Ein 35jähriger KI-Forscher wehrt ab, als ich ihn während des Interviews auf Gefühle anspreche. Zu unsicher, diffus, unbestimmt ist ihm dieses Terrain, das er – angeregt durch meine Frage – betreten soll. Allerdings bin ich mir nicht ganz sicher, ob er wirklich ausweicht oder ob das angesprochene Terrain für ihn nicht existent ist; wäre letzteres der Fall, so müßte seine Reaktion der ersten Form von Anpassung zugerechnet werden. Sie ist jedoch uneindeutig. Ich frage ihn, während er mir von seinen ersten Kontakten zum Computer erzählt, ob ihn die Maschine auch gefühlsmäßig angesprochen habe. Er antwortet zunächst mit einem langen Schweigen; sagt dann, nun wieder ganz in der Rolle des Informatikers: »Ahm – ja – da müßte man natürlich 'mal definieren, was man unter Gefühl versteht oder so gefühlsmäßig (lacht). Ich weiß es wirklich nicht, was ich damit anfangen soll« (H. Klar). Ich setze dazu an, mich verständlicher zu machen, doch er unterbricht mich: »Nein, ich wollte dazu jetzt nichts sagen.« Falls diese Reaktion als Abgrenzung gegenüber dem Gefühlsbereich verstanden werden darf, muß das noch nicht auf eine allgemeine Neigung meines Interviewpartners hindeuten. Sie könnte auch mit der Interviewsituation zusammenhängen. Andererseits erscheint mir die angesprochene Thematik so harmlos, daß ich das bezweifle.

An die Konzeption eines Computerprogramms erinnert es, wie der 15jährige Peter bei der Suche nach einer Freundin vorgeht, nämlich antizipierend, systematisch, analytisch, zweckrational, rentabilitätsorientiert. »Ich bin schon ziemlich auf der Suche, und ich habe jetzt einen Vorgangsplan«, sagt er, und der lautet: »Wo könnte sich ein Mädchen aufhalten, das nach einem Jungen sucht, in was für einer Altersstufe, in was für einer Situation, in was für einer sozialen Stellung usw., und wo könnte man was wie am besten« (Peter). Diesen Plan legt er seinen Freunden vor in der Hoffnung auf Tips. Er sieht zwar, daß es auch die Möglichkeit gäbe, dorthin zu gehen, wo Mädchen sind, aber diese Möglichkeit schließt er aus: »Ich gehe nicht unbedingt gerne auf Partys und so.« Die Annäherung an ein Mädchen auf einer Party birgt Überraschungen, Unberechenbarkeiten, verlangt Fingerspitzengefühl und Mut, Blicke und Gesten zu deuten. Auf eine so vage Situation

will sich der 15jährige nicht einlassen, er setzt mit seinem Vorgangsplan auf einen Weg, »wo man am besten mit möglichst großem Erfolg eben ein Mädchen kennenlernt«.
Vage, mehrdeutige, widersprüchliche, nicht definierte, chaotisch erscheinende Wirklichkeiten von sich zu weisen bzw. sie für nicht existent zu erklären gleicht einem Tun, das in der Psychoanalyse als Abwehr bezeichnet wird. Abwehr kann sich gegen alles inner- und außerhalb der Person richten, was für das Ich unheilvoll ist oder ihm angst macht: gegen Triebansprüche ebenso wie gegen Emotionen, Situationen, Über-Ich-Forderungen. Der Abwehrvorgang wird durch Abwehrmechanismen bewerkstelligt, die mehr oder weniger in das Ich integriert sind und die mehr oder weniger bewußt sind. Lediglich eine Abwehrmethode, die Verdrängung, ist nach Anna Freud, die einen Hauptbeitrag zur Untersuchung der Mechanismen der Abwehr geleistet hat, vollends im Bunde mit dem Unbewußten (vgl. Freud, A. 1946, 61).
Die in den von mir vorgestellten Beispielen sich abzeichnenden Abwehrversuche kommen dem nahe, was Anna Freud Ich-Einschränkung nennt. Sie versteht darunter, daß das Subjekt vermeidet, in eine unerwünschte oder als bedrohlich antizipierte Situation zu geraten. Das zieht sein Interesse von ganzen Gebieten der äußeren Welt ab und – so füge ich hinzu[1] – von jenen Teilen der eigenen Person, die es in eine solche Situation bringen könnten. Es schränkt seine Ich-Funktionen ein, deformiert sich mit dem Ziel der Unlustverhütung.
Die zitierten Softwareentwicklerinnen und -entwickler grenzen sich einerseits von bestimmten äußeren Situationen und Reizen ab, andererseits beschneiden sie ihre Innenwelt. Die gleichzeitige Anpassung an das Maschinenmodell erlaubt ihnen, ihre Ausblendungen zu intellektualisieren, worin sich nach Anna Freud ein weiterer Abwehrmechanismus zeigt. Auch sie hält es für möglich, daß Abwehrmittel kombiniert werden. Intellektualisierung verhilft dazu, Konflikte oder Ängste rational zu formulieren und so zu meistern. Alles wird durch die Brille der Vernunft betrachtet und begründet.

1 Obwohl Anna Freud allgemein behauptet, Abwehr richte sich gegen innere und äußere Realität, beschreibt sie die Methode der Ich-Einschränkung lediglich in bezug auf die Außenwelt. Da ich eine Abkoppelung von außen ohne Abkoppelung von Teilen innerer Realität für undenkbar halte, möchte ich diese Begrenzung aufheben.

Eine typische Art und Weise zu intellektualisieren besteht darin, Probleme stets in rationalen oder allgemeinen Formulierungen anzubieten, so wie mir das ein Softwareentwickler, der den Begriff Seele für überflüssig hält, als eine von ihm praktizierte Verhaltensstrategie schildert. Nie spreche er direkt über seine Probleme, teilt er mit. Er schildere dem Freund, von dem er sich einen Rat erhoffe, lediglich den allgemeinen Aspekt des Problems. Beispiel: »Das Kind näßt ein.« Er würde erzählen: »Das Kind hat eine Eigenart. Was soll ich tun?« Oder: »Der Mann hat sexuelle Schwierigkeiten mit seiner Frau.« Der Freund würde hören: »Was soll ich tun? Ich surfe so gern, und meine Frau will nicht.« Es genüge, das Typische eines Problems herauszuarbeiten und dieses, am besten verpackt in eine andere Geschichte (und damit zweifach verschlüsselt, d. V.), dem Gegenüber zur Stellungnahme zu offerieren. Beim Programmieren verfahre er nicht anders. Auch hier komme es darauf an, vom Konkreten zu abstrahieren und allgemeine Lösungen zu finden. Wiederum dient die Maschinenlogik als Legitimation für ein Handlungsmuster, das einen davor bewahrt, in eine unberechenbare Situation zu geraten. Es hält einem das wirkliche Problem vom Leib und so auch die Gefahr, von allzuviel Gefühl, allzuviel Betroffenheit erfaßt und überschwemmt zu werden. Und zugleich ist dafür gesorgt, daß die dem Maschinenmodell entnommene Handlungsstrategie nicht in Frage gestellt wird. Das, was deren Begrenztheit sichtbar machen könnte, ist abgedrängt.

So unterschiedlich die von den Softwareentwicklern umschifften Wirklichkeiten sind, es haftet ihnen etwas Undefinierbares, Zerfließendes, Explosives, Unbestimmtes an und damit etwas Maschinenfernes. Die Grenzen, die die Maschine diesen Wirklichkeiten gegenüber hat, begrenzen auch Softwareentwickler in ihren Entfaltungsmöglichkeiten. So man die Grenze negiert oder ihr ihren beengenden Charakter nimmt, indem man sie als selbstgewollt bestätigt, ist man davor geschützt, jenseits der Grenze Erstrebenswertes zu vermuten. Die an der Maschine erfahrenen Fragmentierungen müssen nicht als Mangel gesehen werden; man erspart sich den Zweifel, der unbehaglich ist, zermürbend, Unruhe mit sich bringt und der den beruflichen Weg behindern könnte. Alle der von mir der Anpassung zugerechneten Äußerungen stammen von Softwareentwicklern, die am Anfang ihrer Karriere stehen (an die sie Erwartungen knüpfen), sich eine solche für

die Zukunft vorstellen oder mit ihrer Tätigkeit hoch identifiziert sind.
Doch nicht nur deshalb, weil sie an Reduzierungen erinnern, denen man als Softwareentwicklerin bzw. -entwickler ausgesetzt ist, könnten die jenseits der Maschinengrenzen gelegenen Wirklichkeiten als unliebsam erscheinen. Die Welt außerhalb der technischen, ganz besonders die, in der man es mit Gefühlen und möglicherweise mit Konflikten zu tun hat, haben, wie an anderer Stelle diskutiert, die interviewten Softwareentwicklerinnen und -entwickler durchweg – und die im vorangegangen Zitierten eher noch mehr – seit jeher als problematische Welt erlebt, die sich immer wieder als gefahrvolles Feld erwiesen hat, Enttäuschungen und Verletzungen für sie barg.
Eine Möglichkeit, auf diese Erfahrung zu reagieren, ist, um diese Welt einen großen Bogen zu machen. Aber schließt dieses Abwehrmotiv nicht das andere, das dem Subjekt eine Verlusterfahrung ersparen will, aus? Müßte man nicht froh sein, wenn die Maschine fernhält von dem, was einem ohnehin nicht ganz geheuer ist? Ich denke, ja und nein! Ja, weil man im Reich der Regel vor emotionalen Fallen geschützt ist. Nein, weil sich auch auf Problematisches Wünsche richten, gerade darauf; es kann begehrt und bekämpft werden zugleich.

Kompensation

Als Kompensation will ich das Handeln bezeichnen, das ein Gegengewicht bildet zu den Reduzierungen, die Softwareentwicklerinnen und -entwickler erfahren. Im Unterschied zur Anpassung zielt Kompensation nicht darauf ab, das Wissen über den drohenden oder bereits eingetretenen Mangel abzuwehren; vielmehr geht es darum, den Mangel auszugleichen, die erfahrene Fragmentierung ein Stück weit rückgängig zu machen. Das muß nicht heißen, daß die Existenz des Mangels im Bewußtsein präsent ist, in jedem Fall aber ist sie im Handeln präsent. Kompensatorisches Handeln betont, belebt, holt herein, was gefährdet ist. Manche der Softwareentwicklerinnen und -entwickler tun dies intuitiv; andere verweisen ausdrücklich auf den kompensatorischen Charakter ihrer Aktivitäten. Sie situieren ihre Kompensationsversuche sowohl in der Freizeit als auch am Arbeitsplatz.

Individuell oder gemeinsam schaffen sich die Softwareentwicklerinnen und -entwickler Nischen, in denen sie ihre kompensatorischen Akte während der Arbeitszeit situieren. Es sind dies Akte, die mit dem Programmieren inhaltlich nichts zu tun haben, anders als jene Subjektivitätsversuche, die angeregt werden durch die Aufgabe, ein Programm zu erstellen, die das Programmieren unterstützen, Ideen liefern, wie das Spiel, oder Ausdauer bei der Fehlersuche bewirken, wie die philobatische Lust an der Gefahr. Kompensatorisches Handeln ist nicht Bestandteil des Programmierens; es etabliert sich im Gegenüber, als Gegenstrategie.
Allerdings berichten nur die über 20jährigen berufstätigen Softwareentwicklerinnen und -entwickler von »widerständigen« Nischen. Die männlichen Jugendlichen sind zur Befriedigung ihrer kompensatorischen Bedürfnisse nicht auf Arbeitspausen angewiesen, sie können, da keinem Arbeitsvertrag verpflichtet, jederzeit in die »Freizeit« überwechseln. Das scheinen sie einer temporären Unterbrechung vorzuziehen.
Die verspürte Vernachlässigung ihres Leibes ist es, die eine 29jährige Softwareentwicklerin veranlaßt, in ihrer Arbeit öfter einzuhalten. Indem sie sich zwischendurch anschaut, schaut, »ob ich zufrieden bin oder nicht zufrieden« (Fr. Landwehr), aufsteht, rumgeht, versucht sie, wieder in Kontakt zu kommen mit den Teilen ihres Selbst, von denen sie sich in der vorangegangenen Phase angestrengten Denkens entfernt hat. Dieselbe Absicht spricht aus der Neigung eines 45jährigen, während der Arbeitszeit gelegentlich mit einem Kollegen zum Tennisspielen zu gehen. Hier kommt neben dem Leib auch noch der andere ins Spiel und mit ihm die ebenfalls gefährdete Zwischenmenschlichkeit. Es ist typisch für die mir berichteten kompensatorischen Akte, daß sie meist ausgleichend in bezug auf verschiedene Gefährdungen wirken.
Vorrangig um die Nähe zum anderen geht es einem 32jährigen, der regelmäßig das private Gespräch mit seinen Kolleginnen und Kollegen sucht. »Also ich pflege das mindestens eine halbe bis eine Stunde pro Tag« (H. Wechsel). Ob ihm die Zeit dafür so einfach zur Verfügung stünde, erkundige ich mich, und er antwortet: »Ich muß sagen, ich nehme mir die einfach, ich könnte anders nicht arbeiten.« Was dieser Softwareentwickler individuell tut, ist

in zwei anderen Betrieben zu einem gemeinsamen Ritual geworden. »Unsere Gruppe war nicht so, daß sie den ganzen Tag vor sich hin programmiert hat«, erzählt eine Softwareentwicklerin, »sondern wir haben uns manchmal ab drei oder halb vier oder vier, wie uns das gerade eingefallen ist, zusammengehockt, haben einfach ein bißchen über irgendwas geredet, haben eine Flasche Wein gekauft oder einen Kaffee getrunken und Kuchen gegessen (...) und haben einfach ein bißchen geredet und manchmal über uns geredet« (Fr. Weich). Leibliche und seelische Bedürfnisse erfüllten sich in dieser Runde, meine Interviewpartnerin sagt es so: »Da war auch wieder der Bauch da.«

In der zweiten Firma macht schon die Gestaltung der Räume aufmerksam auf den Wunsch nach Kommunikation. Im gemeinsamen Arbeitsraum gibt es eine Theke; ihm angegliedert ist eine Dachterrasse mit Pflanzen, Sonnenschirm und einem großen Tisch, an dem sich die Mitarbeiter, wenn es das Wetter erlaubt, täglich zum Mittagessen treffen. »Da wird diskutiert, und da wird auch nicht auf die Uhr geschaut, es gibt keine geregelte Arbeitszeit in dem Sinne, jeder arbeitet schon genug« (H. Zeit), berichtet ein Geschäftsführer der Firma. Die Theke ist Anlaufpunkt, »wenn es dann abends ruhiger wird, daß wir dann bei einem Bier zusammensitzen«, und nicht unbedingt endet das Gespräch mit dem Ende der Arbeitszeit: »Dann geht es halt manchmal noch bis spät, daß diskutiert wird (...). Es ist ein Gespräch, was nicht direkt jetzt mit der Arbeit zu tun hat, man muß nicht über das Programm reden.« Thema kann auch sein, »wie es dem Neugeborenen von Herrn S. geht«.

In den selbstgeschaffenen Nischen bekommt ausdrücklich Raum, was Softwareentwicklerinnen und -entwickler sich in ihrem Verhältnis zur Welt zeitweilig versagen: Anteilnahme, Mitgefühl, Sympathie, Identifikation. Die Menschen um sie herum werden wieder leibhaftige Wesen; durch ihre Reaktionen, ihre Fragen, ihren Widerspruch, ihre Zustimmung, ihre spürbare körperliche Nähe bestätigen sie die eigene Existenz, die ihrem Wesen nach auf ein Du bezogen sein will. »Ich glaube«, meint eine 43jährige Softwareentwicklerin, »daß das wichtig ist, auch in der Arbeitsumgebung, daß man sich da halt anschaut, daß man Leute sieht, empfindet, fühlt« (Fr. Weich). Der Austausch mit anderen wirkt Fragmentierungen entgegen – »die Individuen vergewissern sich ihrer selbst als psycho-physische Einheit« (Volmerg 1978, 123).

Eine andere Art, sich Nischen zu schaffen, ist das Gespräch über Familie, über Freizeit, über sich selbst. Gegen die imperialistischen Tendenzen der Maschinenlogik, die gesamte Vorstellungswelt des Softwareentwicklers zu besetzen, wird als Gegengewicht Privatheit geschoben und mit ihr Konkretes gegen Abstraktes. Aus der Privatheit in die Arbeitswelt hineingenommene konkrete Interessen, Kompetenzen, Befindlichkeiten verhelfen dazu, die Besonderheit der Subjekte sichtbar zu machen, die hinter den Kategorien formaler Logik zu verschwinden droht.

Besonderheit kann sich auf verschiedene Weise artikulieren. Beispiele dafür sind der 32jährige Softwareentwickler, der sich als Eisenbahnfan zu erkennen gibt, unter den Kollegen nach Gleichgesinnten sucht, mit ihnen einschlägige Heftchen tauscht, Sammelbestellungen durchführt, oder die 43jährige Softwareentwicklerin, die ihren Kollegen gegenüber auch durchblicken läßt, wenn sie privaten Kummer hat, etwa so: »Tut mir leid, aber heute packe ich nichts Gescheites« (Fr. Weich).

In ihren kompensatorischen Akten am Arbeitsplatz setzen die Subjekte Zeichen gegen die Abstraktion von Subjektivität, gegen Getrenntheit, gegen die Zerstückelung der Person und ihre Instrumentalisierung, gegen die Regel, die Subjektivität festlegt, normiert, berechenbar macht. Daß der Mensch Freiräume für schweifende Gedanken und Gefühle braucht, betont jener Softwareentwickler, der hervorhebt, daß es in seinem Betrieb keine geregelte Arbeitszeit gibt, die die Dynamik der Gespräche auf der Dachterrasse oder an der Theke strikten Zeitgrenzen unterwirft. Der Wunsch, zwischendurch auszuscheren aus den verregelten Denkbahnen der Maschinenlogik, drückt sich noch deutlicher bei dieser Softwareentwicklerin aus, die erzählt: »Es kann passieren so im Laufe des Tages, da träller' ich hier (im Büro, d. V.) vor mich hin oder pfeife vor mich hin, merke es manchmal gar nicht, ja, das ist wie Spazierengehen bei schönem Wetter und zwischendurch einfach schöne Sprünge machen, weil es einem wahnsinnig gutgeht, weil es einem guttut. Das ist wie Hüpfen, Fröhlichsein, Ausgelassensein, und es führt auch dazu. Das ist ein ganz tolles Gefühl« (Fr. Weich). Trällernd, pfeifend, innerlich springend, spazierengehend, hüpfend, löst sie sich von den Zügeln der Regel; läßt los und wird losgelassen.

Die kompensatorischen Akte der Softwareentwicklerinnen und -entwickler konstituieren ihrem Richtungssinn nach, was Thomas

Leithäuser ›betriebliche Lebenswelt‹ nennt. Er versteht darunter »den unvermeidlichen, quasi natürlichen, selbstverständlichen Zusammenhang alltäglichen Lebens« (Leithäuser 1986b, 256), ein Zusammenhang, der sich nicht in erster Linie von ökonomischen Interessen her bestimmt, sondern von den Bedürfnissen des tätigen Menschen. Gleichwohl können die befriedigten Bedürfnisse leistungssteigernde Effekte haben. Das Wissen um solche Effekte veranlaßt Unternehmen, kompensatorische Bereiche zu fördern oder extra einzurichten. Es macht jedoch einen Unterschied, ob Gegenräumen ein ökonomischer Zweck vorgeordnet ist oder nicht. Ist das so, ist damit zu rechnen, daß sich die Möglichkeiten ihrer individuellen und spontanen Ausgestaltung verengen und daß weniger produktive Nischen durch produktivere ersetzt werden.

Freizeit als Zeit des Ausgleichs

»Also die Wochenenden gehören mir« (Fr. Wollner), lauten die entschiedenen Worte einer KI-Forscherin. Fast alle meine Interviewpartnerinnen und -partner sprechen sich ausdrücklich für eine strikte Trennung zwischen ihrer Freizeit und der Tätigkeit am Computer aus. Im Privatleben soll die Maschinenlogik keinen Platz bekommen, »die Einstellung ist so, ich habe jetzt Feierabend, Schluß, aus« (Fr. Blau), »wie gesagt, ich interessiere mich in meiner Freizeit für Computerei aber auch wirklich nicht die Bohne« (H. Weg). Der Schlußstrich muß bewußt gezogen werden, »weil ansonsten gibt es kein Ende mehr« (Fr. Berg). Wenn man nicht abschaltet, »dann kommt einfach kein Privatleben auf« (Fr. Grüner), oder noch schlimmer: »Man (ist) auf dem Weg zur Klapsmühle« (Fr. Blau). Eine schon 20 Jahre als Softwareentwicklerin tätige 50jährige fordert: »Der Mensch muß einen gewissen Bereich haben, wo der Computer nicht diese furchtbare Macht hat« (Fr. Karo). Sie möchte, daß das Leben »Unsicherheitsfaktoren« behält, plädiert für den Zufall und das Nicht-Planbare in menschlichen Begegnungen.

Der Kompensation vorgelagert sind Bemühungen, der unerwünschten Ausdehnung der Maschinenlogik Grenzen zu setzen, zum Beispiel durch die Entscheidung gegen einen Computer in der eigenen Wohnung, die sich, von einem 27jährigen Softwareentwickler formuliert, so anhört: »Ich habe keinen Computer zu

Hause, es kommt mir auch keiner ins Haus« (H. Wort). Im häuslichen Milieu wäre für eine 50jährige der Computer ein Fremdkörper, »die Umgebung, die paßt nicht dazu« (Fr. Karo), sagt sie. Nur die wenigsten der über 20jährigen Softwareentwicklerinnen und -entwickler[2] verfügen privat über einen Computer. »Das ist Technik«, erklärt eine 43jährige, »ich möchte nicht mein ganzes Leben um mich rum nur Technik haben« (Fr. Weich).

Nicht nur gegen die materielle, auch gegen die immaterielle Präsenz der Maschine wird von einzelnen Vorsorge getroffen. Man sucht sich Freunde, die nicht aus der Computerbranche kommen. So besteht keine Gefahr, mit ihnen Softwarefragen zu erörtern: »Meine Freunde haben zum Glück meistens nichts mit dem Beruf zu tun, da rede ich auch nicht darüber« (H. Wort). »Daß wir im Bekanntenkreis viele Leute haben, die nichts mit dem Beruf zu tun haben«, brauche sie, so eine 42jährige, »irgendwo als Ausgleich« (Fr. Baum). Und wenn man sich am Abend doch mit Kollegen trifft, dann soll es zumindest so sein, daß »man dann hoffentlich nich' über Informatik spricht, sondern wirklich versucht, das Thema außen vorzulassen« (Fr. Landwehr).

In der Freizeit soll was anderes kommen, denn es wäre »schlimm, wemma irgendwie so auf – nur auf einer Schiene fährt« (Fr. Landwehr). Sobald sie die Bürotür hinter sich zugemacht habe, versuche sie, »dann also wirklich auf andere Themen zu wechseln« (Fr. Fröhlich). Zu Hause möchte er sich, so ein 41jähriger, »mit anderen Dingen beschäftigen, mit anderen Ländern, anderen Völkern, mit anderen Problemen, die nichts mit dem Computer zu tun haben« (H. Tänzer), ähnlich wie der 25jährige Informatikstudent, der für sich und seine Freundin, die ebenfalls Informatik studiert, erklärt: »Wir versuchen durch ganz andere Sachen (...) von dem ganzen Thema wegzukommen« (H. Weiß). Daß man nach Büroschluß nicht nur was anderes tun, sondern auch was anderes sein möchte, formuliert eine 42jährige, als sie ihr Körperbild betrachtet, das sie mit ihrem Dasein an der Maschine konfrontiert. Sie schaut auf ein Wesen mit einem großen Kopf und einem nur aus Strichen bestehenden Körper und stellt fest: »Privat, da wäre der Kopf klein, und da würde ich einen wahnsinnig dicken Bauch malen« (Fr. Weich).

Schon beim Verlassen des Arbeitsplatzes in eine andere Welt

2 Sechs von 26, und zwar eine Frau und fünf Männer.

wechseln zu wollen, über diesen Vorsatz reden viele; Möglichkeiten, wie das geschehen soll, benennen deutlich weniger. Letztlich scheinen die meisten auf dem Nachhauseweg, so legen ihre Äußerungen in anderem Zusammenhang nahe, in Gedanken doch noch beim Programmieren zu sein. Eher entlassen sind die, die den Übergang und das Ankommen zu Hause bewußt als Ablösung gestalten. Ein beliebtes Mittel ist es, den Weg in die Privatheit zu Fuß oder per Rad anzutreten. »Ich brauche diese körperliche Betätigung, um den Kopf freizukriegen« (Fr. Landwehr), sagt eine 29jährige, die täglich nach Hause radelt, und sie ergänzt: »Dagegen, wenn ich mit'm Bus fahr' oder mit der S-Bahn, da krieg' ich diese Gedanken nich' raus«. Ein Berufskollege fügt dem halbstündigen Heimweg per Fahrrad noch eine Stunde Laufen hinzu, weil er findet: »Der Sauerstoff macht einen dann wieder klar. Anschließend macht einem das dann alles nichts mehr aus« (H. Wort). Ein 32jähriger Softwareentwickler wählt bewußt einen Heimweg, der ihn durch einen Park führt. Er genießt es, sich zwischendurch auf eine Bank zu setzen, die Sonne zu spüren; er macht Umwege, »weil es einfach schön ist, zu Fuß zu gehen«. Weshalb? Weil dann »auch meine Gedanken spazierengehen«, weil sich das Gefühl einstellt, »nicht so in einem Kasten gefangen zu sein, sondern die Gedanken schweifen lassen zu können, ohne irgendwelche Aktionen ableiten zu müssen«, weil er »die Freiheit« bekommt, »rundum zu denken« (H. Wechsel).

In den geschilderten Versuchen, den Übergang in die Freizeit bewußt zu gestalten, treten als kompensatorische Elemente in Erscheinung: die Wiederbelebung des Körpers durch Bewegung, der Kontakt mit der Natur, das Schweifenlassen der Gedanken und Sinne. Dieselben Elemente tauchen neben anderen auch in den kompensatorischen Akten auf, die in der weiteren Freizeit, an den Abenden, an den Wochenenden und in den Urlauben, praktiziert werden.

Unter den Bemühungen, der an der Maschine erfahrenen, geahnten oder befürchteten Fragmentierung zu begegnen, spielen kompensatorische Aktivitäten in der Freizeit, wenn die Ausführlichkeit, mit der über sie gesprochen wird, als Indiz gelten darf, die bedeutendste Rolle. Alle, auch die, die der Provokation durch die Maschinenlogik mit Anpassung begegnen, setzen in ihrer Freizeit Gegenakzente.

Ich unterscheide zwei Typen von kompensatorischen Freizeitaktivitäten, ohne eine scharfe Trennlinie zwischen den beiden Typen zu ziehen. Beide Aktivitätstypen kennzeichnet die Sorge um gefährdete Wirklichkeiten; einmal ist es die konkrete, anschau- und angreifbare Wirklichkeit, die betont und gefördert wird, im anderen Fall gilt die Sorge zurückgedrängten Orientierungen und Weltbezügen, also einer abstrakten Wirklichkeit, deren Wiederbelebung sich auf verschiedenste Weise konkretisieren kann.

Auf der Suche nach dem Leib, dem Gefühl, dem Geschlecht und dem Du

Als er fieberhaft seinen ersten kommerziellen Auftrag, ein Lagerhaltungsprogramm, bearbeitet hat, habe er »nebenbei soviel Sport getrieben, wie sonst nie in meinem Leben« (Rolf), erzählt ein 19jähriger. Viermal in der Woche sei er abends zwei bis drei Stunden Schwimmen gegangen, zusätzlich habe er Lauftraining gemacht, »das war so ein Ausgleich«. Ein 15jähriger spielt Baseball, wenn er »irgendwie zu hart mit dem Ding (dem Computer, d. V.) umgeht, also arbeitet, nur noch arbeitet praktisch, da braucht man auch noch etwas anderes, und dafür ist Baseball schon ganz gut« (Peter).

Der an der Maschine vergessene Körper soll wieder in Schwung kommen, »der Körper braucht einfach die Bewegung, also ich brauche sie, und ich versuche dann, durch Sport das auszugleichen« (H. Weiß). Das Bedürfnis nach körperlicher Bewegung prägt das Freizeitverhalten der Softwareentwicklerinnen und -entwickler durchgängig. Nach der Arbeit wolle sie »das Gefühl haben, auch irgendwas mit dem Körper zu tun zu haben« (Fr. Wollner). Deswegen mache sie Bauchtanz; das biete ihr die Möglichkeit, »mehr so in sich zu spüren, spüren, was in einem vorgeht, (...) und das dann zum Ausdruck (zu bringen)«. Eine andere Softwareentwicklerin betreibt regelmäßig Bodybuilding und begründet das so: »Ich möchte einfach meinen Körper fithalten, das ist auch ein guter Ausgleich« (Fr. Grüner). Eine dritte versichert sich ihres Körpers auf dem Motorrad. Beim Motorradfahren bekomme sie »ein Gefühl von körperlicher Stärke und Verteidigungsfähigkeit«, spüre »eine körperliche Macht«, was für sie im Vergleich zu dem, was sie am Computer erlebt, neu und andersartig ist: »Also eine intellektuelle Macht zu spüren, das kenne ich, aber eine körperliche Macht kannte ich bis dahin noch nicht« (Fr. Licht).

Körperliche Bewegung verbindet sich für die Softwareentwicklerinnen und -entwickler in erster Linie mit Sport. Alle betreiben Sport; sie üben ihn regelmäßig und oft als Leistungssport aus. Der Sport verhilft ihnen in ihren Augen zu Erfahrungen, die ihnen im Berufsleben verschlossen sind. Eine 26jährige sagt es so: »Irgendwo brauche ich dann halt doch 'mal was anderes (...), Sport und so was in der Richtung eben, eben was ganz anderes« (Fr. Fröhlich).

Zu den von den Befragten bevorzugten Sportarten zählen: Laufen, Bergsteigen und Klettern, Radeln, Skifahren, Tanzen, Mannschafts-Ballspiele wie Volley- und Handball. Gemeinsam ist diesen verschiedenen Aktivitäten die Mobilisierung des Unterkörpers, besonders der Beine. Was während der Tätigkeit an der Maschine »halt mit rumsitzt«, Nebensache ist, müde wird und einschläft, auf den Körperbildern fehlt, also auch dem Bewußtsein entrückt, genießt in der Freizeit erhöhte Aufmerksamkeit. Der Kopf wird wieder auf Rumpf und Beine gestellt, zum Oben kommt ein Unten, das Subjekt darf sich ganz fühlen.

Ohne Zweifel ist den Softwareentwicklerinnen und -entwicklern auch die Nähe zum Du in ihrer Freizeit ein deutlicher Wunsch. Ihre Kontaktwünsche beziehen sich auf ein einzelnes Du oder auf eine Gruppe: »Ich brauch' auch diesen Ausgleich, ich brauch' – ja, muß mich mit Leuten treffen« (Fr. Landwehr). Man trifft sich mit anderen beim Sport, zu gemeinsamen Ausflügen, im Biergarten, zum Essen und ist, wie erwähnt, darauf bedacht, daß die miteinander gemachten Erfahrungen nicht denen am Computer gleichen.

Gegen die beim Programmieren zuweilen erfahrene Abkoppelung vom Du wirken auch Versuche, die Sachkompetenz als Computerfachmann bzw. -frau außerhalb der eigenen Tätigkeit anderen zur Verfügung zu stellen. Einer der Softwareentwickler spielt mit der Idee, Projekte zu unterstützen, »wo ich total dahinterstehe«;[3] er denkt an Frauenhäuser, ökologische Projekte und speziell an die Erstellung rechnergestützter Einsatzpläne für ein Rettungsdienstwesen. Ein Berufskollege betätigt sich gelegentlich als Berater von Arbeitnehmern und Betriebsräten, in deren Betrieben

3 Der Verzicht auf Quellenangaben ist dem Versprechen geschuldet, diese Mitteilungen diskret zu handhaben.

Computersysteme installiert werden sollen. Das eigene Wissen in diesem Sinn zu nutzen heißt für beide, »praktisch auf der anderen Seite stehen«, auf der Seite der Benutzer, auf der sie sich nicht immer sehen, wenn sie selbst Programme machen. Die Bereitschaft, ihr Fachwissen als »Gegenwissen« anzubieten, formulierten zwar nur zwei Softwareentwickler, das Phänomen aber scheint, da es von Janshen und Rudolph auch bei Ingenieurinnen festgestellt wurde, in den technischen Berufen nicht nur vereinzelt zu existieren.

Sowohl mit der körperlichen Bewegung als auch in der zwischenmenschlichen Begegnung wird ein Drittes, ebenfalls in asymmetrischer Beziehung zur Maschinenlogik Stehendes mobilisiert: das Gefühl. Einige bestätigen dies ausdrücklich, so ein 45jähriger, der seine Urlaube mit der Familie »heilig« nennt, weil sie ihm Gelegenheit geben, zu seinen Kindern wieder zärtliche Gefühle zu entwicklen. Ein 25jähriger wiederum findet es wichtig, daß er die beim Programmieren angestauten und unterdrückten Aggressionen beim Squashspielen ausleben kann, »man kann sich da richtig austoben« (H. Weiß).

Andere, nicht an Sport oder an Geselligkeit gebundene Wege zur Pflege ihrer Gefühlsseite haben ein 18jähriger und eine 32jährige gewählt. Für die Frau ist es das Klavierspielen, mit dem sie »was ausdrücken kann, auf der Gefühlsebene ausdrücken kann, Dinge, die ich vielleicht so verbal nicht mitteilen kann – Dramatik, Romantik ...« (Fr. Bach). Ein 18jähriger hat im Fotografieren ein Medium zur Entfaltung emotionaler Kreativität, die er der Kreativität am Computer gegenüberstellt: »Da (beim Programmieren, d. V.) bin ich nur mit meinem intellektuellen Geist kreativ, aber mit dem Foto, da kann ich einfach wirklich Gefühle ausdrücken« (Klaus). Mehr noch verspricht er sich, nämlich »Schönheit und ein bißchen Gefühl zu konservieren« (Klaus). Warum konservieren? Vielleicht, um einen ständigen Schutz gegen die imperialistischen Tendenzen der Maschinenlogik bei sich zu haben.

Der Wunsch, sich in der Freizeit als emotionales Wesen zu erleben, taucht bei den Softwareentwicklerinnen und -entwicklern erkennbar weniger häufig und weniger nachdrücklich auf als der Wunsch, sich als körperliches Wesen zu bestätigen. Das überrascht nicht angesichts der Verunsicherungen, die die Gefühlswelt für viele nach eigener Aussage birgt und die sie nicht gerade dazu drängen dürften, mit ihren Gefühlen in Kontakt zu kommen.

Mehrere der Frauen setzen sich außerhalb ihrer Tätigkeit als Softwareentwicklerin intensiv mit ihrem Frausein auseinander. Sie tun das auf verschiedene Weise: durch die Beschäftigung mit Frauenliteratur und Frauenforschung, durch Mitgliedschaft in einer Frauengruppe, durch Teilnahme an Frauenkursen, durch den Besuch von Tagungen und Workshops zu Frauenthemen. »Ganz wichtig sind für mich die Frauenthemen« (Fr. Blumer), bemerkt eine 42jährige; eine 29jährige nennt das Thema Frau ihren »Lieblingsbereich« (Fr. Landwehr). Die »Besinnung aufs Frausein« (Fr. Herzlich) hat bei meinen Gesprächspartnerinnen eine individuelle und eine gesellschaftliche Dimension. Es geht ihnen darum, »mehr rauszufinden über mich selbst und, na ja, um einiges zu verändern, also an mir und auch gesellschaftlich« (Fr. Blumer). Sie ringen um ein Frauenbild, das sie weder in ihrem Frausein negiert noch von beruflichen Chancen abschneidet, womit sie ein Gegengewicht setzen zu der mehrheitlich am Arbeitsplatz gemachten Erfahrung, daß ihre Weiblichkeit einerseits nicht zählt und andererseits die Aussicht auf Karriere schmälert. Mit der Erarbeitung alternativer Weiblichkeitsentwürfe wollen sie nicht nur verdrängte Geschlechtsidentität zurückholen, sondern auch die Realität am Arbeitsplatz verändern. Das ist ein Unterschied zu anderen Kompensationsleistungen, die bloß ausgleichen wollen, nicht aber in Frage stellen.

Das Werden und Wachsen und Blicke ins Weite

Die formale Logik führt in ein geschlossenes System. Nicht biegsam, sondern starr sind die Systemgrenzen; wer sich in ihnen bewegt, bewegt sich der Regel verpflichtet, linear und zielgerichtet. Die Softwareentwicklerinnen und -entwickler berichten von Vorlieben und Beschäftigungen, die das Bedürfnis erkennbar werden lassen, in der Freizeit genau das Gegenteil zu tun.

Dem Umgang mit geschlossenen, unveränderbaren technischen Kategorien kontrastiert die Neigung, sich nach Arbeitsschluß in Situationen zu bringen, die die Veränderlichkeit des Lebens ins Blickfeld rücken; das Werden und Wachsen erleben lassen, etwa im Kontakt mit der Natur. Ein solcher bietet sich den Softwareentwicklerinnen und -entwicklern bei fast all ihren sportlichen Aktivitäten, da sie sie überwiegend in den Bergen, in der Landschaft, im Wasser, im Schnee ausüben. Eine 43jährige, die »unheimlich gern« segelt, schwärmt: »Draußen auf dem Wasser, man spürt die Natur, man hat sie in den Händen so ungefähr, mit den Schoten, die man führt, mit denen man die Segel führt« (Fr. Weich).

Für mehrere Softwareentwicklerinnen sind Pflanzen der Schlüssel zur Natur und ihren Prozessen. »Blumen und Pflanzen sind himmlisch für mich« (Fr. Berg), sagt eine von ihnen. Sie liebt es zuzuschauen, »wenn das wächst«. Im Gespräch zeigt sie auf eine Zimmerpalme: »Gerade die Palme da, das riesige Blatt ist ganz neu; wie ich sie gekriegt habe, hat die noch so mickrig ausgeschaut, aber jetzt kommt schon wieder ein Blatt. Es macht einfach Spaß, wenn die Sachen wachsen oder blühen oder man kann Ableger züchten.«

Die Prozesse der Natur sind eigenwillig, enthalten Unwägbarkeiten, es entsteht etwas, was im voraus nicht genau berechnet und somit schwer geplant werden kann. Die Natur überrascht. Das fasziniert auch den 18jährigen, der am liebsten Bäume fotografiert und das als Ausgleich zum Programmieren bezeichnet: »Ein Baum durch die Jahreszeiten hindurch betrachtet, den fotografiert, das gibt Bilder von so unterschiedlichen Stimmungen, im Sommer, im Winter, wenn er gerade die Blätter fallen läßt, wenn die Blätter bunt sind. Das finde ich toll an einem Baum. Man merkt, er lebt« (Klaus). Dem betrachtenden Auge erschließen sich Prozesse der Verwandlung, die Begriffe der formalen Logik hingegen verlangen Festschreibung von Realität. Endgültigkeiten kreisen das Subjekt an der Maschine ein; im Kontakt mit der Natur erlebt es Grenzüberschreitung.

So, wie versucht wird, der Geschlossenheit formaler Systeme in der Freizeit Situationen der Offenheit entgegenzusetzen, gibt es auch Sympathien für das, was in Widerspruch steht zu Linearität und Zielgerichtetheit, Sympathien für das ziellose Schweifen der Gedanken, ja, der ganzen Existenz. Früher, als daheim noch keine Spülmaschine stand, habe sie, erzählt eine KI-Forscherin, »leidenschaftlich gern abgewaschen, das ist einfach so, es ist voll automatisiert, was du machst (...), und währenddessen kannst du, mußt aber nicht, ganz locker nachdenken« (Fr. Licht). Das sei für sie, »wie wenn du die Gänge raushaust und einfach das Gehirn 'mal so vor sich hin aktivieren darf, ohne Ziel und Zweck«.

Der Wunsch, aus der Zwangsjacke der Gerichtetheit zu schlüpfen, wird neben dem Wunsch nach Wiederbelebung des Leibes und der Sinne am häufigsten und eindringlichsten geäußert. Die verwendeten Mittel, ihn zu befriedigen, sind vielfältig. Schon der Nachhauseweg kann im Zeichen des Schweifens stehen, wie es der 32jährige schildert, der nach Büroschluß seine Gedanken in einem Park spazierengehen läßt. Eine Berufskollegin läßt auf dem Heimweg ihre Augen schweifen: »Man braucht dann mal ein bißchen Blick ins Weite und ins Grüne« (Fr. Blau). Bei allem, was er in der Freizeit tut, komme es für ihn darauf an, sagt ein 25jähriger, »daß ich letztlich frei bin im Denken« (H. Weiß).
Schweifendes, von Zielen und Zwecken losgelöstes Tun hat etwas Fließendes, wie es sich äußert im Trällern, mit dem sich eine Softwareentwicklerin nicht nur am Arbeitsplatz von Systematik und Regel distanziert. Zu Hause trällert sie weiter. Trällern heißt für sie »überhaupt nicht logisch«, sondern »ausgelassen sein, fröhlich sein, albern sein, locker sein« (Fr. Weich). Etwas Fließendes, Freies hat auch der Bauchtanz, dem eine KI-Forscherin einen hohen Stellenwert in ihrer Freizeit beimißt. Beim Bauchtanz gibt es zwar feste Bewegungsmuster, aber diese können variiert und frei kombiniert werden. Sie schätzt es, daß »keine richtige Choreographie (existiert), wo es genau vorgeschrieben ist, jetzt drei Schritte vorwärts, ein Schritt zurück, einen zur Seite, das ist mir dann zu fest« (Fr. Wollner).
In einem weiteren, spirituellen Sinn entfernt sich von den Restriktionen formaler Logik, wer sich der Mystik zuwendet. Die Mystik erschließt »eine andere Art von Wissen über die Welt«, ein Wissen, das einem sagt, »daß Wahrheit auch was ganz anderes ist«, etwas, »was nicht in irgendeiner logischen Kette steht, was nicht irgendwie über viele, viele Beweisschritte oder empirisch nachweisbar ist« (Fr. Licht), so eine KI-Forscherin. Die Grenzen menschlichen Daseins, Fragen von Sterben und Tod sind für sie in der Mystik berührt, und »dann geht es nämlich um die Grenzen von den Dingern (den Computern, d. V.), um die tatsächlichen Grenzen« (Fr. Licht). Der naturwissenschaftliche Logikbegriff erweist sich nach Meinung meiner Interviewpartnerin angesichts solcher Fragen als unzureichend, trotzdem: Als KI-Forscherin ist sie dieser Logik bisher treu geblieben – »also da sind wir relativ stabil, glaube ich« (Fr. Licht). Mystische Erlebnisse haben für sie vorerst nur den Sinn, die Erinnerung an eine Gegenwelt, an die

Welt des Ungefähren, Ungewissen und Unbeherrschbaren wachzuhalten.

Der Satz ›Die Wochenenden gehören mir‹ faßt zusammen, was sich die Softwareentwicklerinnen und -entwickler mehrheitlich wünschen, nämlich über Zeitspannen zu verfügen, die frei sind von den Ansprüchen der Maschine, Zeit, in der sie in Berührung kommen mit dem, was in Gefahr ist, von der Maschinenlogik abgedrängt, ausgeschaltet zu werden. Die Verwirklichung des Wunsches kann auf Hindernisse stoßen.

»Das Ideale wäre«, sagt ein 39jähriger Softwareentwickler, »wenn ich jetzt hier praktisch die Türe zumachen würde, und damit wäre der Tag für mich gestorben« (H. Fest). Die Formulierung läßt erkennen, daß dem nicht so ist. Ein Kollege wird noch deutlicher: »Wenn ich kein Problem habe, dann bin ich in der Freizeit, wenn ich aus der Tür trete. Wenn ich ein Problem habe, dann bin ich es nicht« (H. Zeit). Unfertige Programme und ihre ungelösten Probleme begleiten und bedrängen Softwareentwicklerinnen und -entwickler ungeachtet eines beendeten Arbeitstages weiter. Eine andere Art von Hindernis ist die Erschöpfung, die der Fragmentierung folgt und die alle Lebenskräfte lähmt. Auf beides ist bereits eingegangen worden. Näher befassen möchte ich mich jetzt mit einem dritten Phänomen, das die Kompensationsversuche durchkreuzen kann, indem es die Intention kaum bemerkt unterläuft. Schon mehrmals gab es Grund, darauf hinzuweisen, daß die Prinzipien und Merkmale formaler Logik die private Existenz des Softwareentwicklers nicht unberührt lassen; das betrifft auch die Freizeitaktivitäten. Nicht selten schleppt sich in ihnen mit, was man hinter sich lassen wollte.

Schon in der Wahl der Worte, mit denen eine 23jährige Softwareentwicklerin ihren Start in den Feierabend beschreibt, klingt – ganz gegen ihre Wünsche – Kontinuität an. Sie sagt sich nach Büroschluß: »Jetzt kommt was anderes, jetzt kommt ein neues Programm, nämlich Freizeit« (Fr. Grüner). Die Programme wechseln. Das Andere ist das andere Programm, das vielleicht so anders gar nicht ist. »Ich habe schon immer volles Programm«, bemerkt eine 27jährige zu ihrem Freizeitprogramm, »immer Hektik, Streß, Panik« (Fr. Berg).

Ziel- und Leistungsorientiertheit, Tempo und Regeln überlagern auffallend oft die Freizeitaktivitäten der Softwareentwicklerinnen und -entwickler. Einer von ihnen zieht selbst eine Parallele, wenn er sagt: »Sportlich bin ich auch leistungsmotiviert« (H. Wort). »Im Sport habe ich sogar unbedingt das Gewinnstreben« (Rolf), bemerkt ein 19jähriger. Wie am Computer der Geist, wird im Sport der Körper auf Hochtouren gebracht. »Auf jeden Fall 14 Tage Skiurlaub mit einem harten Team, wo man es laufen lassen kann« (H. Fest), braucht ein 45jähriger. Und wenn das Team in die Berge geht, zählt nicht der Weg, sondern der Gipfel. Nach dem gemeinsamen Start löst sich das Team schnell auf. Jeder rennt alleine los. Alles Sinnen und Trachten ist auf einen Punkt hin fixiert. Wie beim Programmieren schöpft sich der Wert dessen, was man tut, allein aus dem erreichten Ziel, wieder zählt Tempo.

Die Fortsetzung von Gewohntem drückt sich auch in der Vorliebe für solche körperliche Betätigungen aus, bei denen es – im Unterschied zu improvisierter, spontaner Körperbewegung – auf die Einhaltung von Regeln ankommt oder die zumindest eine geregelte Form haben. Das gilt fürs Laufen, fürs Bergsteigen, Radeln, Skifahren, für Volley- und Handball und damit für sämtliche Sportarten, die unter den Softwareentwicklerinnen und -entwicklern zu den beliebtesten zählen. Je stärker Orientierungen und Maßstäbe, die das Dasein an der Maschine bestimmen, sich auch über die körperliche Bewegung in der Freizeit stülpen, desto mehr ist die kompensatorische Intention gefährdet. Der Körper wird zwar aktiviert, aber die Möglichkeiten körperlich-sinnlichen Erlebens sind eingeschränkt, eingeschränkt durch Vorgaben, die das Subjekt an die Leine nehmen.

Alle bisher geschilderten Kompensationsleistungen waren an die eigene Person gebunden. Ein Softwareentwickler erwähnt die Möglichkeit, Kompensation zu delegieren, zum Beispiel an die Ehefrau. Der Mangel, den es »zu kompensieren gilt, der wird über die Ehefrau kompensiert« (H. Tänzer). Frauen mit sozialen Berufen, Lehrerinnen, Krankenschwestern, erscheinen ihm als Ehefrauen für Softwareentwickler besonders geeignet.

Für eine KI-Forscherin ist es der Ehemann, der Gegenakzente setzt. Er tut dies auf zweierlei Art: Mit seiner freien beruflichen Existenz als Künstler setzt er der sicheren Welt der Informatik Zufall, Ungewißheit, Brüchigkeit entgegen, und so bleibt das alles auch in ihrem Leben. Sie findet es »schön, durch ihn, diese Gegenüberstellung, das zu erleben« (Fr. Herzlich). Außerdem repräsentiert er andere, nicht maschinenbezogene Denkweisen, »er entscheidet viele Sachen intuitiv, ich versuche das eigentlich eher von

der analytischen Seite« (Fr. Herzlich). Sein Denken ist Angebot auch für sie, und wenn sie es annimmt, hat sie das Gefühl, was gelernt zu haben, eben durch seine Art, Dinge zu betrachten oder an die Dinge ranzugehen. Das zunächst vom anderen gesetzte Gegengewicht wird im zweiten Schritt ein eigenes.
Gegengewichte, Gewichte gegen Selbst- und Weltverkürzung, situiert in der Freizeit und am Arbeitsplatz: Was können sie bewirken? Sie können dem Vernachlässigten, Übergangenen wieder einen Stellenwert geben im Erleben der Subjekte, die Erinnerung an das Andere wachhalten, die Folgen der Fragmentierung abmildern. Aber sie können sie nicht ungeschehen machen. Die durch Fragmentierung unterbrochene Autopoiese bleibt als zerstörerische Erfahrung erhalten.

Distanzierung

»Ich kenne die Sehnsucht, ich liebe das Meer,
ich muß hinaus, hier hält mich nichts mehr,
...«

Fabrikarbeiterin

So beginnt das Gedicht einer jungen Arbeiterin, mit dem sie sich aus ihrem Fabrikalltag hinwegträumt (zit. n. Volmerg, U. 1978, 136). Auch die Softwareentwicklerinnen und -entwickler versuchen, belastenden Arbeitserfahrungen teilweise dadurch zu begegnen, daß sie sich von ihrer Tätigkeit distanzieren. Eine Art der Distanzierung besteht darin, den Stellenwert des Berufs verbal und/oder handelnd zu relativieren. Eine andere Art zeigt sich in Ausstiegsphantasien; man denkt an Frühpensionierung und/oder malt sich ein anderes, ein alternatives Leben aus.
Männliche Softwareentwickler reden häufiger und ausführlicher über Distanzierungsversuche als weibliche, was mich annehmen läßt, daß die Neigung zur Distanzierung unter Männern stärker ausgeprägt ist als unter Frauen. Das wäre nicht verwunderlich. Angriffe, Kritik, Skepsis, die den beruflichen Ambitionen der Frauen oft entgegengebracht wurden und werden, haben möglicherweise bewirkt, daß sich die Frauen stärker mit dem Beruf identifizieren als ihre männlichen Kollegen. Zum anderen stehen einer Distanzierung unerfüllte Karrierewünsche entgegen. So-

lange frau im Beruf noch etwas erreichen will, wird sie sich nicht innerlich von diesem abwenden oder gar an den Ausstieg denken.
Keinerlei Distanzierungsversuche zeigen sich bei den männlichen Jugendlichen. Auch für sie verbinden sich mit der Tätigkeit am Computer weitreichende Hoffnungen, ist dieses doch für sie ein Experimentierfeld, auf dem sie sich den Zugang zur Erwachsenenwelt erschließen. Das laufende Experiment verträgt sich nicht mit Distanzierung, könnten mit dieser Haltung doch kaum die für das Experiment nötigen Fertigkeiten erlernt werden.

Nur ein Job, mehr nicht

Beschäftigt mit der Frage, welchen Stellenwert die Tätigkeit am Computer für ihn hat, erklärt ein 27jähriger: »Der Sinn des Lebens sollte für mich nicht aus Programmieren bestehen (...)« (H. Wort). Die Antwort eines 41jährigen auf dieselbe Frage lautet: »Ich glaube, ich habe ein ziemlich distanziertes Verhältnis zu dem Ganzen« (H. Weg), und eine 50jährige meint nach 20 Jahren Programmieren: »Also, mein Leben – ah – (...), es hat nichts mit EDV zu tun, also generell nicht« (Fr. Karo). »Wenn mir heute einer sagen würde«, so wieder der 41jährige, »du gehst jetzt da, wirst Bademeister und kriegst dasselbe Gehalt, was du da kriegst, dann würde ich sofort Bademeister werden« oder »Obstverkäufer auf dem Viktualienmarkt« (H. Weg). Gäbe es keine Gehaltseinbußen, wäre ihm dieser Rede nach jede andere Tätigkeit lieber als Computerprogramme entwickeln. In diesen Äußerungen wird dem Beruf Bedeutung abgesprochen. Was nicht so wichtig ist, kann einem nicht so gefährlich werden.
Der Wunsch, den Beruf in seiner Bedeutung kleinzuhalten, setzt sich fort in weiteren Wünschen, die sich niederschlagen im Denken, Handeln, Planen. Man denkt daran, die Arbeitszeit zu verkürzen; entweder sofort, »am liebsten (würde ich) nur noch vier Tage in der Woche arbeiten« (Fr. Karo), oder »vielleicht so mit 50, daß man da nicht mehr voll arbeiten gehen muß« (Fr. Blau). Eine andere Relativierungsstrategie sehe ich darin, das der Maschine verpflichtete Denken und Wahrnehmen kritisch zu reflektieren. Die Mehrheit der Softwareentwicklerinnen und -entwickler nimmt zumindest eine teilweise kritische Haltung gegenüber der

Computertechnik ein; einer verleiht dieser Haltung den Charakter einer Strategie. Er sagt: »Ich versuche, meine kritische Haltung zu bewahren, indem ich ja auch sehr viele Sachen aus diesem Bereich lese« (H. Weg). Mittels kultur- und technikkritischer Bücher und Zeitschriften hält er sich die Maschinenlogik auf Abstand.
Eine dritte Art, den Stellenwert des Programmierens zu relativieren, ist es, dieses zum Job zu erklären, an den einen ausschließlich finanzielles Interesse bindet: »Das ist für mich ein Job und mehr nicht; damit verdiene ich mein Geld« (H. Weg). »Arbeiten tut ma«, so eine andere Stimme, »um am nächsten Morgen seine Brötchen kaufen zu können« (H. Knapp). Arbeit sei, führt dieser Softwareentwickler weiter aus, »Broterwerb« und kein »Hobby«. Inhaltliches Interesse am Entwickeln von Computerprogrammen scheint es nicht zu geben; es hat seinen Sinn nur als Mittel. »Ich halte die Arbeit auch nur für das Mittel dafür (...), mein Leben zu ermöglichen« (H. Wort), sagt ein 27jähriger.
Die Arbeit lediglich als Job zu begreifen bedeutet, Erwartungen, Hoffnungen, Ansprüche aus der Arbeitswelt abzuziehen, Empfindungen, die Gefährdungen registrieren, zu betäuben, auf Individualität zu verzichten (vgl. Arendt 1960, 314). Abgedichtet gegen die Erfahrungen im Arbeitsprozeß, werden einem diese, so mag man hoffen, schon nichts anhaben. Man versucht sich totzustellen, um zu überleben. Doch das scheint kaum oder nur bruchstückhaft zu gelingen. Dieselben Softwareentwickler, die vorgeben, ihre Tätigkeit sei nur Job für sie, sprechen an anderer Stelle davon, eine Tätigkeit zu haben, »in die man sehr viel von sich selber reinsteckt« (H. Wort), ja, sogar »alles reinzuhängen, was man geben kann« (H. Weg). »Heiligs Blechle« (H. Weg) wird die Maschine zärtlich genannt. Da kann sie einem doch nicht gleichgültig sein! Nein, sie ist »ein Jemand, mit dem ich kommuniziere« (H. Weg).
Die Diskrepanz zwischen Wunsch und Realität erklärt sich damit, daß das Individuum als autopoietische Einheit darauf angewiesen ist, sich in jedem seiner Außenbezüge als einzigartiges Wesen zu entwickeln und weiterzuentwickeln. Der Wunsch, Teile des eigenen Ichs aus dem Berufsalltag rauszuhalten, bricht sich an diesem Erfordernis. Autopoietische Ansprüche wirken der Absicht entgegen, Fragmentierung vorwegzunehmen.

»Zu sagen, das war das letzte Mal, danach ist Schluß, das kann ich mir schon sehr bildhaft und sehr lebhaft vorstellen« (H. Wechsel), bemerkt ein 41jähriger. Stärker noch als das Bestreben, den Beruf in seiner Bedeutung zu relativieren, zeigt sich in den Reden der Softwareentwicklerinnen und -entwickler der Wunsch nach Ausstieg. Manche träumen davon, »ein Jahr lang überhaupt nicht zu arbeiten« (H. Weg), »ein Jahr abzuhauen« (H. Wort); verbreiteter noch ist der Gedanke an Frühpensionierung. Auf seine Zukunftspläne angesprochen, antwortet ein 39jähriger Softwareentwickler in leitender Position: »Meine beruflichen Zukunftspläne schauen so aus, daß ich versuche, des (das Programmieren, d. V.) so schnell wie möglich aufzuhören« (H. Knapp). Die üblichen Altersgrenzen für das Ausscheiden aus dem Erwerbsleben werden für die eigene Person wiederholt abgelehnt mit Worten wie: »Ich möchte aber wirklich nicht bis 60 oder 61 oder was weiß ich nur da drin arbeiten« (Fr. Baum), oder: »Ich werde sicher nicht bis zum 60. Lebensjahr warten, bis ich das Arbeiten aufhöre« (H. Tänzer). Einige präzisieren das Datum ihres Ausstiegs. Mehrmals wird das 50. Lebensjahr als Zeitpunkt für eine Zäsur angegeben, denn »mit 50 habe ich noch genügend Energie, Elan und sonstwas, um dann noch was anzufangen« (Fr. Baum). Ein 41jähriger meint mit Blick auf seinen »fürchterlich stressigen Job«: »Ich kann mir das nicht vorstellen, daß ich in fünf Jahren diese Arbeit noch machen kann« (H. Weg), ein anderer möchte mit 40 pensioniert werden, dann würde er »sehr viel Zeit in den Bergen zubringen, sehr viel draußen in der Natur« (H. Wort).

Das Bedürfnis, sich ganz aus dem Beruf zu verabschieden, geht meist Hand in Hand mit alternativen Lebensentwürfen. Eine Softwareentwicklerin, die mit 50 aus ihrem Beruf aussteigen will, erwägt für die Zeit danach zwei Alternativen. Sie liebäugelt einerseits mit der Vorstellung, sich völlig neuen Themen zuzuwenden, etwa Architektur zu studieren, andererseits denkt sie an »so'n Zwischending« (Fr. Baum), das darin bestehen könnte, die eigenen beruflichen Erfahrungen an andere Frauen im Rahmen einer Beratungstätigkeit weiterzugeben. Ausstieg und Neueinstieg haben im Denken dieser Softwareentwicklerin schon fast die Form eines Planes angenommen. Häufiger ist es, daß die Alternative als Wunsch, als Traum, als Sehnsucht formuliert wird; offen bleibt, wann sie, ja, ob aus ihr überhaupt jemals Alltagsrealität wird.

Wovon träumen Softwareentwicklerinnen und -entwickler? »Wenn Geld keine Rolle spielte«, meint einer, »würde ich versuchen, etwas anderes zu lernen, zum Beispiel irgend etwas, was mit Schauspielerei zu tun hat, Kabarett – mache ich gerne so etwas, mich zu produzieren, irgendwelche Juxe zu machen, Leute zum Lachen zu bringen, nichts Ernstes, um Gottes Willen« (H. Weg). Das Wichtigste sei, daß es »mit Technik nichts zu tun hat«. Ein Berufskollege trägt den Wunsch mit sich herum, »daß ich mal zu Hause bleibe und Hausmann spiele«; er sehnt sich danach, das Aufwachsen seiner Kinder mitzukriegen, »einfach das sehen und beobachten, wie die sich entwickeln, das ist schön« (H. Tänzer).

Immer wieder taucht die ›große weite Welt‹ als Traumvision auf. Man wünscht sich nach Asien, auf einen Bauernhof in der Türkei oder aufs Fahrrad, das einen durch die Welt trägt, um so hautnah in Kontakt mit anderen Kulturen zu kommen, »Leute kennenzulernen oder andere Völker verstehen zu lernen; wenn man mit dem Fahrrad durch Arabien fährt, versteht man bestimmt eine ganze Menge, was man jetzt nicht kapiert« (H. Wort). Weit weg vom realen Berufsalltag liegt das Land der Träume. »Na ja, die Insel« ist es, was fehlt, die Insel im Süden, »da, wo Sonne ist« (H. Knapp).

Mit ihren Ausstiegsphantasien sagen sich die Softwareentwicklerinnen und -entwickler nicht nur von ihrem computerbezogenen Dasein los, sie setzen mit ihnen auch Gegenakzente. Insofern fallen diese Phantasien – jedenfalls solange sie nicht wahrgemacht werden – auch als kompensatorische Akte ins Gewicht, und zwar in zweierlei Hinsicht. Die Phantasietätigkeit liegt quer zur linearen, schnurgerade in die Zukunft laufenden Zeit der Maschinenlogik. Die Phantasie unterliegt anderen Bewegungsgesetzen, sie ist »der Zigeuner, der Arbeitslose unter den intellektuellen Fähigkeiten« (Negt/Kluge 1972, 73), sie vermag Gegenwart, Vergangenheit und Zukunft miteinander zu verbinden. Sie nimmt unerfüllte Wünsche auf und verschränkt sie mit zukünftiger Wunscherfüllung.

Aber nicht nur der Form, auch den Inhalten nach kontrastieren die Phantasien zu den Erfahrungen am Arbeitsplatz. Sie beleben und lassen erleben, was unter dem Regiment der Maschinenlogik gefährdet ist: in Gestalt von Theater und Kabarett die Welt der

Sinne, der Farben, der Spontaneität, den wieder in einen Leib verwandelten Körper, der Gefühle, Stimmungen auszudrücken vermag; im vorgestellten Dasein eines Hausmanns das Werden und Wachsen, Emotionalität, Empathie; in der Vision von der Fahrradtour um die Welt den vergessenen Unterleib, Nähe zur Natur, Nähe zum Fremden.
Der Traum von der ›großen, weiten Welt‹ erinnert an das Eintauchen in die großen Weiten, wie es Softwareentwickler auch nach Meisterung eines überraschend beim Programmieren aufgetretenen Hindernisses erleben. Sie nehmen dieses Moment der Faszination in ihre Träume hinein, um es so verortet gegen die Risiken der Maschinenlogik zu wenden. Dasselbe, was sie einerseits an ihrer Tätigkeit begeistert, dient ihnen, in ein anderes Gewand gehüllt, dazu, sich dieser zu entwinden, was nichtsdestotrotz die Bindung an die Arbeit festigen kann.
Mit ihren Ausstiegsphantasien pflegen Softwareentwicklerinnen und -entwickler die Erinnerung an das Andere der Maschinenlogik. Die Traumwelten sind Ausdruck belastender Verhältnisse, und zugleich verkörpern sie Kritik. Denkbar ist, daß sie das Engagement in der Arbeit schmälern, aber auch, daß sie es steigern, wie es Marianne Herzog in ihrem Report über Akkordarbeiterinnen schildert. Durch die Fabrikhalle dröhnt der Schlager ›Das gibt es nur in der Carnaby Street‹. Das Lied lockt:

»Da passen alle Sehnsüchte und Träume der Frauen beim Akkord rein, da wird suggeriert: da braucht ihr bloß hin, da wird alles eingelöst, da gibt es keinen Akkord, keine Röhren und keine Dämpfe«. Die Wirkung: »Frau Winterfeld und Frau Bartz klotzen nochmal ran. Kräfte haben sie keine mehr, aber Sehnsüchte haben sie noch, und damit schweißen sie noch zehn Röhren, noch fünf, noch drei, noch eine. Pause« (Herzog 1971, 123).

Fazit:

Mittels Distanzierung versuchen sich die Softwareentwicklerinnen und -entwickler gegen die zerstörerische Wirkung von Fragmentierung und Instrumentalisierung abzupuffern. Derselben Intention folgen Kompensation und Anpassung. Stets geht es darum, die durch Ich- und Weltverlust ausgelösten Erschütterungen abzufangen, abzuwehren, abzudrängen. Angesteuert wird der gewünschte Effekt jedoch auf verschiedene Weise. Anpassung bedeutet, sich loszusagen von der gefährdeten Wirklichkeit, um sich die Verlusterfahrung zu ersparen; Distanzierung beinhaltet im Gegensatz hierzu die Abwendung von der Maschinenlogik. Kompensation stellt den Versuch dar, die beiden Wirklichkeiten in ein versöhnliches Verhältnis zueinander zu bringen.

Die Provokation wird entschärft, nicht beseitigt. Das Konfliktpotential bleibt. Das erklärt, weshalb sich die Softwareentwicklerinnen und -entwickler häufig nicht auf eine Abwehrstrategie verlassen, sondern mehrere Strategien miteinander kombinieren.

Epilog

Karos und Streifen symbolisieren für sie das Gerade, Regelmäßige, Abstrakte, das Klare und klar Getrennte; Blümchen sind ihr Symbol für Krummes, Weiches, Kuscheliges, für Unruhe, Vielheit. Früher mußte sie nicht lange nachdenken: Karos und Streifen gefielen ihr besser als Blümchen. Aus der Liebe zum Geraden und Klaren ist die Liebe zur EDV geworden. Inzwischen ist diese Liebe nicht mehr ungebrochen. Der Zwiespalt hat sich darin eingenistet. Das Geradlinige zieht sie an und stößt sie ab. Jahrelang lag in ihrem Wohnzimmer ein geometrisch gemusterter Webteppich. Eines Tages mochte sie diesen Teppich nicht mehr. Sie ersetzte ihn durch einen mit Blumenmuster. Glücklich war sie danach nicht. Es störte sie an dem neuen Teppich »dieses Unruhige, dieses – Pause – es ist soviel Muster« (Fr. Karo). Die Softwareentwicklerin zeigt auf einen Teppich im Flur: »Da gefällt mir der da draußen zum Beispiel viel besser.« Geometrische Muster sind zu sehen. Nicht anders geht es ihr in ihrem Verhältnis zur EDV. Ihre Sympathien schwanken. Kaum glaubt sie, das Gerade, Klare würde ihr nichts mehr bedeuten, fängt es schon wieder an, sie zu locken.

Bereits in den ersten Kontakten zu Softwareentwicklerinnen und -entwicklern fiel mir die Zwiespältigkeit auf, mit der diese über ihre Tätigkeit sprachen. Sie konnten sich als begeisterte Softwareentwickler sehen und zugleich skeptische bis vernichtende Urteile über die Computertechnik abgeben. Ich war verwirrt; glaubte, hoffte, nicht richtig zugehört zu haben, wollte nicht wissen, sehnte mich nach eindeutigen Urteilen, die je nach Personengruppe unterschiedlich ausfallen konnten, aber nicht schon bei einer Person in Gegensätze zerfallen sollten. Ich sträubte mich und hatte mir doch vorgenommen, auf Sperriges zu hören, Widersprüchliches anzuerkennen, mich an ein erkenntnistheoretisches Prinzip zu halten, das die Genetikerin Barbara McClintock so formuliert hat: »Wenn das Material dir sagt, ›es kann so sein‹, dann laß es zu. Leg es nicht beiseite und nenn es nicht Ausnahme, Abweichung, Verunreinigung ...« (McClintock 1978 u. 1979, zit. n. Fox Keller 1986, 173). Der Eindruck des Widersprüchlichen verdichtete sich bei der Auswertung der Interviews. Ständig schlug mir Ungereimtes, Nicht-Zusammenpassendes aus den Interviewprotokollen entgegen. Es ließ sich nicht abschütteln, überstand meine Abwehrversuche, konnte nicht zufällig sein. Das vorliegende Buch gewann aus ihm seine Struktur. Widerspruch und Ambivalenz durchziehen diese Struktur, sie sollen jetzt – zum Abschluß der Arbeit – ausdrücklich Thema werden. Zugleich soll die folgende Zusammenfassung die Möglichkeit bieten, Blicke in neue, unbekannte Sphären zu werfen, neue Fragen zu stellen. Mit diesem Angebot möchte ich mich von der Leserin und dem Leser verabschieden.

Ambivalenz, im Duden mit Zwiespältigkeit übersetzt, ist das Kernwort, um das die folgenden Überlegungen kreisen. Die psychoanalytische Definition kennzeichnet Ambivalenz als die »gleichzeitige Anwesenheit einander entgegengesetzter Strebungen, Haltungen und Gefühle, zum Beispiel Liebe und Haß, in der Beziehung zu ein und demselben Objekt« (Laplanche/Pontalis 1973, 55). Positive und negative Argumente, Affekte, Wertungen, Einstellungen sind simultan gegeben und aufs engste miteinander verschränkt. Es lassen sich dem Schweizer Psychiater Manfred Bleuler zufolge, der den Begriff in die psychoanalytische Diskussion eingeführt hat, kognitive und affektive Ambivalenzen unterscheiden. Die Ja-Nein-Mitteilungen der Softwareentwicklerinnen und -entwickler entziehen sich zweifelsfreier Zuordnung; jedoch sind Tendenzen erkennbar.

Als tendenziell kognitive Ambivalenz werte ich es, wenn jemand das Programmieren als »was unheimliches Kreatives« (H. Wort) kennzeichnet und gleichzeitig behauptet, es mache ihn »geistig platt« (H. Wort); oder wenn ein anderer erklärt, sein Beruf sei lediglich Job, zu dem er keine inneren Bindungen habe, und kurz danach findet, dieser Beruf spreche seine intellektuellen Fähigkeiten an, sei »schön«, »anregend« und »ansprechend« (H. Weg).

Ambivalente Gefühle stehen im Vordergrund, wenn der Maschine sowohl Zärtlichkeit als auch Aggression entgegengebracht werden, wenn man sich in ihrer Nähe geborgen fühlt, sie gar als »Ersatzmutter« (Rolf) empfindet und dann wieder haßt, wenn man einerseits hohe Zufriedenheit mit seiner Arbeit bekundet und andererseits die Befürchtung hegt, sie sei dabei, einen in eine Midlife-crisis zu stürzen, wenn es heißt, man könne »die Dinger« (die Computer d. V.) nicht mehr sehen, und dann gesagt wird: »Ich

habe natürlich selbstverständlich nichts gegen Computer« (H. Weg).
Der emotionalen und kognitiven Kontroverse entsprechen widerstreitende Handlungsimpulse, psychoanalytisch gesprochen, Ambitendenzen. Solche zeigen sich, wenn man dem Beruf entfliehen will und doch bleibt, wenn der Traum auf die Insel führt und der tägliche Weg in die Softwarefirma, wenn behauptet wird, »sie (die Arbeit, d. V.) bedeutet mir schon sehr viel« (H. Zeit), dann gesagt wird, man möchte mehr Zeit für andere Dinge haben, um das sofort wieder zugunsten des Daseins am Computer zurückzunehmen, und schließlich, wenn ein Jugendlicher beteuert, er würde die Maschine nie verkaufen, weil sie ihm ans Herz gewachsen sei, dieselbe Maschine, die er aus Wut ab und zu hochnimmt und fallenläßt.
Das Ja und Nein, das in öffentlichen Diskussionen meist konfrontativ zwischen Befürwortern und Kritikern der Computertechnik verhandelt wird, ist hier auf eine Person vereinigt. Die Frage stellt sich, wie diese ihre entgegengesetzten Strebungen organisiert. Nach außen hin bringen die Softwareentwicklerinnen und -entwickler Zustimmendes und Ablehnendes meist in ein Hintereinander; sie formulieren es zu unterschiedlichen, jedoch manchmal nahe zusammenliegenden Zeitpunkten des Gesprächs und lassen es unverbunden nebeneinander stehen. Eine KI-Forscherin versucht auf ihrem Körperbild, negative und positive Gefühle beim Programmieren gleichzeitig darzustellen. Im Körper, wo alles fließend ineinander übergeht, läßt sich Gegensätzliches leichter miteinander verbinden als in der verbalen Mitteilung. Ansonsten muß offenbleiben, wie sich die Zwiespältigkeit nach innen hin organisiert. Aus den Interviews, die mir hauptsächliche Erkenntnisquelle sind, geht das nicht hervor, da sie auf Sagbares abstellen, die Organisation innerer Gegensätze sich aber möglicherweise in vor- und außersprachlichen Sphären abspielt.
Wenn Softwareentwicklerinnen und -entwickler ihrem Tun und den daraus entstehenden Produkten mit kontroversen Argumenten und Affekten begegnen, so ist das nicht allein auf ihre Person zu beziehen. Der innere Zwiespalt antwortet der strukturellen Widersprüchlichkeit, die die der Maschinenlogik verpflichtete Softwareproduktion in sich birgt. Die Entwicklung von Software verlangt einerseits nach einer sich entfaltenden Subjektivität, sie lebt von der Besonderheit der Subjekte, von deren Einfällen, de-

ren Phantasien, deren breit gefächerten Empfangskompetenzen und -bereitschaften in bezug auf die Welt. Sie läßt Raum für nicht unmittelbar verwertbare Subjektivität, gestattet in der Interaktion mit der Maschine den Entwurf von Wunschszenarien, die die zweckrationalen Operationen zweckfrei umlagern. Dann wieder erfahren Softwareentwickler sich in ihrer Subjektivität fragmentiert, aufgelöst in Stückwerk, abgekoppelt von sich selbst und der Welt, ausgelöscht in ihrer Individualität. Wo Subjektivität Ansprüche stellt, die die Systemgrenzen formaler Logik sprengen, wird sie zum störenden Faktor und als solcher zurückgedrängt, abgewiesen, ausgeschaltet. Als autopoietische Lebewesen entwikkeln die Subjekte eine Dynamik, die mit der Geschlossenheit formal-logischer Systeme prinzipiell kollidieren kann, nicht muß, denn es gibt Spielräume. Kommt es zum Konflikt, ist menschliche Subjektivität in der unterlegenen Position. Ein Machtverhältnis tritt in Erscheinung, das, wie aus autopoietischer Perspektive erwartbar, in Richtung der Subjekte zerstörerisch wirkt.

Formale Logik ist ein tragendes Denkmodell westlicher Kultur. So dürften Widerspruch und Ambivalenz auch in anderen Lebens- und Arbeitsbereichen von Menschen erfahren werden. Doch ist anzunehmen, daß diese Erfahrung in der Softwarewelt von besonderer Intensität ist, ist diese doch die Produktionsstätte formal-logischer Systeme. Der produzierende Akt ist es, in dem sich die formale Logik wie kaum anderswo in ihrem Doppelgesicht zu erkennen gibt.

Die an der neuen Maschine erfahrbaren Widersprüche zeigen sich ebenso wie die mit ihnen korrespondierenden Ambivalenzen in vielerlei Facetten. Der Begriff Widerspruch faßt die objektive, der Begriff Ambivalenz die subjektive Seite eines zusammenhängenden Phänomens. Ambivalenzen sind aber nicht als bloßer Reflex auf objektive Widersprüche zu begreifen. Die aktuellen affektiven und kognitiven Bedeutungen, seien sie positiv oder negativ, die das Programmieren für Softwareentwicklerinnen und -entwickler besitzt, stehen in Verbindung mit deren lebensgeschichtlich entstandenen Bedürfnissen, Motiven, Ängsten, Verunsicherungen, Neigungen, Fertigkeiten, die wiederum vermittelt sind durch autopoietische Ansprüche einerseits und gesellschaftliche Wirklichkeit andererseits. Wenn beispielsweise Frauen in der Softwareentwicklung ihre Tätigkeit positiv besetzen, so spricht daraus u. a. das Bestreben, sich von traditionell weiblichen Lebensentwürfen

loszusagen, ein Bestreben, das sich sowohl aus der Erfahrung oder Antizipation gesellschaftlicher Diskriminierung als auch aus dem autopoietischen Prinzip prozessualer Offenheit speist.
Der neuen Technik steht in dem, der mit ihr hantiert, sie entwickelt, sie gebraucht, ein eigenes, eigen-sinniges Wesen gegenüber, das Möglichkeiten in sich trägt, die über die der Maschine hinausgehen. Der Eigen-Sinn der Subjekte mobilisiert sich in der Herstellung von Technik. Softwareproduktion ist nicht rein planmäßige, allein technischen Erfordernissen genügende Tätigkeit; man hat sie sich als dynamisches Handlungsgeschehen vorzustellen, das sich von zwei Seiten her bestimmt. Das Subjekt ist nicht bloß Erfüllungsgehilfe, es ist auch Akteur, es mischt sich ein. Teils treffen sich seine Ein- und Zumischungen mit den formal-logischen Gestaltungsprinzipien, teils sind sie geduldet, und teils werden sie abgewiesen. Die Kontrasterfahrung ist es, die die Widerspruchserfahrung wachhält.
Die Annahme einer interaktiven Beziehung zwischen Mensch und Technik verwehrt es einerseits, Subjektivität ausschließlich von Objektivität her zu definieren, Menschen lediglich als Adressaten technischer Einflüsse zu sehen, und andererseits opponiert sie gegen eine Position, die Computertechnik als bloßes Werkzeug behauptet, das den Menschen äußerlich bleibt, ihr Denken und Fühlen unberührt läßt. Subjektivität ist gestaltender Faktor im Herstellungsprozeß der neuen Maschine, ein Faktor, an dem sich formale Logik zu reiben hat. Sie ist aber auch veränderbares Potential, dies im Unterschied zur Maschine, die in den Grenzen ihrer Logik gefangen ist. Im Konfliktfall ist es der Mensch, der sich verändern muß, weil nur er es kann. So behält die Maschine das letzte Wort.
Die Computertechnik wird von den Softwareentwicklerinnen und -entwicklern sowohl mit Blick auf die eigene Person ambivalent beurteilt als auch mit Blick auf andere. Es wird gesagt, Computer erleichtern die Arbeit, und zugleich, sie machten die Arbeit eintönig; eine 14jährige findet zum einen, daß Computer den Menschen helfen, und zum anderen, daß sie sie verblöden lassen. »Ich kann mit Computern allgemein den Leuten ein besseres Leben ermöglichen« (H. Wort), erklärt ein 27jähriger, doch bei der Schilderung des Beispiels, mit dem er das belegen will, verkehrt sich plötzlich sein Standpunkt. Sein Beispiel bezieht sich auf Roboter, die dem Schweißer am Fließband die Arbeit abnehmen. Er

äußert sich zunächst begeistert über diese technische Errungenschaft, den Schweißer sieht er als Gewinner: »Da hat der (der Schweißer, d. V.) unheimliche Vorteile, der (Roboter) ermöglicht dem Arbeiter, etwas Sinnvolles zu machen.« Schon im nächsten Satz rückt er die schweißenden Roboter in ein gegenteiliges Licht; sie nehmen die Arbeit nicht ab, sondern weg, meint er. Und vielleicht war diese Arbeit trotz ihrer Belastungen das wichtigste Mittel für diesen Menschen, seine Fähigkeiten anzuwenden und zu verfeinern. Wenn das so ist, vermutet er, »dann hängt der sich entweder am nächsten Baum auf oder er wirft den ersten Stein«.
Arbeitserleichterung wird am häufigsten als positiver Effekt der Computertechnik genannt; fast genauso häufig wird dieser Effekt – partiell oder total – wieder in Frage gestellt. Ein 32jähriger formuliert ironisch und etwas bitter: »Und diese Erleichterungen, (...) die zerstören uns, unsere Umwelt und unsere Kultur« (H. Weg).
Wie wird Ambivalenz erlebt? Führt sie in eine unerträgliche Zerreißprobe? Für Bleuler ist Ambivalenz ein Hauptsymptom von Schizophrenie. Im Wörterbuch der Gebrüder Grimm, das nicht den Begriff Ambivalenz, aber das Synonym Zwiespalt kennt, heißt es: »tief, wie eine todeswunde, geht ein zwiespalt durch dein leben« (Grimm, J./Grimm, W. 1954, 1172). Die etymologischen Ausführungen der Gebrüder Grimm weisen dem Zwiespalt eine destruktive, lebensbedrohende Wirkung zu; sie setzen ihn in Beziehung zu Streit, Zwist, Kampf, Krieg. Ich erinnere an die Metapher von der Gratwanderung, mit der ein Softwareentwickler seine Erlebnissituation beim Programmieren zu vermitteln suchte. Die Metapher soll seiner Intention nach die empfundene Bedrohung ausdrücken. Der Gratwanderer, der er ist, sieht sich umgeben von Absturzgefahren, aber: Ist er nicht auch hoch oben? Das Bild, das die Angst vor der Gefahr sichtbar machen soll, gibt mehr zu sehen: ein Hoch, ein Oben, ein Hochgefühl. Es spielt – gegen die Absicht seines Schöpfers – auf das Zweierlei an, auf den Spannungszustand, den Konflikt, den der Zwiespalt im Subjekt entfacht.
Wenn Softwareentwicklerinnen und -entwickler ihr Tun ambivalent besetzen, so ist das eine adäquate Reaktion auf eine Realität, die ihnen Widersprüchlichkeit vorsetzt. Ambivalenz kann als Zeichen interpretiert werden, daß Menschen ihre Bedürfnisse nicht leugnen, sondern zu ihnen stehen, daß sie mit sich selbst und der

Welt in einem sensiblen Kontakt sind (vgl. Otscheret 1987, 39). Sie vermögen es, Spannungen zu erkennen, sie zu ertragen, mit ihnen zu denken, zu fühlen, zu leben.
Ambivalenzen verhindern innere Stagnation, sie initiieren Bewegung, provozieren subjektive Veränderung. Ja, noch mehr: Das Veränderungspotential weist über das Subjekt hinaus.
Das, worauf die Softwareentwicklerinnen und -entwickler mit Angst, Mißtrauen, Zorn, Verneinung reagieren, enthält Angriffe auf den Prozeß ihrer Selbsterneuerung. Ambivalenz als Antwort auf diese Angriffe fördert, wenn sich das Subjekt mit ihr auseinandersetzt, das, was der Außenwelt verändernd gegenübertreten kann: Selbstbewußtsein.
Die Macht der Computerlogik bricht sich so der Möglichkeit nach an denen, die sie durchsetzen sollen. Daß sie nicht nur verhängnisvoll wirkt, sondern auch anziehend, erhöht den Veränderungsdruck. Eine Realität muß, wenn man sie verändern will, Angriffsflächen und Anreizflächen bieten, denn »die Dinge, die uns stets nur feindlich gegenüberstehen, vertreiben uns von ihnen« (Becker-Schmidt 1983, 24). Erst wenn wir uns auf sie auch positiv beziehen können, gibt es Grund, sie zu verbessern.
Die von den Softwareentwicklerinnen und -entwicklern geäußerte Ambivalenz gegenüber den eigenen Produkten läßt annehmen, daß es in der Softwarebranche sowohl Aufgeschlossenheit für computertechnische Innovationen gibt, die der Fragmentierung entgegenwirken, als auch die Bereitschaft, an der Entwicklung solcher Innovationen mitzuwirken. Die Subjektseite unterstützende technische Neuerungen könnten sich auf kürzer- oder längerfristig zu realisierende Ziele richten. Kurzfristig kann es darum gehen, innerhalb des computerlogischen Rahmens die Freiräume für Softwareentwickler und Benutzer zu erweitern, ein Bestreben, das schon angefangen hat, sich zu etablieren, was Schlagworte wie Benutzerfreundlichkeit, Schnittstellengestaltung, explorative Programmierung,[1] Software-Ergonomie dokumentieren.
Ein anderes Ziel könnte die Eingrenzung von Anwendungsfeldern der Computertechnik sein. Das Ziel ist nicht neu, doch hat es die Praxis nie erreicht, ist diese doch beherrscht von einem Den-

1 Es handelt sich hierbei um eine induktive, experimentelle Art der Softwareentwicklung, die mehr Raum für Entwurfsalternativen gibt als konventionelles, streng strukturiertes Vorgehen. Der Nutzen dieses Programmierstils ist allerdings außerhalb der KI umstritten.

ken, das die Computerisierung als quasi naturwüchsigen Vorgang begreift, der hingenommen werden muß. Erst die Absage an die Vorstellung, technische Apparate gehörten so unvermeidlich zu den Menschen wie das Schneckenhaus zur Schnecke, eröffnet Entscheidungsspielraum. Terry Winograd und Fernando Flores haben Gestaltungsrichtlinien entworfen, mit denen sie vorführen, wie ein begrenzter Computereinsatz Teil des praktischen Umgangs mit dieser Technik sein könnte. Gestalten heißt für sie, Vergangenheit *und* Zukunft zueinander in Beziehung zu setzen. Sie fragen danach, wie technische Geräte eingreifen in unsere gewordenen Wahrnehmungsmuster und Weltbezüge, ob sie uns neue Räume erschließen, und wenn ja, ob diese Räume wünschenswert sind (vgl. Winograd/Flores 1989, 267).

Ein Ziel auf lange Sicht wäre der Entwurf einer anderen Technik. Ich denke an eine Technik, die die Autonomie der Subjekte achtet, kein Herrschaftsverhältnis anstrebt. Struktur und Funktionsweise einer solchen Technik wären an die Prinzipien der Autopoiese anzulehnen; alternative Technik müßte sich öffnen können für die Wandelbarkeit menschlicher Lebewesen und selbst wandelbar sein – eine Utopie, auf die auch der Diplomingenieur und Kunsthistoriker Sigfried Giedion anspielt, wenn er »die Herrschaft der Mechanisierung« abgelöst sehen will von einer technischen Entwicklung, die getragen ist von dem Gedanken eines dynamischen Gleichgewichts zwischen innerer und äußerer Realität, die wechselnde Beziehungen zuläßt (vgl. Giedion 1987, 769 ff.). Technik in diesem Sinne hätte sich dem starren Gehäuse formaler Logik entwunden, sie hätte sich selbst aufgebrochen, wäre weder faßbar im Bild der klassischen Maschine noch in dem der neuen Geistmaschine.

Vielleicht ist Technik so nicht machbar, vielleicht aber doch. Das Nachdenken über technische Utopien verlangt nach dem interdisziplinären Diskurs, ist Technikentwicklung doch nie ein Prozeß von nur technischer Art. Nie geht es nur um den Entwurf und das Aufstellen von Geräten, immer um mehr. Mit der Entscheidung über die Richtung, die die technische Evolution nimmt, wird stets auch entschieden über die »Weiterentwicklung der Art und Weise, wie wir unsere Umgebung und uns selbst verstehen – wie wir fortfahren, die Geschöpfe zu werden, die wir sind« (Winograd/Flores 1989, 296), ob wir uns als Subjekte eine Chance geben.

Literatur

Adorno, Th. W.: Minima Moralia. Reflexionen aus dem beschädigten Leben, Frankfurt/Main 1951.
– Negative Dialektik, Frankfurt/Main 1966.
Arendt, H.: Vita Activa, Stuttgart 1960.
von Alemann, U./Schatz, H.: Mensch und Technik, Opladen 1986.
von Auer, F./Geißler, K./Schauer, H.: Auf der Suche nach der gewonnenen Zeit, Bd. 1 und 2, Mössingen 1990.

Baethge, M./Hantsche, B./Pelull, W./Voskamp, U.: Jugend: Arbeit und Identität, Opladen 1988.
Baier, L.: Gleichheitszeichen. Streitschriften über Abweichung und Identität, Berlin 1985.
Balint, M.: »Pleasure Object and Libido. Some Reflections on Fairbairn's Modifications on Psychoanalytic Theory«, in: British Journal of Medical Psychology, 29, H. 2 (1956), S. 162-167.
– Therapeutische Aspekte der Regression, Stuttgart 1970.
– Angstlust und Regression, Reinbek 1972.
Bamberg, E.: Arbeit und Freizeit, Weinheim/Basel 1986.
Bammé, A. u. a.: Die Maschine, das sind wir selbst. Zur Grundlegung einer Sozialpsychologie der Technik, in: Psychosozial, H. 18 (1983a), S. 30-50.
Bammé, A./Feuerstein, G./Genth, R./Holling, E./Kahle, R./Kempin, P.: Maschinen-Menschen. Mensch-Maschinen, Hamburg 1983b.
Bammé, A./Kempin, P.: Aspekte der Maschinisierung des Menschen, in: Bammé u. a. (Hg.): Technologische Zivilisation, München 1987, S. 133-146.
Beck, U.: Risikogesellschaft. Auf dem Weg in eine andere Moderne, Frankfurt/Main 1986.
Beck, U./Brater, G./Daheim, H.: Soziologie der Arbeit und Berufe, Hamburg 1980.
Becker-Schmidt, R.: Widerspruch und Ambivalenz: Theoretische Überlegungen, methodische Umsetzungen, erste Ergebnisse zum Projekt ›Probleme lohnabhängig arbeitender Mütter‹, in: Becker-Schmidt, R./Brandes-Erlhoff, U./Rumpf, M./Schmidt, B. (Hg.): Arbeitsleben-Lebensarbeit, Bonn 1983, S. 13-44.
– Probleme einer feministischen Theorie und Empirie in den Sozialwissenschaften, Manuskript, 1985.
– Die Gottesanbeterin. Wunschbilder und Alpträume vom Computer, in: Krafft, A./Ortmann, G. (Hg.): Computer und Psyche, Frankfurt/Main 1988, S. 305-329.

Benjamin, J.: Die Antinomien des patriarchalen Denkens, in: Bonß, W./Honneth, A. (Hg.): Sozialforschung als Kritik, Frankfurt/Main 1982, S. 426-455.
– Die Fesseln der Liebe, Frankfurt/Main 1990.
Berg-Peer, J./Krause, B./Mandelortz, M.: Studentinnen an technischen Universitäten: Fachliche Qualifizierung und soziale Prägung, in: Janshen, D./Rudolph, H. u. a. (Hg.): Ingenieurinnen, Berlin 1987, S. 129-196.
Berman, M.: Wiederverzauberung der Welt, Reinbek 1985.
Bilden, H.: Geschlechterverhältnis und Individualität im gesellschaftlichen Umbruch, in: Keupp, H./Bilden, H. (Hg.): Verunsicherungen. Das Subjekt im gesellschaftlichen Wandel, Göttingen 1989, S. 19-46.
Bolte, K. M.: Subjektorientierte Soziologie – Plädoyer für eine Forschungsperspektive, in: Bolte, K. M./Treutner, E. (Hg.): Subjektorientierte Arbeits- und Berufssoziologie, Frankfurt/Main 1983.
Böhle, F./Milkau, B.: Sinnliche Erfahrung und Gefühl, Manuskript, München 1987.
Böhle, F./Rose, H.: Facharbeit bei Werkstattprogrammierung, Manuskript, München 1989.
Böhme, H./Böhme, G.: Das Andere der Vernunft, Frankfurt/Main 1983.
Böhme, G.: Anthropologie in pragmatischer Hinsicht. Darmstädter Vorlesungen, Frankfurt/Main 1985.
von Borris, V.: Technik als Sozialbeziehung, München 1980.
Brämer, R./Nolte, G.: Das Männlichkeitssyndrom. Über das beiderseitige Angstverhältnis von Naturwissenschaft und Frauen, in: dies. (Hg.), Die heile Welt der Wissenschaft, Marburg 1983, S. 9-46.
von Braun, Ch.: Männliche Hysterie – weibliche Askese, in: von Braun, Ch. (Hg.): Die schamlose Schönheit des Vergangenen. Zum Verhältnis von Geschlecht und Geschichte, Frankfurt/Main 1989, S. 51-79.
Buber, M.: Ich und Du, Heidelberg 1958.

Cassirer, E.: Wesen des Symbolbegriffs, Darmstadt 1965.
Chodorow, N.: Das Erbe der Mütter. Psychoanalyse und Soziologie der Geschlechter, München 1985.
Cohn, R.: Von der Psychoanalyse zur themenzentrierten Interaktion, Stuttgart 1980.
Csikszentmihalyi, M.: Das flow-Erlebnis. Jenseits von Angst und Langeweile: Im Tun aufgehen, Stuttgart 1985.

Dahl, J.: Die Eile hat der Teufel erfunden, in: Scheidewege. Jahresschrift für kritisches Denken, Jahrgang 19 (1989/90, S. 171-181.
Descartes, R.: Meditationen über die Grundlagen der Philosophie, Hamburg 1960.

Devereux, G.: Angst und Methode in den Verhaltenswissenschaften, Frankfurt 1967.
Dreitzel, H. P.: Der Körper als Medium der Kommunikation, in: Imhof, A. E. (Hg.): Der Mensch und sein Körper, München 1983, S. 179-196.
Dreyfus, H.: Die Grenzen künstlicher Intelligenz, Königstein/Taunus 1985.
Dreyfus H. L./Dreyfus, S. E.: Künstliche Intelligenz. Von den Grenzen der Denkmaschine und dem Wert der Intuition, New York 1986.
Dürr, H.-P.: Das Netz des Physikers, München/Wien 1988.

Eigen, M./Winkler, R.: Das Spiel, München 1975.
Eissler, K. R.: Die Seele des Rekruten, in: Kursbuch, 67 (1982), S. 9-28.
Ende, M.: Momo, Stuttgart 1974.
Endres, F. C./Schimmel, A.: Das Mysterium der Zahl, Köln 1986.
Erdheim, M.: Die gesellschaftliche Produktion von Unbewußtheit, Frankfurt/Main 1984.
– Psychoanalyse und das Unbewußte in der Kultur, Frankfurt/Main 1988.
Erikson, E.: Identität und Lebenszyklus, Frankfurt/Main 1966.

Faulstich-Wieland, H./Dick, A.: »Wir Mädchen können das, auch wenn die Jungen lachen ...«. Dokumentation und Auswertung der Vorerhebung des Vorhabens ›Mädchen und neue Technologien‹, in: HIBS-Sonderheft, 27 (1988).
Feichtinger, H.: Fachlexikon der Computer, München 1987.
Feigenbaum, E. A./McCorduck, P.: Die Fünfte Computer-Generation, Basel 1984.
Flügge, J.: Die Entfaltung der Anschauungskraft, Heidelberg 1963.
Foucault, M.: Die Ordnung der Dinge, Frankfurt/Main 1971.
– Überwachen und Strafen, Frankfurt/Main 1976.
– Einleitung zu ›Der Gebrauch der Lüste‹, in: Engelmann, P. (Hg.): Postmoderne und Dekonstruktion, Stuttgart 1990, S. 244-274.
Fox Keller, E.: Liebe, Macht und Erkenntnis, München 1986.
Freud, A.: Das Ich und die Abwehrmechanismen, London 1946.
Freud, S.: Abriß der Psychoanalyse. Das Unbehagen in der Kultur, Frankfurt/Main 1972.
Fromm, E.: Das Menschenbild bei Marx, Frankfurt/Main 1982.
Fuchs, M.: Naturwissenschaft und Technik – doch Frauensache?, München 1987.
– Technik und Geschlechterverhältnis. Zur Diskussion der Technikkompetenz von Frauen, in: Albrecht, H. (Hg.): Technik und Kultur, Bd. 2, Technik und Gesellschaft, Düsseldorf 1992.
Fuchs, W.: Biographische Forschung, Opladen 1984.

Gadamer, H.-G.: Wahrheit und Methode, Tübingen 1960.
– Kleine Schriften 1, Tübingen 1967.
Geißler, K.: Zeit leben, Weinheim 1985.
Gerke, P. R.: Wie denkt der Mensch?, München 1987.
Giedion, S.: Die Herrschaft der Mechanisierung, Frankfurt/Main 1987.
Gilligan, C.: Die andere Stimme, München 1982.
Goffman, E.: Interaktionsrituale. Über Verhalten in direkter Kommunikation, Frankfurt/Main 1986.
Goethe, J. W. von: Italienische Reise. Autobiographische Schriften, Bd. 3, München 1974.
Gottl-Ottlilienfeld, F. von: Fordismus. Über Industrie und technische Vernunft, Jena 1926.
Grimm, J./Grimm, W.: Deutsches Wörterbuch, Bd. 13, Leipzig 1889.
– Deutsches Wörterbuch, Bd. 32, Leipzig 1954.
Guggenberger, B.: Das Menschenrecht auf Irrtum, München 1987.

Habermas, J.: Technik und Wissenschaft als ›Ideologie‹, in: Habermas, J. (Hg.): Technik und Wissenschaft als ›Ideologie‹, Frankfurt/Main 1969, S. 48-103.
– Theorie des kommunikativen Handelns, Bd. 1, Frankfurt/Main 1981.
Heidegger, M.: Sein und Zeit, Tübingen 1960.
– Die Technik und die Kehre, Tübingen 1962.
Heisenberg, W.: Wandlungen in den Grundlagen der Naturwissenschaft, Stuttgart 1959.
– Gesammelte Werke, Bd. 1, München 1984.
Herzog, M.: Akkordarbeiterinnen bei AEG-Telefunken, in: Kursbuch, 43 (1976).
Hochschild, A.: Das gekaufte Herz. Zur Kommerzialisierung der Gefühle, Frankfurt/Main 1990.
Hoffmann-Axthelm, D.: Sinnesarbeit. Nachdenken über Wahrnehmung, Frankfurt/Main 1984.
Hofstadter, D. R.: Gödel, Escher, Bach. Ein endloses geflochtenes Band, Stuttgart 1988.
Hohn, H. W.: Die Zerstörung der Zeit, Frankfurt/Main 1984.
Holling, E./Kempin, P.: Identität, Geist und Maschine, Reinbek 1989.
Homer: Odyssee, übersetzt von Anton Weiher, München 1955.
Hopf, Ch.: Qualitative Interviews in der Sozialforschung, in: Flick, U. u. a. (Hg.), Handbuch qualitative Sozialforschung, München 1991, S. 177-182.
Horkheimer, M./Adorno, Th.: Dialektik der Aufklärung, Frankfurt/Main 1969.
Horkheimer, M.: Zur Kritik der instrumentellen Vernunft, Frankfurt/Main 1967.
Huebner, M./Krafft, A./Ortmann, G.: Auf dem Rücken fliegen. Thrills

am Computer, in: Krafft, A./Ortmann, G. (Hg.): Computer und Psyche, Frankfurt/Main 1988, S. 99-147.
Huizinga, I.: Homo Ludens, Frankfurt/Main 1938.

Jahoda, M.: Wieviel Arbeit braucht der Mensch?, Weinheim/Basel 1983.
Janshen, D./Rudolph, H.: Bewährung. Die Ingenieurin im Beruf, in: Janshen, D./Rudolph, H. (Hg.): Ingenieurinnen, Berlin 1987, S. 197-280.
Johnson, F. G.: Der Computer und die Technologisierung des Inneren, in: Psyche, 34 (1980), S. 790-811.

Kahle, R.: Frauen in kritischen Computerkursen oder: Frauen, ran an die Computer?, Manuskript, Berlin 1987.
Kardorff, E. von: Qualitative Sozialforschung – Versuch einer Standortbestimmung, in: Flick, U. u. a. (Hg.): Handbuch qualitative Sozialforschung, München 1991, S. 3-10.
Keupp, H.: Auf der Suche nach der verlorenen Identität, in: Keupp, H./Bilden, H. (Hg.): Verunsicherungen. Das Subjekt im gesellschaftlichen Wandel, Göttingen 1989, S. 47-69.
Kidder, T.: Die Seele einer neuen Maschine, Reinbek 1984.
Knapp, G.-A.: Männliche Technik – weibliche Frau? Zur Analyse einer problematischen Beziehung, in: Becker, D. u. a. (Hg.): Zeitbilder der Technik, Bonn 1989, S. 193-243.
Kolleritsch, A.: Rede des Lehrers vom Berg herab, daß ein Wein sei, in: Droschel (Hg.): Steirisches Weinland, Graz 1990.
Krell, G.: Das Bild der Frau in der Arbeitswissenschaft, Frankfurt/Main 1984.
Kükelhaus, H.: Organismus und Technik, Frankfurt/Main 1979.
Kumbruck, C.: Die binäre Herr-Schaft. Intuition und logisches Prinzip, München 1990.
Kutschmann, W.: Der Naturwissenschaftler und sein Körper, Frankfurt/Main 1986.

Langer, S. K.: Philosophie auf neuem Weg, Frankfurt/Main 1965.
Laplanche, J./Pontalis, J.-B.: Das Vokabular der Psychoanalyse, Bd. 1 und 2, Frankfurt/Main 1973.
Leithäuser, Th.: Erlebnisperspektiven der Ingenieure und Techniker, in: Volmerg, B./Senghaas-Knoblauch, E./Leithäuser, Th. (Hg.): Betriebliche Lebenswelt, Opladen 1986a, S. 197-228.
– Subjektivität im Produktionsprozeß, in: Volmerg, B./Senghaas-Knoblauch, E./Leithäuser, Th. (Hg.): Betriebliche Lebenswelt, Opladen 1986b, S. 245-266.
Leithäuser Th./Volmerg B.: Psychoanalyse in der Sozialforschung, Opladen 1988.
Lem, S.: Nacht und Schimmel, Frankfurt/Main 1976.

Lévi-Strauss, C.: Das wilde Denken, Frankfurt/Main 1968.
Lippe, R. zur: Leib, Arbeit und Arbeit am Leibe, in: Petzold/Heinl (Hg.): Psychotherapie und Arbeitswelt, Paderborn 1983, S. 74-118.
Lorenzer, A.: Sprachspiel und Interaktionsformen, Frankfurt/Main 1977.
– Das Konzil der Buchhalter, Frankfurt/Main 1981.
Lutterbeck, B.: Automation geistiger Arbeit von Juristen, in: Neue Richtervereinigung (Hg.): Computerisierung der Justiz, Leonberg 1987, S. 78-94.
Lyotard, J.-F.: Das Patchwork der Minderheiten, Berlin 1977.
– Das postmoderne Wissen, Wien 1986.
– Beantwortung der Frage: Was ist postmodern?, in: Welsch, W. (Hg.): Wege aus der Moderne. Schlüsseltexte der Postmoderne-Diskussion, Weinheim 1988, S. 193-203.

Mahler, M.: Symbiose und Individuation, Stuttgart 1972.
Mannheim, K.: Wissenssoziologie, Berlin 1964.
Maturana, H. R.: Erkennen: Die Organisation und Verkörperung von Wirklichkeit – Ausgewählte Arbeiten zur biologischen Epistemologie, Braunschweig 1985.
Maturana, H. R./Varela, F.: Der Baum der Erkenntnis, Bern/München/Wien 1987a.
Maturana, H. R.: Kognition, in: Schmidt, S. J. (Hg.): Der Diskurs des Radikalen Konstruktivismus, Frankfurt/Main 1987b, S. 89-118.
Mayring, Ph.: Einführung in die qualitative Sozialforschung, München 1990.
McCorduck, P.: Denk-Maschinen, Haar 1987.
Merleau-Ponty, M.: Phänomenologie der Wahrnehmung, Berlin 1966.
Mettler-Maibom, B.: Soziale Kosten in der Informationsgesellschaft, Frankfurt/Main 1987.
Meyer-Drawe, K.: Illusionen von Autonomie. Diesseits von Ohnmacht und Allmacht des Ich, München 1990.
Miksch, S.: Schülerinnen und Computer: Eine Welt von Unterschieden?, in: Fischer, G. u. a. (Hg.): Geordnete Welten. Neues Lernen mit dem Computer?, Wien 1989, S. 61-80.
Molzberger, P.: Und Programmieren ist doch eine Kunst, in: Krafft, A./Ortmann, G. (Hg.): Computer und Psyche, Frankfurt/Main 1988, S. 185-216.
Müller, H.: Der Teufel sitzt im Spiegel. Wie Wahrnehmung sich erfindet, Berlin 1991.
Mumford, L.: Mythos der Maschine, Frankfurt/Main 1974.
Musil, R.: Gesammelte Werke, Bd. 6, Reinbek 1978.

Nadig, M.: Ethnopsychoanalyse und Feminismus – Grenzen und Möglichkeiten, in: Feministische Studien, H. 2 (1985), S. 105-118.

Negt, O./Kluge, A.: Öffentlichkeit und Erfahrung, Frankfurt/Main 1972.
Nötzel, R.: Spiel und geschlechtsspezifische Arbeitsteilung, Pfaffenweiler 1987.
Noller, P./Paul, G./Ritter, M.: Die Computerisierung des Männlichen, in: ISF (Hg.): Die Bedeutung des Computers im Alltag von Kindern und Jugendlichen, München 1988, S. 91-100.
Nowotny, H.: Eigenzeit. Entstehung und Strukturierung eines Zeitgefühls, Frankfurt/Main 1989.

Olszowi, E.: Überlegungen zu den anthropologischen Grundlagen der TZI, in: Hahn, K. u. a. (Hg.): Gruppenarbeit: themenzentriert, Mainz 1987, S. 24-38.
Otscheret, E.: Ambivalenz. Geschichte und Interpretation der menschlichen Zwiespältigkeit, Zürich 1987.

Parin, P./Parin-Matthèy, G.: Subjekt im Widerspruch, Frankfurt/Main 1985.
Pichler, A.: Die Zaunreiterin, Frankfurt/Main 1986.
– Wie die Monate das Jahr, Frankfurt/Main 1989.
Popitz, H./Bahrdt, H. P./Jures, E. A./Kesting, H.: Technik und Industriearbeit, Tübingen 1957.
Portele, G.: Autonomie, Macht, Liebe, Frankfurt/Main 1989.
Prott, J.: Rationalisierung von Arbeit und Freizeit – Verlust kommunikativer Kompetenz?, in: Crusius, R./Stebani, J. (Hg.): Neue Technologien und menschliche Arbeit, Berlin 1984, S. 233-245.

Rose, H.: Neue Belastungsformen an computergestützten Arbeitsplätzen, in: Crusius, R./Stebani, J. (Hg.): Neue Technologien und menschliche Arbeit, Berlin 1984, S. 218-232.
von Rosenstiel, L.: Die neuen Technologien und ihre Auswirkungen auf den arbeitenden Menschen, in: Schubert, V. (Hg.): Der Mensch und seine Arbeit, St. Ottilien 1986, S. 331-362.
Roth, G.: Der stille Ozean, Frankfurt 1980.
Roth, G./Killmeyer, F.: Gsellmanns Weltmaschine, Wien 1986.
Rudolph, H.: Technikkompetenz für Frauen – Sand im Getriebe männlicher Macht?, in: Hoffmann, U./Frandsen, D./Kuhn, A. (Hg.): Frauen in Wissenschaft und Politik, Düsseldorf 1987, S. 207-213.

Sampson, E. E.: The Decentralization of Identity: Towards a Revised Concept of Personal and Social Order, in: American Psychologist, 43 (1988), S. 15-22.
Sanders, J. S./Stone, A.: The Neuter Computer. Computers for Girls and Boys. Women's Action Alliance, New York/London 1986.
Sartre, J.-P.: Ist der Existentialismus ein Humanismus?, Berlin 1961.

Schachtel, E.: Metamorphosis, New York 1963.
Schachtner, Ch.: Störfall Alter. Für ein Recht auf Eigen-Sinn, Frankfurt/Main 1988.
Schmale, H.: Psychologie der Arbeit, Stuttgart 1983.
Schmidt, S.J. (Hg.): Der Diskurs des Radikalen Konstruktivismus, Frankfurt/Main 1987, S. 11-88.
Schmidbauer, W.: Helfen als Beruf, Hamburg 1983.
Schubert, I./Kressbach-Gnath, C./Potthof, P./Rothemund, M.: Chancen und Risiken des Einsatzes von Expertensystemen, München 1987.
Schütz, A.: Der sinnhafte Aufbau der sozialen Welt, Frankfurt/Main 1981.
Shelley, M./Foerster, S.: Die Geschichte des Doctor Frankenstein und seines Mordmonsters oder Die Allgewalt der Liebe. Von der Mensch-Maschine zur Gewalt-Maschine, Berlin 1975.
Singer, K.: Kränkung und Kranksein, München 1988.
Soeffner, H.-G.: Hermeneutik – Zur Genese einer wissenschaftlichen Einstellung durch die Praxis der Auslegung, in: Soeffner, H.-G. (Hg.): Beiträge zu einer Soziologie der Interaktion, Frankfurt/Main 1984, S. 9-52.
Sontag, S.: Über Fotografie, Frankfurt/Main 1980.
Strauss, A. L.: Grundlagen qualitativer Sozialforschung, München 1991.

Tunner, W. (Hg.): Krahofer Blätter, Krahof 1990.
Turkle, Sh.: Die Wunschmaschine. Vom Entstehen der Computerkultur, Reinbek 1986.

Ulich, E.: Arbeitspsychologie, Zürich 1991.

Volmerg, U.: Identität und Arbeitserfahrung. Eine theoretische Konzeption zu einer Sozialpsychologie der Arbeit, Frankfurt/Main 1978.
Volpert, W.: Das Ende der Kopfarbeit oder: Daniel Düsentrieb enteignet sich selbst, in: Psychologie heute, H. 10 (1984), S. 29-39.
– Zauberlehrlinge. Die gefährliche Liebe zum Computer, Weinheim 1985.

Wahl, K./Honig, M.S./Gravenhorst, L.: Wissenschaftlichkeit und Interessen, Frankfurt/Main 1982.
Weber, M.: Die protestantische Ethik, Tübingen 1920.
– Wirtschaft und Gesellschaft, Tübingen 1956.
Weizenbaum, J.: Die Macht der Computer und die Ohnmacht der Vernunft, Frankfurt/Main 1977.
– Über Computer, Prognosen und Sprache, in: Das Orwellsche Jahrzehnt, Opladen 1981, S. 20-25.
– Die Lust am Programmieren kommt immer wieder zurück. Ein Interview in P. M. Computerheft.

Winnicott, D. W.: Von der Kinderheilkunde zur Psychoanalyse, München 1958.
– Vom Spiel zur Kreativität, Stuttgart 1973.
Winograd, T./Flores, F.: Erkenntnis-Maschinen-Verstehen. Zur Neugestaltung von Computersystemen, Berlin 1989.
Witt, P. A./Bishop, D. W.: Situational antecedents to leisure behavior, in: Journal of Leisure Research, 2, 2 (1970), S. 64-77.

Zoll, R. (Hg.): Zerstörung und Wiederaneignung von Zeit, Frankfurt/Main 1988.
Zoll, R./Bents, H./Brauer, H./Flieger, J./Neumann, E./Oechsle, M.: »Nicht so wie unsere Eltern!« Ein neues kulturelles Modell?, Opladen 1989.
Zuse, K.: Der Computer – Mein Lebenswerk, Berlin 1990.

suhrkamp taschenbücher wissenschaft
Soziologie, Theorie der Gesellschaft

Adorno: Einleitung in die Musiksoziologie. stw 142
– Prismen. stw 178
– Soziologische Schriften I. stw 306
Assmann/Hölscher (Hg.): Kultur und Gedächtnis. stw 724
Baecker: Womit handeln Banken? stw 946
Beck/Bonß (Hg.): Weder Sozialtechnologie noch Aufklärung? stw 715
Bendix: Freiheit und historisches Schicksal. stw 390
– Könige oder Volk. stw 338
Berg/Fuchs (Hg.): Kultur, soziale Praxis, Text. stw 1051
Bertram (Hg.): Gesellschaftlicher Zwang und moralische Autonomie. stw 450
Bonß/Honneth (Hg.): Sozialforschung als Kritik. stw 400
Bourdieu: Entwurf einer Theorie der Praxis. stw 291
– Die feinen Unterschiede. stw 658
– Homo academicus. stw 1002
– Sozialer Raum und »Klassen«. Leçon sur la leçon. stw 500
– Zur Soziologie der symbolischen Formen. stw 107
– *siehe auch Eder*
– *siehe auch Gebauer/Wulf*
Bourdieu u. a.: Eine illegitime Kunst. stw 441
Brandt: Arbeit, Technik und gesellschaftliche Entwicklung. stw 780
Bude: Bilanz der Nachfolge. stw 1020
Cicourel: Methode und Messung in der Soziologie. stw 99
Claessens: Kapitalismus und demokratischeKultur. stw 1041
Coulmas: Die Wirtschaft mit der Sprache. stw 977
Cremerius (Hg.): Die Rezeption derPsychoanalyse in derSoziologie, Psychologie und Theologie im deutschsprachigen Raum bis 1940. stw 296
Dahme: *siehe Simmel*
Duby: Ritter, Frau und Priester. stw 735
Durkheim: Erziehung, Moral und Gesellschaft. stw 487
– Die Regeln der soziologischen Methode. stw 464
– Der Selbstmord. stw 431
– Soziologie und Philosophie. stw 176
– Über soziale Arbeitsteilung. stw 1005
Dux: Die Logik der Weltbilder. stw 370
– Die Zeit in der Geschichte. stw 1025
Edelstein/Habermas (Hg.): Soziale Interaktion und soziales Verstehen. stw 446
Edelstein/Keller (Hg.): Perspektivität und Interpretation. stw 364
Edelstein/Nunner-Winkler (Hg.): Zur Bestimmung der Moral. stw 628

205/1/8.92

suhrkamp taschenbücher wissenschaft
Soziologie, Theorie der Gesellschaft

Eder: Die Entstehung staatlich organisierter Gesellschaften. stw 332
– Geschichte als Lernprozeß ? stw 941
– Die Vergesellschaftung der Natur. stw 714
Eder (Hg.): Klassenlage, Lebensstil und kulturelle Praxis. stw 767
Eisenstadt: Die Transformation der israelischen Gesellschaft. stw 1009
Eisenstadt (Hg.): Kulturen der Achsenzeit. 2 Bde. stw 653
– Kulturen der Achsenzeit II. stw 930
Elias: Engagement und Distanzierung. stw 651
– Die Gesellschaft der Individuen. stw 974
– Die höfische Gesellschaft. stw 423
– Studien über die Deutschen. stw 1008
– Über den Prozeß der Zivilisation. 2 Bde. stw 158/159
– Über die Zeit. stw 756
Korte (Hg.): Gesellschaftliche Prozesse und individuelle Praxis. Bochumer Vorlesungen zu Norbert Elias' Zivilisationstheorie. stw 894
Evers/Nowotny: Über den Umgang mit Unsicherheit. stw 672
Fend: Sozialgeschichte des Aufwachsens. stw 693
v. Friedeburg: Bildungsreform in Deutschland. stw 1015
Frisby: Georg Simmel. stw 926
Fromm: Die Gesellschaft als Gegenstand der Psychoanalyse. stw 1054
Garz (Hg.): Die Welt als Text. stw 1031
Gebauer/Wulf (Hg.): Praxis und Ästhetik. Neue Perspektiven im Denken Pierre Bourdieus. stw 1059
Gerhardt: Gesellschaft und Gesundheit. stw 970
Gerhardt/Schütze (Hg.): Frauensituation. stw 726
Geulen: Das vergesellschaftete Subjekt. stw 586
Geulen (Hg.): Perspektivenübernahme und soziales Handeln. stw 348
Giddens: Die Klassenstruktur fortgeschrittener Gesellschaften. stw 452
Giegel (Hg.): Kommunikation und Konsens in modernen Gesellschaften. stw 1019
Giesen: Die Entdinglichung des Sozialen. stw 908
Giesen (Hg.): Nationale und kulturelle Identität. stw 940
Goffman: Das Individuum im öffentlichen Austausch. stw 396
– Interaktionsrituale. stw 594
– Rahmen-Analyse. stw 329
– Stigma. stw 140
Goldmann: Soziologie des Romans. stw 470
– Der verborgene Gott. stw 491
Goudsblom: Soziologie auf der Waagschale. stw 223

205/2/8.92

suhrkamp taschenbücher wissenschaft
Soziologie, Theorie der Gesellschaft

Greiffenhagen: Das Dilemma des Konservatismus in Deutschland. stw 634

Groethuysen: Die Entstehung der bürgerlichen Welt- und Lebensanschauung in Frankreich. 2 Bde. stw 256

Groh: Anthropologische Dimensionen der Geschichte. stw 992

Habermas: Strukturwandel der Öffentlichkeit. stw 891

– Zur Logik der Sozialwissenschaften. stw 517

– Zur Rekonstruktion des Historischen Materialismus. stw 154

– siehe auch Edelstein/Habermas

– siehe auch Honneth/Joas

Haferkamp (Hg.): Sozialstruktur und Kultur. stw 793

Haferkamp/Schmid (Hg.): Sinn, Kommunikation und soziale Differenzierung. Beiträge zu Luhmanns Theorie sozialer Systeme. stw 667

Hahn/Kapp (Hg.): Selbstthematisierung und Selbstzeugnis: Bekenntnis und Geständnis. stw 643

Halbwachs: Das Gedächtnis und seine sozialen Bedingungen. stw 538

Haupert/Schäfer: Jugend zwischen Kreuz und Hakenkreuz. stw 952

Hausen/Nowotny (Hg.): Wie männlich ist die Wissenschaft? stw 590

Heinsohn: Privateigentum, Patriarchat, Geldwirtschaft. stw 455

Hirschauer: Die soziale Konstruktion der Transsexualität. stw 1045

Hörning/Gerhard/Michailow: Zeitpioniere. stw 909

Honig: Verhäuslichte Gewalt. stw 857

Honneth: Kritik der Macht. stw 738

Honneth/Joas (Hg.): Kommunikatives Handeln. Beiträge zu Jürgen Habermas' »Theorie des kommunikativen Handelns«. stw 625

Institut für Sozialforschung (Hg.): Kritik und Utopie im Werk von Herbert Marcuse. stw 1037

Jäger (Hg.): Kriminologie im Strafprozeß. stw 309

Jaeggi: Theoretische Praxis. stw 149

Joas: Pragmatismus und Gesellschaftstheorie. stw 1018

– Praktische Intersubjektivität. stw 765

Joas (Hg.): Das Problem der Intersubjektivität. stw 573

Joas/Steiner (Hg.): Machtpolitischer Realismus und pazifistische Utopie. stw 792

Joerges (Hg.): Technik im Alltag. stw 755

Jokisch (Hg.): Techniksoziologie. stw 379

Jung/Müller-Doohm (Hg.): Wirklichkeit im Deutungsprozeß. stw 1048

Kempski: Schriften 1-3. stw 922- 924

205/3/8.92

205/4/8.92

205/5/8.92

205/6/8.92